众源地理数据分析与应用

单 杰 贾 涛 黄长青
胡庆武 秦 昆 黄 润 编著

科学出版社
北 京

版权所有，侵权必究

举报电话：010-64030229；010-64034315；13501151303

内 容 简 介

本书较为全面系统地论述众源地理数据的基本概念、分析方法、前沿技术以及最新的应用成果。全书针对众源地理数据的特点进行分析利用与挖掘，共分 8 章。第 1 章介绍众源地理数据的来源、特点与典型应用方向；第 2 章结合多个实际案例论述众源地理数据的采集与获取；第 3 章论述众源地理数据质量分析的理论框架、关键问题与相关分析案例；第 4 章论述众源地理数据在道路网演化及志愿者绘图行为方面的特点和规律；第 5～6 章论述众源地理数据在道路提取与更新中的应用与相关方法；第 7 章论述众源轨迹数据在城市信息提取与人类行为分析中的应用；第 8 章探讨众源地理数据的共享平台建设与可视化技术。

本书可供测绘遥感、地理信息、城市地理、交通工程等专业领域的科研人员和高校师生阅读参考。

图书在版编目(CIP)数据

众源地理数据分析与应用/单杰等编著. —北京：科学出版社，2017.3
ISBN 978-7-03-050866-9

Ⅰ.①众… Ⅱ.①单… Ⅲ.①地理信息系统-数据-分析 ②地理信息系统-数据-应用 Ⅳ.①P208

中国版本图书馆 CIP 数据核字(2016)第 279428 号

责任编辑：杨光华 / 责任校对：肖 婷
责任印制：彭 超 / 封面设计：苏 波

科 学 出 版 社 出版
北京东黄城根北街 16 号
邮政编码：100717
http://www.sciencep.com

武汉中远印务有限公司印刷
科学出版社发行 各地新华书店经销
*

开本：787×1092 1/16
2017 年 3 月第 一 版 印张：17 1/2
2017 年 3 月第一次印刷 字数：412 000

定价：120.00 元
(如有印装质量问题，我社负责调换)

前　言

众源地理数据主要是指那些来源广泛，通常由非专业个人或单位生产的地理数据。它随着导航定位、互联网等现代技术的发展和普及而产生，并在近几年引起相当一些学科和领域的关注。近十年来，一方面导航定位技术不断普及和大众化，另一方面包括Web 2.0在内的计算机技术极大地方便了信息的生产和共享。在这样的背景下，普通民众（团体）在日常生活（尤其是网络活动）中直接或间接地生产出大量的地理数据，典型的例如OpenStreetMap道路数据、新浪微博签到数据、浮动车数据。考虑到来源多样性和生产自发性是这类数据区别于传统地理数据的本质属性，本书将这些数据称为"众源地理数据"。相较于传统的专业测绘地理数据，众源地理数据有着数据量大、现势性强、覆盖面广、成本低廉等优点，成为近几年测绘地理信息提取与更新、城市热点提取与分析、交通分析及其可视化、时空行为分析等领域的热点数据。

尽管近年来基于众源地理数据的研究不少，但是国内尚缺少能系统、集中、深入地论述这种新型数据及其分析和应用的书籍。相对传统地理数据而言，众源地理数据有更强的异构性、多样性和不确定性，想要清楚地认识这种数据的全貌、要点及潜在价值并不容易，因此编撰系统论述这类数据的相关书籍十分必要。本书依托国家自然科学基金项目"基于众源GPS路线数据的城市道路网自动更新和重构"（项目编号：61172175），从数据获取、质量分析、特点分析、多领域应用等多个角度切入，尝试系统地论述众源地理数据（尤其是道路数据）及其分析和应用，以期一定程度上填补这个空缺。

本书采用以下流程化体系展开论述：概述、获取、质量分析、特点及规律分析、不同领域的应用、共享和可视化。第1章介绍众源地理数据的来源、特点及典型应用方向，以引入数据全貌、总领全书；第2章论述众源地理数据的采集和获取过程，深入认识这种数据的来源；第3章论述众源地理数据的质量及其分析方法，这是开展分析和应用的基础；第4章论述众源道路数据演变的特点及规律；第5~7章则结合城市热点分析、道路提取与更新、交通信息及交通设施的提取及分析、市民行为规律分析等多个方向，论述众源地理数据的不同应用；第8章论述众源地理数据的共享平台构建及可视化。

本书以我们近期在众源地理数据方面所做研究为基础，对此进行整理、归纳和总结，并最终形成众源地理数据分析与应用的系统化框架。各个章节的主要撰写人员分别为：第1章，单杰、王英；第2章，单杰、黄润、黄长青；第3章，胡庆武、王明、单杰、陈潇健；第4章，贾涛、赵鹏祥；第5章，黄玉春、崔卫红、陈昱霖、单杰；第6章，单杰、胡翔云、刘长勇、王振华；第7章，秦昆、黄长青、王英、单杰；第8章，黄长青、黄润、单杰、熊恢、桂志鹏。本书由单杰和贾涛共同指导黄润完成统稿,最后由单杰对全书进行了定稿。

周檬、李依娇、刘成堃、熊恋、陈江平、曹劲舟、武红宇、王健、周天、徐静、杜胜兰、何韬、刘子政、李默颖、李枫、栗法、孟凡泽、刘亚奇等对本书的内容有直接贡献,在此表示感谢。在本书的准备和撰写过程中,感谢余洋、付建红、王玉龙、康朝贵、黄培旗、姜卓君、周溢波等提供的指导或帮助。感谢参与、组织、协助"2015 地理日记伴我行"的人员和组织,包括:约 659 名武汉大学遥感信息工程学院的学生志愿者、武汉大学遥感信息工程学院研究生会及学生代表项皓东等、潘婷和刘亚奇等 25 名活动工作人员、为活动组织提供资料支持的何凌和谢云等,以及指导老师卢宾宾等。感谢组织 2014 年武汉市社会状况综合调查的林曾等武汉大学社会学系师生。

感谢以下团体在数据或资金上对本书提供的帮助:国家自然科学基金项目"基于众源 GPS 路线数据的城市道路网自动更新和重构"、北京四维图新科技股份有限公司、广州建通测绘地理信息技术股份有限公司、中国公路工程咨询集团有限公司、高分综合交通遥感应用示范系统(一期)项目、测绘遥感信息工程国家重点实验室 3S 集成与通信研究室、北京吉威时代软件股份有限公司、武汉安捷联合在线信息科技有限公司等。

本书自成体系,具有专著与教材相结合的写作风格,希望能帮助读者全面、系统、深入地认识众源地理数据及其应用。对于科研工作者,本书可作为工具书或参考书;对于高等院校的本科生或研究生,本书可作为教材或参考书。

由于作者水平有限,书中难免存在纰漏,敬请各位读者不吝指正。

作者

2016 年 8 月

目　　录

第 1 章　绪论 1
1.1　众源地理数据的概念 2
1.2　众源地理数据的来源与分类 3
1.2.1　众源地理数据的来源 3
1.2.2　众源地理数据的分类 4
1.3　众源地理数据的特点 4
1.4　众源地理数据的主要应用方向 6
1.4.1　众源地理数据拓扑及无标度分析 6
1.4.2　城市交通基础地理信息提取 7
1.4.3　人类时空活动分析 7
1.4.4　其他分析与应用 8
1.5　本书内容和组织结构 9
参考文献 10

第 2 章　众源地理数据的采集与获取 13
2.1　概述 14
2.1.1　众源地理数据的采集 14
2.1.2　众源地理数据的获取 20
2.2　OpenStreetMap 项目及其数据的采集与获取 23
2.2.1　OpenStreetMap 项目概述 23
2.2.2　OpenStreetMap 数据的采集 24
2.2.3　OpenStreetMap 数据的获取 26
2.3　基于手机的志愿者位置数据采集与 GeoDiary 系统 ... 26
2.3.1　背景和一般方法 26
2.3.2　典型案例 28
2.3.3　GeoDiary 系统与数据采集实验 30
2.3.4　基于手机的位置数据采集面临的挑战和应对策略 ... 32
2.4　网络众源地理数据的获取与方案设计 38
2.4.1　网络地理数据的组织结构 38
2.4.2　获取基础和限制 40
2.4.3　获取方案设计与实验 42
2.5　本章小结 44
参考文献 44

第3章　众源地理数据质量分析与评价 ·· 47
3.1　众源地理数据的质量概述 ·· 48
3.1.1　众源地理数据质量问题及其研究进展 ································ 48
3.1.2　众源地理数据的误差源 ·· 48
3.2　众源地理数据的质量分析框架 ··· 49
3.2.1　概述 ·· 49
3.2.2　众源地理数据质量分析的关键问题 ·································· 50
3.3　OpenStreetMap 道路数据的质量分析 ···································· 51
3.3.1　概述 ·· 51
3.3.2　OpenStreetMap 道路数据质量分析方法 ·························· 52
3.3.3　质量要素及其计算模型 ·· 53
3.3.4　实例应用与分析 ·· 55
3.4　位置签到数据质量分析 ··· 64
3.4.1　位置签到数据及其特点 ·· 64
3.4.2　位置签到数据质量分析方法 ·· 64
3.4.3　实例应用与分析 ·· 67
3.5　众源 GPS 轨迹的预处理 ··· 71
3.5.1　GPS 轨迹粗差 ·· 71
3.5.2　GPS 轨迹粗差剔除的常用方法 ······································ 72
3.5.3　一种基于趋势的粗差剔除法 ·· 74
3.5.4　随机误差及轨迹的平滑 ·· 79
3.6　本章小结 ·· 81
参考文献 ·· 82

第4章　OpenStreetMap 路网演变分析 ·· 85
4.1　OpenStreetMap 道路数据结构 ··· 86
4.2　网络演变理论与方法 ··· 87
4.2.1　网络演变理论 ··· 87
4.2.2　网络模型构建 ··· 88
4.2.3　网络分析方法 ··· 88
4.3　开放道路网结构演变分析 ·· 90
4.3.1　OpenStreetMap 道路网演变概况 ··································· 90
4.3.2　OpenStreetMap 道路网络建模 ····································· 93
4.3.3　属性分析 ··· 93
4.3.4　几何分析 ··· 94
4.3.5　拓扑分析 ··· 99
4.3.6　中心性分析 ·· 101
4.4　志愿者绘图行为演变分析 ·· 103
4.4.1　志愿者数量 ·· 104

  4.4.2 志愿者类型 104
  4.4.3 志愿者上传的数据类型 105
 4.5 本章小结 106
 参考文献 106

第5章 OpenStreetMap 辅助的影像道路提取 109
 5.1 高分辨率影像道路提取概述 110
  5.1.1 道路采集的意义与传统方法 110
  5.1.2 基于高分辨率影像的道路提取 111
  5.1.3 OpenStreetMap 辅助道路提取的潜力 112
 5.2 基于种子点追踪的道路提取与更新 113
  5.2.1 概述 113
  5.2.2 矢量引导下的路域缓冲带生成 114
  5.2.3 超高分辨率遥感影像的道路提取与更新 116
  5.2.4 高分辨率遥感影像的道路提取与更新 121
 5.3 基于机器学习的道路提取 127
  5.3.1 概述 127
  5.3.2 道路分级 129
  5.3.3 道路样本库建立 132
  5.3.4 HOG+SVM 训练提取道路特征 135
  5.3.5 实验及分析 138
 5.4 本章小结 144
 参考文献 144

第6章 基于众源数据的路网提取与更新 147
 6.1 引言 148
 6.2 基于众源 GPS 数据的道路提取 148
  6.2.1 主要方法 148
  6.2.2 一种基于栅格图的道路中心线提取方法 155
 6.3 基于 OpenStreetMap 的城市道路数据库更新 159
  6.3.1 研究背景 159
  6.3.2 路网匹配的自适应缓冲区增长法 161
  6.3.3 自适应概率松弛法路网特征点匹配 179
 6.4 本章小结 184
 参考文献 184

第7章 基于众源轨迹的交通出行信息提取与分析 187
 7.1 概述 188
 7.2 利用出租车轨迹提取城市热点区域 192
  7.2.1 空间聚类的主要方法 192
  7.2.2 基于决策图和数据场的轨迹聚类方法 193

		7.2.3 利用轨迹聚类方法提取城市热点区域	196

7.3 基于出租车轨迹的城市拥堵区域提取及其分布模式分析 200
  7.3.1 基于浮动车轨迹的拥堵事件提取 201
  7.3.2 拥堵事件的统计分析 201
  7.3.3 通过聚类提取拥堵易发区域 203
  7.3.4 基于 K 函数的拥堵时空分布模式探测 207
  7.3.5 利用轨迹数据场模拟拥堵强度分布 208

7.4 基于 OpenStreetMap 轨迹的交通附属设施提取 210
  7.4.1 OpenStreetMap 轨迹数据及预处理 210
  7.4.2 基于低速极值点的收费站提取 211
  7.4.3 基于轨迹始末点的停车场提取 214
  7.4.4 分时段道路流速信息建模 217

7.5 基于志愿者 GPS 轨迹数据的大学生时空行为分析 219
  7.5.1 概述 219
  7.5.2 志愿者 GPS 轨迹数据获取与质量分析 220
  7.5.3 数据预处理 223
  7.5.4 停留行为提取 226
  7.5.5 基于停留行为的大学生时空行为分析 229
  7.5.6 实验验证与总结 234

7.6 本章小结 235

参考文献 236

第8章 众源地理数据共享平台设计与可视化 241

8.1 概述 242
  8.1.1 数据共享及共享平台建设 242
  8.1.2 众源地理数据可视化的研究进展 243

8.2 共享平台设计和实现 246
  8.2.1 总体设计 246
  8.2.2 数据体系和标准体系 247
  8.2.3 软硬件技术采纳 250

8.3 可视化应用实例 252
  8.3.1 出租车轨迹的高维可视化系统 252
  8.3.2 GeoDiary 地理日记系统 257
  8.3.3 大众在线制图系统设计 262

8.4 本章小结 269

参考文献 269

第 1 章

绪 论

近年来,众源(crowdsourcing)地理数据的出现与快速增长日益影响着地理信息科学与技术的发展方向,同时也为地理信息产业的发展提供了新的研究数据和应用方向,成为测绘领域新兴的基础数据和研究热点。本章首先概括性地描述众源地理数据产生的背景和相关概念;随后对众源地理数据的来源、分类和特点做综合介绍,指出当前众源地理数据的主要应用方向;最后,介绍本书的内容和组织结构。本章有助于读者快速宏观地认识众源地理数据,为其他章节的阅读奠定基础。

1.1 众源地理数据的概念

几个世纪以来,地图制图一直由国家组织实施。早期,地图制图主要由军事机构主体控制,将其用于军事方面。20世纪开始,越来越多的国家致力于将制图用于民用服务,地理制图开始由一些政府测绘和地籍机构或政府授权的公司主导负责,由受过训练的人员根据定义良好的制图规范及质量保证程序进行地图生产、地理要素发布等活动,用于土地管理、基础设施建设和环境监测(Heipke,2010)。

近年来,定位导航和计算机技术快速发展。一方面,借助便携、低成本的 GPS 接收器,如具有 GPS 定位功能的手机、相机等,全球定位系统(global positioning system,GPS)的应用快速普及,普通民众能够方便地记录个人位置信息;另一方面,Web 2.0 技术的出现在很大程度上改变了以往信息交流的方式,普通民众开始参与到绘制其生活环境的地图活动中来(O'Reilly,2007)。这些技术发展带来的数据极大地丰富了以往由政府或公司提供的地理信息,对地理数据、地理信息,甚至地理知识的产生和传播产生了深刻影响(Sui et al.,2013)。

面对由公众产生的日益增长的地理数据,来自不同领域的学者逐渐意识到这些数据对地理空间信息的意义,从不同角度对这些数据进行了定义。如 Turner(2006)将其定义为"NewGeography"(新地理),意指普通民众通过现有工具,按照自己的方式制作和使用地图,向朋友、游客分享地理位置,理解地理知识;Goodchild(2007)提出"volunteered geographic information"(VGI,志愿者地理信息)概念,指普通民众在参与各种社会活动的过程中主动或无意地创建出的地理信息;Heipke(2010)将公众产生的地理数据定义为"crowdsourcing geospatial data"(CGD,众源地理空间数据),将其描述为由大量非专业人员志愿获取并通过互联网向大众或各种机构提供的一种开放地理空间数据;单杰等(2014)将其定义为"crowdsourcing geographic data"(众源地理数据),强调"众源"描述的对象同时包含数据获取过程、数据建模或数据处理。此外,还有"user-generated content"等不同概念,尽管这些概念表述不一,但其核心的关键词一致,均是指普通民众通过多种计算设备,使用互联网生成、分享、分析地理信息(Sui et al.,2013)。

众源最早被维基百科(Wikipedia)[①]定义为通过一大群人的贡献获得所需服务、想法和内容的过程。该概念由美国 *Wired* 杂志记者 Howe(2006)提出,用来描述从"外包"基础上发展出来的新的商业模式。随着计算机技术、移动终端设备、GPS 定位和导航的发展,众源逐渐发展成为一种新的信息交互模式,它改变了信息传播的方式,使每个人都可能兼具信息的生产者、传播者和消费者三重身份。相比由政府部门、大型测绘遥感公司生产的传统地理数据,众源方式使大众在地理数据的生产和传播中起到了越来越重要的作用,地理数据由原先自上而下的生产方式转变为自下而上的生产方式

[①] 引自:Wikipedia-Crowdsourcing. https://en.wikipedia.org/wiki/Crowdsourcing

(Sui et al.,2013)。

广义上,本书所要讨论的众源地理数据的内容在基本概念之外有所延伸,除了上述公众通过互联网、移动终端设备产生的带有地理位置信息的数据外,还包括在地理空间、属性和拓扑数据的获取和应用方面,从传统有明确目的、单纯依靠专业测绘的方式延伸到使用大众主动或被动产生的带有地理信息的数据及开源地图等多种方式,以实现地理数据的快速更新和广泛应用的相关理论和方法。

1.2 众源地理数据的来源与分类

1.2.1 众源地理数据的来源

相较于传统由政府部门、大型测绘遥感公司生产的专业测绘地理数据,众源地理数据往往并不具有明确的地理测绘目的,其来源广泛。典型的来源包括如下几种。

(1) 由特定部门或公司发布的公共版权数据。这一类数据多由政府部门、企业、公益组织以网站或网络服务的形式发布,如美国地质调查局(United States Geological Survey,USGS)官网上提供的最新、最全面的全球卫星影像可以免费下载。对于一些特定的众源项目,也有一些部门和企业愿意免费赠送其持有的地理数据,如 OpenStreetMap 上部分国家的主干交通数据由汽车导航数据公司 AND(Automotive Navigation Data)赠送(钱新林,2011)。

(2) 开源地图要素数据。OpenStreetMap[①]、WikiMapia 等网站向用户提供了创建地理对象的功能。一部分网民出于自我满足、利他主义或是描述周围环境等目的(Coleman et al.,2009),参照正射影像、GPS 轨迹,主动在这些网站上创建、编辑、描述各种地理对象。谷歌地球甚至允许用户对自己感兴趣的地方进行三维建模。这些开源地图的出现和兴起,见证了由地图制作爱好者生产、更新地图的成功。以 OpenStreetMap 为例,相较于传统测绘部门生产的地图,OpenStreetMap 地图的制作参与者往往具有更优质的本地知识,贡献者使用航空影像、GPS 设备和传统的地区地图来确保 OpenStreetMap 的精确性和实效性,使其具有更高现势性。

(3) 来自城市公共交通管理部门的行驶数据。为便于公共交通团队管理和提升公共交通服务水平,当前不少公共交通部门都利用 GPS 记录仪器记录运输工具的轨迹,如航空公司飞机航线数据、浮动车(一般是指安装了车载 GPS 定位装置并行驶在城市主干道上的公交汽车和出租车)GPS 轨迹数据。这些带有时空地理信息的交通数据对于动态了解城市交通流变化、城市居民移动规律和城市热点具有重要研究价值。

(4) 由公众日常生活中有意或无意产生的空间数据。公众在日常生活中,无意间产生了大量地理时空数据,如信用卡刷卡数据、手机通信记录、地铁及公交等公共交通刷卡数据,这些数据产生于居民日常生活,能被服务商记录下来,具有丰富的语义信息,对解读

---

① 引自:OpenStreetMap. http://www.openstreetmap.org

居民出行习惯、出行范围、交通方式选择等人类行为分析具有研究价值。

(5) 公众在社交网站上共享的带有地理信息的数据。Web 2.0 的变革,改变了公众在互联网中的作用,公众不再仅仅是信息的"阅读"者,更是信息的"创造"者和"传播"者,同时,Web 2.0 也简化了客户交互过程。出于信息共享的目的,许多民众以即兴和松散的方式记录发生在某些地点和时间的事件,并将这些信息通过文字、图片或者录像片段等格式标注在相应的网站上,或将包含了位置数据的个人信息发布到网上(如签到(check-in)数据)。在此背景下产生的一系列社交网站成为用户分享个人生活状态、发表观点和传播观点的媒介,如国外的 Wikiloc[①] 和国内的六只脚网站[②] 等轨迹共享网站、Facebook[③]、Flickr[④]、新浪微博、QQ 空间等社交网站。这些网站上的信息具有丰富的地理信息和语义信息,对研究网络群体的地理空间分布、聚落规模、区位、空间结构及功能区分布具有重要的研究价值(Feick et al.,2013)。

1.2.2 众源地理数据的分类

众源地理数据虽来源广泛,但按内容划分,基本可以分为两种类型:一类是空间数据,一类是描述型数据。

空间数据包括点、线、面三种类型,按数据类型划分,又包括矢量数据和栅格数据。点数据如用户的签到位置数据、刷卡等位置信息,线数据和面数据如用户上传到网络的旅程线路 GPS 轨迹、网民自发编辑的地理对象(道路、湖泊等)、第三方无偿提供的矢量数据等。

描述型数据,又称属性数据,这些数据多来源于社交网站,形式多种多样,包括各种带有地理位置的照片、文本、视频、音频,表现出零散、无规则的特点。例如,Wikimapia 允许用户针对某一块地域进行文字描述,用户上传到 Flickr 上带有时空标签的照片不仅反映了用户活动轨迹,还能构成一定区域的影像数据。此外,用户的签到数据、刷卡数据等,往往具有附属信息,一定程度上含有描述该位置属性或活动行为的内容。需要说明的是,有时描述型数据既包含了地理对象的属性信息,又隐含了其拓扑信息(李德仁等,2010)。

1.3 众源地理数据的特点

综合比较不同来源的众源地理数据与传统测绘地理数据,其特点、优势和不足如下。

(1) 数据量大。很大一部分众源地理数据来自互联网用户有意或无意提交至网络的数据,互联网用户群的迅速发展使众源地理数据激增,任何人都可以参与数据的生产和传

---

① 引自:Wikiloc-GPS trails and way points of the world. http://www.wikiloc.com/wikiloc/home.do
② 引自:六只脚_GPS 轨迹记录_户外自助游_自助路线. http://www.foooooot.com
③ 引自:欢迎使用 Facebook-登录、注册或详细了解. http://www.facebook.com
④ 引自:Flickr. http://www.flickr.com

播,也能便捷地通过互联网获取开源地理数据。这也意味着,无论是像 OpenStreetMap 这样的共享网站,还是具体的众源地理数据使用者,经常需要面对数据量大带来的一系列技术难题,如高效存储、网络共享中的快速传输等。

(2) 现势性强。不少众源地理数据产生于实时在互联网上发布状态和共享位置数据的网民,具有明显的实时更新特点。大众实时发布的与位置相关的数据使众源地理数据在灾难制图、人道主义援助和救灾中具有显著的应用价值(Feick et al.,2013)。例如,2010 年海地地震后,当地民众使用手机等移动设备将自己获知的消息发送到 Ushahidi 平台[①],平台将收到的受灾人口分布状况、各地物资储备和救灾物资缺乏等情况进行分类,供救援人员、医护人员使用。此外,这种现势性强的地理数据能极大地缩短信息获取和更新时间,对交通状况实时分析和道路更新也具有重要意义。例如,当人们遇上某条道路因施工而无法通行的情况时,有时会愿意将这个道路信息发布于推特、微博;对于 Wikiloc、GPSies 等一些通过上传 GPS 轨迹来分享行程路线的网站,其数据更新频率也较快、实时性强。

(3) 传播速度快。众源地理数据大多来自于互联网,借助社交网站和当地新闻等传媒系统的传播能力,进行快速传播和扩散。例如,美国加利福尼亚州 2009 年 5 月的杰苏斯塔(Jesusita)火灾期间,通过建立地图式火灾监视网站,迅速整合、发布了各种志愿者地理信息和当地的实时火灾信息(Goodchild et al.,2010)。

(4) 信息覆盖面广。传统的地理空间数据缺乏社会化属性信息,众源地理空间数据来源于大众,具有很强的社会性。而大众用户活动的场所多集中在城市,并以交通为主要空间表现,其本身包含丰富的位置信息、语义信息和行为信息,与人类活动及社会发展紧密相关。另外,其参与创建的广泛性又使得众源地理数据能从更多角度、更多方面对地理要素进行描述,信息覆盖面广。

(5) 成本低廉。众源地理数据大多来自网民自发或无意采集的地理数据,相对专业的地理数据生产,其采集和处理的成本很低。这极大地降低了地理信息获取和使用的成本,将更有效地促进地理信息技术的推广应用。

(6) 缺乏统一规范。众源地理数据来源广泛,数据格式各异,不同数据的内容、精度、格式不同,数据组织和存储方式也千差万别,缺乏统一的标准规范,有时难以满足一些专业的地理数据要求。此外,数据缺乏统一的规范还表现在元数据的标准不一,部分众源地理数据常常缺乏元数据或元数据描述不清晰,难以检索和查询。

(7) 质量不确定。与传统规范的地理数据相比,众源地理数据来源广泛,包括政府、公司发布的公共服务数据,以及普通民众由移动终端、互联网分享的带有地理坐标信息的数据。一方面,由于缺乏市场监管力量和专业生产标准,众源地理数据的生产方式和过程不同,所采用的数据采集设备精度、方法不一,质量差异大(Goodchild et al.,2010),具体表现在数据精度和完整度上;另一方面,志愿者创建、分享地理数据的动机多样、主观性高低和技术水平也增加了数据的不确定性(Coleman et al.,2009;Budhathoki et al.,2008;

---

① 引自:Ushahidi. https://www.ushahidi.com

Flanagin et al.,2008)。数据质量不可预测,可能存在偏差、重复、错误(李德仁等,2010),甚至恶意扭曲的成分,政府部门和决策者往往对众源地理数据抱有怀疑态度,拒绝将其用于决策过程(Johnson et al.,2013)。

(8) 覆盖不均匀。首先,众源地理数据在空间上分布不均匀,尽管当前众源地理数据增长速度快,数据量巨大,一些地区被海量数据淹没,同时经过多人多次提交或多次编辑的众源地理数据存在着大量冗余,而另一些地区却严重匮乏。例如,OpenStreetMap 数据在伦敦的覆盖率明显高于中国湖北省的覆盖率。造成这种不均匀的原因有很多,包括世界各地网络覆盖率、使用率不均匀(Miniwatts Marketing Group,2015),还包括隐含的某些决定网络上传输内容的社会政治因素(Engler et al.,2007)、网络审查(Warf,2011)、权力法(Shirky,2003)等。其次,众源地理数据的来源不均匀,以社交网站上公民自发产生的地理数据为例,生产者的年龄大多为使用智能手机的年轻人,年长者较少。此外,这些生产者的性别比例也不均衡,社会分工也不均匀。

(9) 开放性。众源模式大多采用开放的开源平台、开放的数据标准和协同工作规范,其数据成果多采用开放、共享的免费应用模式。

(10) 隐私与安全难以控制。自由创建和分享的众源地理数据有时会对他人及一些组织的隐私和安全产生影响。

1.4 众源地理数据的主要应用方向

众源地理数据作为一种开放地理数据,蕴含着丰富的空间信息和规律性知识。利用空间数据分析和挖掘方法可以从中提取信息、挖掘知识,为具体应用提供服务。本书结合近年来众源地理数据的应用研究,将众源地理数据的主要应用方向总结如下。

1.4.1 众源地理数据拓扑及无标度分析

众源地理数据的拓扑和无标度分析,指利用拓扑分析方法研究并构建众源地理数据的网络拓扑关系,利用空间数据统计建模方法研究地理现象的幂律分布。

大部分众源地理数据被描述为一种包含拓扑关系的数据结构,如 OpenStreetMap 数据中的点、线、面等几何要素,它们的关系是通过顶点、路线的关系来描述的。通过对某区域内的要素进行拓扑分析,能发现点、线、面的分布规律,挖掘该区域的空间结构和模式。例如,Jiang(2007)利用香港的街道网络数据和年度平均每天交通数据流量,借助街道网络的拓扑表示和分析,进行交通流量预测;Jiang(2013)利用瑞典 OpenStreetMap 数据进行自然道路网络的提取和拓扑分析,发现道路网络存在无标度特性。拓扑分析经常用到平均度、平均路径长度和聚类系数等统计指标,结合空间统计方法可以搜索地理要素的分布结构和模式。

无标度特性从数学意义上讲就是某种现象的大小分布服从幂律分布。传统地理学研究认为地理空间存在高斯分布的特性,而最近基于大量地理数据的实证研究发现地理空间存在无标度的特性。例如,Jiang 等(2011)利用美国的 OpenStreetMap 数据进行自然城市的提取和统计分析,发现美国城市的大小(无论是人口还是道路结点的个数)满足齐普夫定律; Lämmer 等(2006)利用 Tele Atlas MultiNet 地理数据库对德国 20 个城市的道路网进行统计分析,发现所有道路上的行车时间服从幂律分布,也就是具有无标度特性。

1.4.2 城市交通基础地理信息提取

城市交通是人类科学技术进步和工业发展过程中形成的社会产物,是由人、车、道路网络、私人交通、公共交通、专业运输组成的一个动态、复杂的系统,是城市中极为重要的组成部分。城市交通基础地理信息是包括城市道路网、路网附属信息和城市拥堵状况等内容的综合地理信息,在交通管理、车载导航、城市规划和网络地图服务等领域都具有重要作用(Wilson et al.,1998),也是智慧城市的重要内容之一。很大一部分众源地理数据源于城市中生活的民众、行驶的公共交通工具和私人交通工具,其蕴含丰富的城市交通信息,且具有现势性强、容易获取、成本低廉等优点,相比于测绘部门或测绘型、导航服务型公司所生产的路网地图,往往还含有丰富的小道路、人行道等信息。这些数据能够用来提取、更新路网,挖掘城市交通附属物,如停车场、高速路收费站、加油站等道路交通基础设施,作为城市基础地理信息提取的基础数据源。

Schroedl 等(2004)采用配备了差分 GPS 接收器的车辆获得高精度的 GPS 数据,将轨迹点划分为道路段轨迹和十字路口两种类型,从而得到道路中心线,提取高精度道路地图;Li 等(2012)综合利用了 GPS 数据的空间及语义信息从浮动车数据中提取道路;陈舒燕(2010)利用 OpenStreetMap 数据实现了基于在线位置信息服务方式的出行可达性分析。众源数据还反映了城市中居民的出行信息,对其进行时空聚类能实时提取交通拥堵情况,获得城市动态拥堵状况,挖掘出对交通管理和大众出行具有指导意义的规律性知识并用于道路规划、商场选址等决策。例如,Lee 等(2008)利用 K 均值方法对出租车的上下车点进行分析,从而为空出租车进行位置推荐;Carisi 等(2011)利用 GPS 轨迹信息的时间、速度等信息对城市交通信号位置信息进行估测;陈漪(2011)则借助 GPS 轨迹信息的时间、速度、高程等识别城市立交桥。

1.4.3 人类时空活动分析

计算机技术和移动定位技术的飞速发展,使得普通民众开始成为地理信息的生产者和传播者。众源地理数据的生产主体大多为民众,因而这些时空数据一定程度上能够反映个体、群体的活动规律,可用于人类时空活动分析。一方面,众源数据能用于人类动力学研究,研究个体的行为活动规律和偏好。Turner(2009)利用伦敦个人摩托车的 GPS 移动路线研究人们选择路线的偏好,发现道路选择时更多考虑的是角距离而非街区距离,即人们在出行时往往会选择转弯较少的路线;Jia 等(2012)利用 OpenStreetMap 的大范围道路数据对人们的出行进行模拟研究,认为人们的出行模式主要受路网结构的影响,由此为出行行为和路径优化研究提供了新的视角。另一方面,众源数据还能用于城市居民群体活动规律研究,挖掘城市热点信息。例如,Yue 等(2009)利用 Single-Linkage 聚类算法对不同时段内出租车轨迹的上下车点进行分析,从而挖掘出依赖于时间的兴趣区域和移动模式。

1.4.4　其他分析与应用

众源地理数据来源广泛,包含丰富的时空地理信息、语义信息、属性信息,在众多领域都能弥补传统时空数据更新慢、成本高、语义缺失等不足。

在灾害应急方面,众源地理数据,特别是志愿者地理信息,在近几年的重大自然灾害中发挥了重要作用(Goodchild et al.,2010)。近年来全球范围内重大灾害频发,造成了巨大的人员伤亡和经济损失,紧急情况下政府机构和管理部门不可避免地捉襟见肘,特别是那些对生命和财产安全有巨大威胁的社会危机和自然灾害。政府机构和管理部门往往人员有限,缺乏当地地形分布的有效知识,对重要地理信息的有效反映能力差,而普通民众对所在地具有更好的本地知识,更了解灾害发生或蔓延情况,也具备通过互联网生产、发布救灾消息的能力(Budhathoki et al.,2008)。快速、准确地获取灾害相关消息,如灾害现场信息(灾害级别、范围等)、受灾人员信息(位置、身体状况、环境等)、基础设施信息(道路、供水、供电等)、救援人员信息(位置、环境等)、救援物资信息(数量、类别、需求等),是启动灾害应急响应、制定救援方案和实施救援的重要依据之一(高原等,2013)。良好的灾害应急系统和平台设计,有利于政府和救援部门在灾害发生时迅速获得受灾信息和民众需求,并将它们综合到容易理解的地图和状态报告中,以在灾害中迅速做出合理、正确的反应,挽救人民财产和生命安全。

在公共卫生和流行病蔓延方面,GIS 因其强大的空间分析和可视化能力已经受到国内外专家的重视(武继磊等,2003)。众源地理数据的出现,特别是志愿者地理信息,依靠智能手机和其他位置感知设备等简单易用的数据收集工具,能提供高现势性、来源广泛的数据池,为公共卫生健康研究提供新的机遇(Goranson et al.,2013)。2009 年 2 月 19 日,*Nature* 上刊登了一篇关于谷歌预测流感的文章(Ginsberg et al.,2009),谷歌工程师根据汇总的搜索数据,近乎实时地对全球当前的流感疫情进行了估测,推出了"谷歌流感趋势"(Google flu trend,GFT),并于 2009 年 H1N1 暴发前,成功预测了 H1N1 在全美的传播,比疾病中心的数据更及时。尽管 2013 年 2 月,*Nature* 上有文章表示 GFT 预测的全国范围的流感样疾病病例(占全国人口的比例)近乎是实际值的 2 倍,与真实值偏差较大(Butler,2013),但毫无疑问,GFT 至少为基于众源地理数据研究流行疾病传播、公共卫生健康提供了一定的引导。

此外,众源地理数据还能用来做导航分析,为人们出行提供帮助。例如,Holone 等(2007)综合应用 OpenStreetMap 地图与航空影像研制协作导航系统,结合 A* 算法和用户评价在交通网络上进行路线计算和搜索,为行动不便及有个人偏好的行人提供路线设计。也有学者指出,当前大多数众源地理数据的研究集中于数据准备、数据融合、异常值处理和数据平滑等数据处理工作,较少关注社会经济层面的问题(Granell et al.,2016),但是,可以肯定的是,众源地理数据的价值已然越发明显地体现在城市交通、社会经济学、人类学等学科研究中。

1.5 本书内容和组织结构

众源地理数据凭借易于获取、更新快、数据量大、种类丰富的特点,成为近几年测绘、计算机技术、城市热点提取、交通分析、时空行为分析等领域的研究热点,但是国内测绘领域尚缺少一本书籍系统全面地论述这种数据的获取、质量、特点及应用。本书依托国家自然科学基金项目"基于众源GPS路线数据的城市道路网自动更新和重构"的研究成果,从数据获取、质量分析评价、特点规律分析、跨领域交叉应用、共享及可视化等多个角度切入,系统地叙述了众源地理数据(尤其是道路数据)及其分析和应用。

本书各章节的内容安排如下。

第1章,绪论。简述众源地理数据的概念、来源、类型和主要应用方向,并介绍全书的内容和结构。第1章将为理解后续内容做基础铺垫。

第2章,众源地理数据的采集和获取。以数据的生产者、管理者、应用者等不同角色的职能为切入点,概括性地区分和论述众源地理数据的采集和获取两种过程,并总结这两种过程的特点和一般流程。然后,以开源地图项目OpenStreetMap的数据编辑过程、网络类型众源地理数据的获取、基于手机端的志愿者位置数据采集为例,详细论述不同种类众源地理数据采集获取的方法、关键技术、策略和注意事项。数据的生产过程会对数据质量造成较大的影响,因此第2章的内容为第3章众源地理数据质量分析与评价奠定基础。另外,对数据生产过程的认识有助于为后期的数据处理和分析提供先验知识和背景知识,因此第2章的论述也有益于第4~7章探讨众源地理数据的特点与实际应用。

第3章,众源地理数据质量分析与评价。概括性地介绍众源地理数据的质量问题及其来源、国内外研究现状和质量问题的挑战,提出众源地理数据质量分析的框架,以OpenStreetMap道路数据和位置签到两种众源地理数据为例,开展众源地理数据质量分析实践。最后,论述众源GPS轨迹数据预处理的原理与方法。第3章对OpenStreetMap道路数据的质量分析有利于后续章节展开该数据的特点分析和应用,对众源GPS轨迹的质量和预处理的讨论也为第6~7章探讨众源GPS轨迹的多领域应用做了铺垫。

第4章,OpenStreetMap路网演变分析。以开放道路网OpenStreetMap北京区域道路网为典型示例,分别从道路网结构和志愿者绘图两个层面分析开放道路网的演变,发现OpenStreetMap的结构特性及其演变规律和志愿者的绘图规律,定量阐明开放道路网背景下众源地理数据的增长和发展过程。

第5章,OpenStreetMap辅助的影像道路提取。主要介绍OpenStreetMap辅助高分辨率影像道路提取的两种方法。将道路矢量数据作为初始输入信息,充分利用矢量和栅格数据的特点,提高高分辨率遥感影像道路提取的准确性和可靠性。第5章着重论述OpenStreetMap道路数据在影像道路信息提取中的辅助价值和作用。

第6章,基于众源数据的路网提取与更新。首先讨论众源 GPS 轨迹中提取道路信息的经典方法,并提出一种基于栅格图道路中心线的方法,随后论述利用 OpenStreetMap 等众源路网数据更新专业路网数据库的典型方法,并对其中的两个关键技术点进行讨论,提出新思路。相比第5章而言,第6章着重阐明 OpenStreetMap 道路数据作为专业道路提取和更新的直接数据源的价值和作用。

第7章,基于众源轨迹的交通出行信息提取与分析。结合作者的多项分析实践,论述众源 GPS 轨迹在不同领域的应用,包括基于出租车 GPS 轨迹的城市热点提取分析及交通拥堵分析、基于网络众源 GPS 轨迹的交通设施提取、基于手机 GPS 轨迹的大学生时空行为分析。

第8章,众源地理数据共享平台设计和可视化。首先总结和分析地理数据的共享平台建设及可视化方面的背景和发展现状,列举一些具有突出特点的相关案例。然后,提出和阐述针对众源地理数据的数据共享平台建设方案,并介绍基于该共享平台研发的多个可视化系统,涉及出租车轨迹的高维可视化、GeoDiary 地理日记、大众众源在线制图研究等。

参 考 文 献

陈漪. 2011. 基于 GPS 数据的城市路网立交桥识别技术研究. 长春:吉林大学.

陈舒燕. 2010. 基于 OpenStreetMap 的出行可达性分析与实现. 上海:上海师范大学.

高原,马磊,王坚,等. 2013. 兼容 Crowdsourcing 的灾害应急管理系统. 计算机系统应用(11):31-36.

李德仁,钱新林. 2010. 浅论自发地理信息的数据管理. 武汉大学学报:信息科学版(4):379-383.

钱新林. 2011. 面向自发地理信息的空间数据表达与管理方法研究. 武汉:武汉大学.

单杰,秦昆,黄长青,等. 2014. 众源地理数据处理与分析方法探讨. 武汉大学学报:信息科学版,39(4):390-396.

武继磊,王劲峰,郑晓瑛,等. 2003. 空间数据分析技术在公共卫生领域的应用. 地理科学进展,22(3):219-228.

Budhathoki N R, Nedovic-Budic Z. 2008. Reconceptualizing the role of the user of spatial data infrastructure. GeoJournal,72(3/4):149-160.

Butler D. 2013. When Google got flu wrong. Nature,494(7436):155-156.

Carisi R,Giordano E,Pau G,et al. 2011. Enhancing in vehicle digital maps via GPS crowdsourcing//Wireless On-Demand Network Systems and Services(WONS),2011 Eighth International Conference on. New York:IEEE,27-34.

Coleman D J,Georgiadou Y,Labonte J. 2009. Volunteered geographic information:the nature and motivation of producers. International Journal of Spatial Data Infrastructures Research(4):332-358.

Engler N J, Hall G B. 2007. The Internet,spatial data globalization,and data use:the case of Tibet. The Information Society,23(5):345-359.

Feick R,Roche S. 2013. Understanding the Value of VGI//Crowdsourcing Geographic Knowledge. Berlin:Springer:15-29.

Flanagin A J, Metzger M J. 2008. The credibility of volunteered geographic information. GeoJournal(72): 137-148.

Ginsberg J, Mohebbi M H, Patel R S, et al. 2009. Detecting influenza epidemics using search engine query data. Nature(457):1012-1014.

Goodchild M F. 2007. Citizens as sensors: the world of volunteered geography. GeoJournal, 69(4): 211-221.

Goodchild M F, Glennon J A. 2010. Crowdsourcing geographic information for disaster response: a research frontier. International Journal of Digital Earth, 3(3): 231-241.

Goranson C, Thihalolipavan S, di Tada N. 2013. VGI and Public Health: Possibilities and Pitfalls//Crowdsourcing Geographic Knowledge. Berlin: Springer: 329-340.

Granell C, Ostermann F O. 2016. Beyond data collection: objectives and methods of research using VGI and geo-social media for disaster management. Computers, Environment and Urban Systems, 59: 231-243.

Heipke C. 2010. Crowdsourcing geospatial data. ISPRS Journal of Photogrammetry and Remote Sensing, 65(6): 550-557.

Holone H, Misund G, Holmstedt H. 2007. Users are doing it for themselves: pedestrian navigation with user generated content//Next Generation Mobile Applications, Services and Technologies, The 2007 International Conference on. New York: IEEE, 91-99.

Howe B J. 2010. The rise of crowdsourcing. Wired Magazine, 14(6): 1-4.

Jia T, Jiang B, Carling K, et al. 2012. An empirical study on human mobility and its agent-based modeling. Journal of Statistical Mechanics: Theory and Experiment(11): P11024.

Jiang B. 2007. A topological pattern of urban street networks: universality and peculiarity. Physica A: Statistical Mechanics and its Applications, 384(2): 647-655.

Jiang B. 2012. Volunteered geographic information and computational geography: new perspectives//Crowdsourcing Geographic Knowledge. Berlin: Springer: 125-138.

Jiang B, Jia T. 2011. Zipf's law for all the natural cities in the United States: a geospatial perspective. International Journal of Geographical Information Science, 25(8): 1269-1281.

Johnson P A, Sieber R E. 2013. Situating the Adoption of VGI by Government//Crowdsourcing Geographic Knowledge. Berlin: Springer: 65-81.

Lämmer S, Gehlsen B, Helbing D. 2006. Scaling laws in the spatial structure of urban road networks. Physica A: Statistical Mechanics and its Applications, 363(1): 89-95.

Lee J, Shin I, Park G L. 2008. Analysis of the passenger pick-up pattern for taxi location recommendation//Networked Computing and Advanced Information Management, the Fourth International Conference on. New York: IEEE, 1: 199-204.

Li J, Qin Q, Xie C, et al. 2012. Integrated use of spatial and semantic relationships for extracting road networks from floating car data. International Journal of Applied Earth Observation and Geoinformation, 19: 238-247.

Miniwatts Marketing Group. 2015. Internet usage statistics for all the Americas[2016-06-03] http://www.internetworldstats.com/stats2.html.

O'Reilly T. 2007. What is Web 2.0: design patterns and business models for the next generation of software. Communication & Strategies(1): 17-37.

Schroedl S, Wagstaff K, Rogers S, et al. 2004. Mining GPS traces for map refinement. Data Mining and

Knowledge Discovery,9(1):59-87.

Shirky C. 2003. Power laws,weblogs,and inequality[2016-08-16]http://shirky.com/writings/herecomeseverybody/powerlaw_weblog.html.

Sui D,Goodchild M,Elwood S. 2013. Volunteered Geographic Information,the Exaflood,and the Growing Digital Divide//Crowdsourcing Geographic Knowledge. Berlin:Springer:1-12.

Turner A. 2006. Introduction to Neogeography. Sebastopol:O'Reilly Media,Inc.

Turner A. 2009. The Role of Angularity in Route Choice//Spatial Information Theory. Berlin:Springer:489-504.

Warf B. 2011. Geographies of global Internet censorship. GeoJournal,76(1):1-23.

Wilson C K H,Rogers S,Weisenburger S. 1998. The Potential of Precision Maps in Intelligent Vehicles[2016-05-30]//Proceedings of the 1998 IEEE International Conference on Intelligent Vehicles:419-422.

Yue Y,Zhuang Y,Li Q,et al. 2009. Mining time-dependent attractive areas and movement patterns from taxi trajectory data//Geoinformatics,2009 17th International Conference on. New York:IEEE.

第 2 章
众源地理数据的采集与获取

众源地理数据的"众源"属性决定了它与传统地理数据的本质区别是其来源广泛,这意味着众源地理数据生产的主体、工具、所需知识、生产方式、汇集方式带有极强的多样性和不确定性。认识众源地理数据的采集和获取过程有利于人们深刻理解众源地理数据的"众源"本质、不确定性来源,可以帮助人们更容易地获得符合需求的众源地理数据,也可以启发人们去发现新的分析和应用众源地理数据的思路。本章将区分出众源地理数据的采集和获取两个概念,并结合众多实际案例,论述从何处、如何采集和获取众源地理数据。

2.1 概　　述

2.1.1 众源地理数据的采集

1. 众源地理数据采集的概念与经典案例

众源地理数据的"采集"是指该类数据被普通民众通过各种方式生产出来并传递到数据管理者的过程。这里先介绍几个与众源地理数据采集相关的例子来帮助读者理解众源地理数据采集的概念:新浪微博、OpenStreetMap、百度地图、Ushahidi、道路寻宝[①]。

新浪微博是国内一个非常流行的社交网站。该网站用户可以通过登录新浪微博的网站或使用新浪微博的手机客户端来编辑和发布一条"状态",典型的状态类型如用户的心情、经历的事件、对某件事的看法等。除了文字信息及可公开的用户信息外,这种状态还可以包含图片、超链接和地理位置等信息。如今,新浪微博毫无疑问已经成为国内最流行的网站之一,其带来的海量数据被许多应用和研究使用,如教育(张婷婷,2011)、舆情(夏雨禾,2011)、地理信息提取(秦龙煜等,2012)等。很多类似的社交网站也会产生不同类型的众源地理数据,国内的如人人网、街旁网[②]、六只脚轨迹分享网站,国外的如 Facebook、Foursquare[③]、Flickr、Wikiloc。

OpenStreetMap 是众源地理数据项目中最典型的代表。OpenStreetMap 是一个数据开源的地图网站,同时它也指支撑这个网站运营的同名非营利性组织。OpenStreetMap 网站的注册用户可以在它的网站上编辑 OpenStreetMap 地图任何地方的道路、房屋、湖泊等常见地图要素,最后编辑结果将作为地图的一部分被任何一个使用 OpenStreetMap 的人阅览、使用,而且有需要的人还可以从 OpenStreetMap 网站上直接下载这些地图相关的数据。编辑地图要素时,用户有多种可选的编辑方式,例如,参照与编辑区域对应的必应地图(BingMaps)提供的卫星影像直接勾画,或者先在实地通过拍照、记录 GPS 行动轨迹来收集基础资料,随后在可以连接 Internet 的地方将这些资料上传到 OpenStreetMap 网站上,并参照这些资料来编辑地图要素。OpenStreetMap 近几年发展迅猛,它的地图数据越来越全,地图越来越多地被用作其他在线专题图的背景地图,它的数据还成了测绘、地理信息领域研究界非常流行的研究、应用对象。类似的开源地图系统还有 Wikimapia[④]。

百度地图是中国最流行的商业地图之一。由于百度地图网站和百度地图手机软件在中国非常流行,很多包括食品店、小型超市等在内的规模较小的店面、商铺的营业者经常希望在百度地图上标记出自己店面或商铺的位置,以便使更多的潜在顾客通过百度地图发现他

[①] 引自:道路寻宝—最能赚钱的手机应用(道路寻宝唯一官方网站). http://www.dlxb.cc/jianzhi[2014-11-08]
[②] 引自:街旁网. http://www.jiepang.com
[③] 引自:Central District │ Food, Nightlife, Entertainment. https://foursquare.com/
[④] 引自:Wikimapia-Let's describe the whole world. http://wikimapia.org

第 2 章　众源地理数据的采集与获取

们的店铺,从而提高店铺的知名度,也可以帮助顾客快速地找到这些店铺的位置。但是,规模较小的店铺往往并不被百度地图收录。几年以前,在百度地图上标注并公开某个店铺是需要营业者向百度提交一笔费用的,而现在,百度不再向用户收取任何标注的费用。可以看到,在兴趣点(point of interest,POI)采集这件事上,百度地图已经在利用"众源"了(图2.1)。

图 2.1　百度地图的商铺标注页面

资料来源:http://biaozhu.baidu.com/?from=maptop#/mark-basic

Ushahidi 是一套用来支撑人们快速构建基于众源地图应用的开源软件及平台,数以千计的网站基于这个工具已经建立起来。基于 Ushahidi,开发者可以快速构建一个信息汇集和展示系统,这样的系统可以很方便地接收用户通过手机短信、电子邮件、推特消息、网站访问等多种形式向系统中添加的与地理位置相关的信息,而这些信息往往被整合、显示到这个系统的地图网站上供人查阅。Ushahidi 最经典的应用案例是 2010 年海地地震的 4636 项目(图 2.2)(Roche et al.,2013),这个项目构建的系统使得任意一个人可以通过短信向该系统汇报信息(如求救信息),随后这个信息被整合并显示到相应的网站上,以供决策者、救助者等查阅。哈佛大学肯尼迪政治学院的一项研究称,Ushahidi 在暴力消息和来自农村的灾情消息方面比主流媒体有一定优势(Shirky,2010)。

图 2.2 海地地震 4636 项目的网页主界面

图 2.3 道路寻宝软件主界面
资料来源：http://xunbao.amap.com
[2015-10-01]

道路寻宝(图 2.3)是国内高德公司主持的一个项目,这个项目的用途是通过经济补偿发动当地群众来帮助完善高德地图的地图数据库。这个系统的使用者可以是任何拥有安卓或苹果手机的人,用户可以通过和这个项目的管理员联系从而获取一个认证账号,随后用户下载道路寻宝的手机客户端并用这个账户登录客户端、完成客户端发布的数据采集任务而获取报酬。高德通过发布任务收集的地图数据主要包括门址、POI、公交站牌、道路信息。由此高德地图通过支付一定的报酬换取了大量的"众源地理数据"。根据道路寻宝官方网站,"中国约有 2 亿门址数据,道路寻宝活动开展 10 个月就收获了广大用户采集的 2000 万门址数据",这样规模的众源采集活动在国内并不多见。

传统的地理数据采集过程中,数据采集项目管理者(或生产者)一般需要提供生产所需的知识、生产工具、劳动力这些关键要素,然而在众源地理数据的采集中,民众替代了一部分传统形式下管理者(或生产者)的角色,因此这些生产要素很大程度上转由民众提供。在上述这些例子中,与生产直接相关的劳动力大部分来自民众,如新浪微博用户通过手机端发布一条签到信息、OpenStreetMap 中用户在网站上勾画道路、百度地图中经营者主动上网标记商铺。生产工具则往往由民众和数据管理者共同提供,例如,新浪微博中新浪公司开发新浪微博系统来维护数据、网站和客户端软件,用户则用自己的手机来发布状态。而对于生产所需的知识,由于面向普通民众的应用在设计时一般偏易用、避免复杂,管理者往往只需要向用户提供学习知识所需的工具和材料,而学习和应用这些知识的过程可以由用户自己完成。例如,OpenStreetMap用户在初次编辑时,网站会提示用户编辑工具的使用方法,用户也可以自己摸索;Ushahidi 提供了用户向特定号码发送短信以提交信息的功能,而大部分现代民众非常了解如何发送短信,因此他们只需要知道发送到哪个号码就可以了。

2. 众源地理数据采集的特点与形成条件

从采集者加入的原因来看,众源地理数据的采集大致可分为以下三类。

(1) 志愿者应招募而参加的采集。例如,基于手机或 GPS 记录器的志愿者出行数据采集,这种采集是这样一个过程:采集项目管理者向一部分社会群体发出参与邀请,有时提供采集所需的一部分工具(如手机软件或 GPS 位置记录器),志愿者自愿加入并借助这些工具或自己持有的工具来采集数据。整个过程对于志愿者可能是有偿的也可能是无偿的,常见的志愿者的参与驱动力有兴趣、利他主义等。受限于招募和推广需要人力和物资的投入,这种采集相比其他起因采集的一个特点是采集者的候选范围比较小、采集时长比较明确,例如,基于手机的位置数据采集多局限于某个学校或部门或参加了特定活动的人群,采集的时长通常确定为两个星期、一个月等。

(2) 没有或鲜有招募过程,志愿者有意识地自发参与。这种采集的典型例子是OpenStreetMap,道路寻宝软件也是类似的项目。这样的项目常见为无偿参与,也可能有偿;由于项目管理者不主动招募,参与者往往通过朋友、网友、新闻而得知相关的项目信息,并且主动、有意识地参与其中。参与候选者范围一般较广,参与时长也一般不固定、不限制。

(3) 没有招募过程,并且志愿者没有察觉到自己在采集地理数据,地理数据的产生是用户在参与另一种活动时的副产物。这种形式的采集常见于各类互联网公司及其软件用户,例如,谷歌保存了各地人使用谷歌搜索时输入的关键字,这些关键字后来被谷歌用来预测流感的流行方向;百度用户也通常没有意识到百度通过安装在他们手机中的百度地图软件来收集他们以往的位置。这种采集的参与者候选范围一般较广,参与条件常见为只要满足相关项目的项目软硬件要求就可参与;参与时长与项目本身持续时长有关,一般没有固定时限,例如,只要百度地图持续在手机软件市场流行,其位置数据的采集过程就不会停止。

众源地理数据采集所使用的软件、硬件工具各异,典型的有以下三类。

(1) 志愿者自己的手机及手机软件。很多与志愿者的时空信息有关的项目往往会选择在志愿者手机上安装一个手机软件,并使用手机的多种传感器收集位置、手机加速度、附近 Wi-Fi 热点等信息,有时候这些信息会与用户的私人信息相配合以拓展可研究与分析的方向,这些私人信息如用户的经济状况、心理状况,用户拍的一张照片(可能来自Flickr)或对某件事物的感想(可能来自新浪微博)。

(2) 个人电脑及网站。用户通过网站完成数据采集过程,这样采集到的数据往往并不与采集者的时空信息相关。例如,虽然OpenStreetMap的编辑者们总是对其附近的位置更了解,但实际上OpenStreetMap本身并不一定要知道编辑者们处于什么国家的什么位置。

(3)相对更专业的GPS设备。手机和个人电脑是大多数人拥有的个人财产,对于很多众源数据采集项目而言,它们在硬件上极大限度地减轻了数据需求者或管理者的物资投入,但是也有些采集项目无法利用这种先天条件。一种常见的情况是某些项目需要高频率、长期、精确地获取志愿者的地理位置,需要GPS接收器长时间持续工作,而手机上的GPS如果长期工作会给志愿者带来极大的耗电负担,因此这种情况下数据项目的管理者往往会向志愿者提供腕表、GPS记录器、为GPS耗电优化了的手机等相对更有针对性的GPS设备,以此来减少志愿者的参与负担。

地理数据的采集之所以能够在普通民众中兴起并得到广泛应用,主要有以下三点原因。

(1)与IT相关的日常设备越来越普及,并且具备了更多与地理位置相关的功能,如个人计算机、智能手机和车载GPS导航仪、记录仪。如今的智能手机装备了许多几年前的手机所不具备的传感器,包括GPS、Wi-Fi、蓝牙、陀螺仪、重力计、温度计、加速度计等。其中,GPS接收器在定位条件好的情况下可以提供精确度在 $20\sim30$ m的位置数据,在常用的Wi-Fi热点附近经常可以提供精度在 $50\sim200$ m的位置数据,这些位置数据配合其他传感器所取得的数据及用户本身创建的文字、照片等非位置数据,可以成为非常有价值的研究数据,甚至产业数据。另外,手机智能系统的发展使得手机软件具有更多样的功能,这能让采集过程更加便利、高效。

(2)互联网的发展。不难看到,上述几个典型的例子中的信息传递过程都极大地与互联网相关联,这尤其体现在两个方面。一方面,互联网使得信息可以共享,这使得即使普通人创建的信息也可以快速地传递给数据管理者,而数据管理者又可以快速地将数据发布给其他对此感兴趣的用户。另一方面,Web 2.0使得社交网络快速扩张,这给用户带来了生产与社交相关的数据的直接欲望和环境。

(3)传统地理数据采集往往对数据的正确性和准确性有严格甚至苛刻的要求,而众源地理数据的采集在这方面则宽松得多。苛刻的数据精度要求使得采集工具价格高昂并且用途明确且单一,尤其是硬件,因此大部分民众没有经济基础也没有理由来购买并使用这些硬件及软件工具。例如,常见的全站仪价格为几万元,VirtuoZo也不可能作为一种娱乐工具被普通人使用。严格的数据质量要求也使得传统采集者需掌握常见生活中很少接触到的知识,这些知识包括专用硬件及软件的使用方法,专用的数据处理、检校流程。而众源地理数据并不以这种专业和严格的数据质量要求来考量数据,或者要求相对低很多,这使得普通人不需要特殊的工具和知识便可以轻松地采集到合乎要求的数据。

3. 众源地理数据采集的一般流程

在分析和归纳了包括上述案例在内的多个众源地理数据采集项目的基础上,通过四个步骤总结众源地理数据采集的一般过程:前期准备、参与者召集、方案的具体实施、数据整理和基本的预处理。

1) 前期准备

典型的前期工作包括如下三个方面。

(1) 获取方案制定。需要制定的方案内容如选定区域范围、确定采集工具、策划获取流程和步骤、验证可行性、做经济预算等。

(2) 硬件选择和采购。采集环境有时候需要硬件支持,其中一种典型的硬件设备是数据管理设备,如装备了数据库软件的服务器;另一种典型的硬件设备是数据生产设备,如 GPS 腕表、GPS 记录仪,这两种设备都需要在数据开始采集前就准备和采购好。

(3) 软件开发。在类似 OpenStreetMap 和道路寻宝之类的采集项目中,采集需要网站、软件或数据管理系统支持,而这些软件系统并不一定在市面上存在,这意味着数据需求者可能需要自己完成这些软件系统的开发。

2) 参与者召集

正如上文提到的,有些采集项目需要主动招募参与者,有些则是被动接受参与者,但是无论哪种情况,数据需求者和参与者一般会通过一定方式达成在采集方式、数据可公开性等与采集过程和数据相关方面的一致意见。例如,数据需求者需要直接与候选志愿者沟通并邀请其参与采集,沟通时需要确认其是否参与,并且就采集到的哪些信息可以使用、哪些信息可以公开达成一致意见。再如,数据需求者只是提供软件环境并未主动招募参与者,潜在参与者通过朋友介绍等被动方式得知采集项目信息后自发注册参与,这种情况下参与者在注册或参与过程中往往会经历一个类似"阅读和同意数据协议"的步骤,通过这个步骤数据需求者和参与者也能达成数据可用性和公开性上的一致意见。很多时候,参与者招募还经常伴随着一些参与者信息的收集,如用户的联系方式、年龄、职业、年收入等,这些信息的主要用途有两个:一是用来登记参与者,以方便管理;二是作为后期分析和应用的输入数据。

3) 方案的具体实施

如果数据需求者希望自己完成数据采集,那么方案的具体内容基本由需求者设计和决定,常见的实施过程如分发 GPS 接收器让志愿者携带两个星期、采集期间定期导出接收器数据、最后发放酬劳。

4) 数据整理和基本的预处理

参与者招募和数据采集方案实施过程中可能出现各种意想不到的状况,导致数据出现冗余、缺失、错误等问题,对于这部分数据,往往需要尽快确认问题原因、修正问题或剔除。这里所说的"基本的预处理"是指在数据被适用于任何应用和研究之前必须进行的那部分共同的预处理工作。最常见的预处理是匿名化,在数据收集期间可能因为需要和志愿者保持联系而记录了志愿者的姓名、联系方式,并且在用户采集的数据中还带有可以用来辨别其身份的信息,而多数情况下这些私人信息不应被公开。因此,需要通过一定方式在数据交付使用之前隐去或模糊化这部分信息。

作为众源地理数据的最典型代表之一,OpenStreetMap 对众源地理数据的采集、分析及应用均有十分重要的意义,加之其数据采集过程也较典型,因此 2.2 节将对 OpenStreetMap 及其数据采集过程进行阐述。此外,随着智能手机的普及,越来越多的应用和研究正在利用手机及手机软件作为空间数据采集的工具和方法,2.3节将对基于手机端的志愿者位置数据采集进行详细论述。

2.1.2 众源地理数据的获取

1. 众源地理数据获取的概念

这里把众源地理数据的"获取"定义为数据需求者(应用者或研究者)得到其需要的众源地理数据的过程,它和"采集"最明显的不同是采集的数据来源一定是数据的直接生产者(如OpenStreetMap的编辑用户、道路寻宝软件的手机用户),而获取的数据的来源除了可能与采集一样是直接生产者之外,还有可能是数据的管理者——管理者只是发起或管理了数据采集的过程而不是数据的直接生产者。以"百度地图人气"和"百度慧眼"的例子来更深入地理解众源地理数据的获取过程。

"百度地图人气"①(图2.4)是百度公司出品的一个面向人流数据分析应用的网站,在这个网站上浏览者可以看到过去约一个月内任意一天某个城市向全国其他城市的人口移入或移出占这个城市总人口迁移的比率,还可以看到一些景区的人口热力分布图(人口密度图)。百度地图人气的主页上标明了"来自百度LBS开放平台",实际上,这个网站的重要数据来源之一是百度地图手机软件或装载了百度地图SDK的其他手机软件的手机用户。

图2.4 百度地图人气显示的兰州与其他城市之间的迁徙流动图
资料来源:http://qianxi.baidu.com

---

① 引自:百度地图人气——地图位置大数据分析门户. http://renqi.baidu.com

20

在这个例子中,百度公司同时承担了两种角色:数据采集过程中的管理者,以及数据使用者(需求者)。因此,这个例子中数据的获取和采集是同一个过程,获取的来源就是采集的来源,即安装了百度地图软件或装载了百度地图 SDK 的软件的手机用户。

相对地,百度还提供了一款产品"百度慧眼"[①](图 2.5),百度慧眼的主流用户是从商人群,最大作用是帮助商业人士分析与其行业相关的用户特性从而帮助其更好地制定发展策略,而这些特性中尤以地理特性最为常见。根据百度慧眼主页的介绍,它主要面向的用户群体类型是:商业地产类、零售连锁类、旅游景区类、政府公共类,由此不难看出百度慧眼是个较为商业化的项目。而百度提供的具体数据很大一部分是分析百度地图手机软件的用户数据得到的结果,以商场中的店铺经营为例,这些分析结果中与地理相关度较高的如所在商场的顾客在各个楼层(垂直方向)及楼层内部(水平方向)的时空分布,顾客来自哪个地区、商圈,商场附近居民常去的场所等。

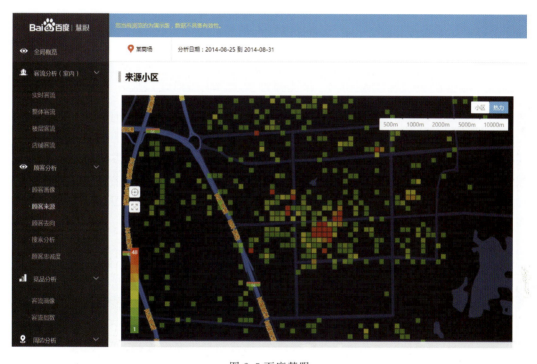

图 2.5 百度慧眼

资料来源:http://huiyan.baidu.com/malldemo/flow/coming

可以看到,在这个过程中百度公司是数据采集过程的管理者。但是,在数据使用的环节它不再是数据需求者,而是数据提供者,数据需求者是那些需要这些数据的从商人群,这些人需要和百度合作才能获取到一部分数据或一些数据的分析结果。在这个例子中,百度的数据采集和从商人群的数据获取是两个一前一后的过程。

从上述两例的对比中不难看出,当数据需求者和数据采集的管理者相同时,数据的获

---

① 引自:百度慧眼. http://huiyan.baidu.com

取就等同于采集,两者是同一过程;当数据需求者有别于数据采集的管理者时,获取是数据从管理者向需求者传播的过程。

2. 众源地理数据获取的一般流程和方法

站在数据需求者如何获取其需要的数据的角度来说,获取众源地理数据,大致有两种选择:一是从其他数据的管理者那里获取已经采集好了的数据;二是自己完成数据采集。2.1.1节已经对后者(众源地理数据采集的过程)的一般流程做了总结,这里总结一下前者的一般流程。

众源地理数据的获取(采集)从流程上一般包括以下三个环节。

1) 来源和方案选择

获取的第一步往往是根据后期应用从空间、时间等角度确认所需要数据的类别、范围、数量,并根据这些需求对不同的数据来源进行调查,结合可行性、经济预算、时间耗费评估等因素从中选择合适的来源,并确定获取的方法。

2) 协商及条件确认

数据需求者需要得到数据管理者的同意才可获取、使用数据,但是数据管理者并不一定会完全同意,有时他们会提出一些使用条件和条款,协商和确认这些条件是获取的前提。以 OpenStreetMap 为例,它将地图数据导出并上传到网站上供任何有需求的人下载和使用,同时它也在网站上说明了数据使用时应当遵从"开放数据共享开放数据库许可协议(open data commons open database lisense)[①]"。相对地,也有一些数据管理者在共享数据时提出了更多、更严格的要求。例如,出租车公司在向数据需求者提供出租车数据时往往会要求需求者不传播这份数据。这些条件和数据条款应当在数据获取之前就仔细了解,这能避免后期出现数据纠纷。

3) 具体实施

众源地理数据获取的具体形式和方法有很多,这里大致归纳出如下四种方法。

(1) 网络下载。很多机构和网站将其持有的地理数据公开发布到网站上,如OpenStreetMap 在其官网上提供了其全部地图数据的下载。

(2) 合作。例如,科研院校与当地汽车客运站合作,使用其提供的公共汽车浮动车数据以做研究;科研院校与手机通信运营商合作,运营商提供基站连接、通话双方所处通信区等用户时空信息。合作情形下数据获取方法的可变性较大,只要双方达成共识,即可以任何形式完成数据提供和获取,如硬盘拷贝、网络传输等。

(3) 商业购买。例如,用户在使用百度慧眼提供的数据服务时需要支付一定的费用。这种形式下的数据提供者以营利为目的,为了提高利润、迎合客户需求,其所提供的数据相比"合作"获取的数据往往在易用性、系统性、正确性上更好一些,这也意味着数据提供者在提供数据之前很有可能对数据做质量控制、过滤、预处理,甚至是一定程度的分析和可视化。

---

① 引自:Open Database License(ODbL)V1.0. http://opendatacommons.org/licenses/odbl/1.0/

(4) 技术手段获取。这种方式常见于网络上并未公开下载的地理数据的获取,典型场景有两种:①数据的应用者通过调用数据持有者在网络上公开的数据下载方法来获取其数据;②通过网络技术爬取和截获网站信息并进一步解析而获取数据。通过技术手段获取网络地理数据具有数据来源广、数据量增加快、技术障碍高的特点;该内容将在 2.4 节详细论述。

2.2　OpenStreetMap 项目及其数据的采集与获取

2.2.1　OpenStreetMap 项目概述

OpenStreetMap 是一个网上地图协作项目,目标是创造一个内容自由、开放源码、允许所有用户在线编辑的免费世界地图。OpenStreetMap 项目是 2004 年 7 月由 Steve Coast 率先在英国伦敦大学创建并发起的。致力于创建和提供免费地图与地理信息数据的 OpenStreetMap,一直以来用类似于维基百科的方式接受志愿者贡献的地理数据,并向各种地图数据的用户提供数据下载和 API 调用服务[①]。随着 OpenStreetMap 项目影响力的逐步扩大和基于位置的服务(location-based service,LBS)应用的火热,创始人 Steve Coast 于 2010 年被聘为微软必应地图的首席架构师,目前,必应地图中所有更新的卫星影像数据都能在 OpenStreetMap 中访问。2012 年,苹果、Foursquare、维基百科公司均相继放弃使用谷歌地图,转向使用 OpenStreetMap 地图。在创始人的推动下,OpenStreetMap 网站目前已成为全球最大的地理数据共享网站,OpenStreetMap 的在线注册用户数从最初(2005 年 8 月)的十几人迅速增长至 2010 年 8 月的近 28 万人,至 2015 年 9 月已拥有超过 100 万个注册用户和众多活跃的地图数据贡献者[②]。可以预见的是,在 LBS 的热潮下,OpenStreetMap 项目将为地图数据的用户带来更好的体验,为应用开发者创造更大的价值,其用户数目仍将保持迅速增长的态势。

OpenStreetMap 网站的设计思想类似于维基百科网站,如地图页的"编辑"按钮及完整的修订历史等功能模块。OpenStreetMap 项目通过该网站向公众提供的主要功能如下:地图浏览、地图数据在线编辑、历史编辑记录查询、地图数据输出、GPS 轨迹数据上传与查询、注册用户日记发表、帮助中心等,其网站主界面如图 2.6 所示。用户只要通过账户免费注册与登录,即享有上传 GPS 轨迹数据(GPX 格式)、查看基础地图数据、基于捐献及免费的影像数据完成数据矢量化制作及在线编辑数据等操作权限。用户在线编辑所依据的参考数据包括:雅虎和微软等公司提供的航空影像、Landsat 卫星影像、汽车导航公司 AND 捐赠的整套荷兰及中国和印度主干道路的数据、美国 TIGER 路网数据、普通用户上传的 GPS 轨迹数据等,用户还可以单靠对目标区域的熟悉程度及自身具有的空间知识完成绘制。由此可见,OpenStreetMap 矢量数据编辑时参考数据众多,从这个角度可

---

① 引自:API-OpenStreetMap Wiki. http://wiki.openstreetmap.org/wiki/API
② 引自:Stats-OpenStreetMap Wiki. http://wiki.openstreetap.org/wiki/stats

见其"众源"特点。

图 2.6 OpenStreetMap 网站主界面
资料来源：http://www.openstreetmap.org

2.2.2 OpenStreetMap 数据的采集

OpenStreetMap 网站中基于浏览器的在线地图数据编辑工具包括 iD（图 2.7）和 Potlatch，此外，还有 JOSM（图 2.8）和 Merkaartor。这些地图数据编辑工具都有着友好的界面环境、详细的使用介绍、方便的编辑操作，极大地促进了用户对地理数据采集的贡献。

图 2.7 OpenStreetMap 矢量数据编辑器界面（iD 编辑器）
资料来源：http://www.openstreetmap.org

第 2 章　众源地理数据的采集与获取

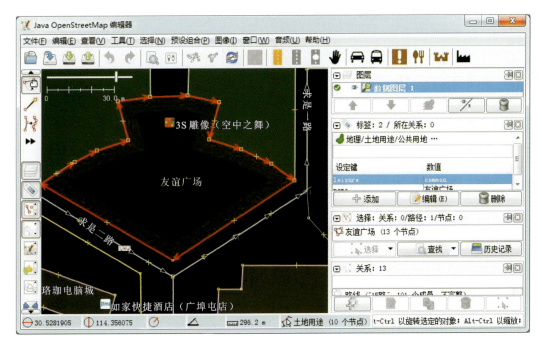

图 2.8　JOSM-OpenStreetMap 矢量数据编辑器界面

图 2.7 所示为 iD 编辑器。用户在使用 iD 编辑器编辑过程中可以参考卫星影像、其收集的 GPS 轨迹数据及编辑者的经验等信息,左上角的点、线、面可以用来选择编辑要素的空间类型,其中点可用于编辑兴趣点,线可用于编辑路网数据,面主要用于编辑面状物体,如建筑物、农田、草坪等地物。以编辑道路为例,编辑过程中,可以添加节点以实现道路的弯曲。详细的编辑过程可以参考书目 OpenStreetMap(Bennett,2010)。

OpenStreetMap 数据的采集与制作主要由业余者完成,这不同于传统的专业数据生产过程。这些数据生产者往往没有或很少接受数据生产质量控制的相关培训。数据提供者会更多地去注意自身的兴趣点,数据生成过程也相对比较独立,参与者往往缺乏数据质量控制的意识,其生产的数据可能存在相对较大的精度不高、数据冗余等问题。因此,在使用 OpenStreetMap 数据作为原始数据源来开展广泛的应用与研究之前,质量分析和数据预处理往往是不可或缺的。

很多专家和研究者对这方面有着清晰的认识,因此开发了专门的软件工具用来检测 OpenStreetMap 数据的质量问题,并反馈数据存在的错误信息以方便用户做相应的修改,这在一定程度上促进了对 OpenStreetMap 数据质量的保证,如微软公司开发的 ArcGIS Editor for OpenStreetMap 的插件。

也有些地区的 OpenStreetMap 数据被证明精度和质量尚可,例如,英国、希腊、德国等国家对 OpenStreetMap 数据进行质量评估时,结果均显示 OpenStreetMap 数据有较好的位置精度和属性精度(Ludwig et al.,2011;Ather,2009;Kounadi,2009)。

对于道路类型的 OpenStreetMap 数据的质量及评价方法,本书 3.3 节将详细论述,有兴趣的读者可阅读相关内容。

2.2.3 OpenStreetMap 数据的获取

一直秉承自由开放、用户友好理念的 OpenStreetMap 提供了多种数据下载（获取）方式，以满足用户不同的需求。目前，OpenStreetMap 数据下载主要有以下四种方式。

（1）官方网站文件下载。OpenStreetMap 完整的数据集可以从官方网站（http://planet.OpenStreetMap.org）免费下载。这种方式下载的数据包括 OpenStreetMap 地图的所有节点、路线、标记、关系等，它的更新频率是每周一次。截至 2015 年 12 月 10 日，压缩后 OpenStreetMap 数据集的大小已经达到 46 GB。

（2）通过 JOSM、Merkaartor、Osmosis 等软件下载。以 JOSM 为例，通过 JOSM 提供的桌面 Java 编辑接口，用户可以方便地下载并渲染感兴趣区域里的 OpenStreetMap 数据，甚至可对数据进行可视化等操作。但该方法要求直接将数据加载到内存，数据是否能成功下载取决于指定范围内数据量的大小、本地计算机内存及处理能力，因此该方式还不适用于大批量的数据下载。

（3）调用地图 API。OpenStreetMap 官方为其地图编辑提供了 REST 风格的 API 服务，其中不乏一些可以用来获取其数据的 API。例如，用户可以指定区域经纬度坐标形成包络矩形以构建 URL，然后直接在浏览器中输入链接地址即可进行数据的下载。例如，在浏览器地址栏中输入以下 URL 可以获取对应经纬框内的 OpenStreetMap 数据：http://api.OpenStreetMap.org/api/0.6/map? bbox=11.54,48.14,11.543,48.145。其中，"bbox="之后的参数含义依次是：最小经度、最小纬度、最大经度、最大纬度。由此，用户可以先确定感兴趣区域的经纬度坐标，随后调用上述 API 的方法来获取 OpenStreetMap 数据。但是在请求数据量大的情况下，该数据获取方式的效果并不太好。

（4）第三方网站。以 Geofabrik 为例[1]，其官方网站上提供了 OpenStreetMap 免费数据的下载：各个国家的 OpenStreetMap XML 数据、XML 转换后的 Shapefile 数据。同时，它还提供了处理之后的收费数据，还为用户提供私人定制地图的开发。

上述四种 OpenStreetMap 数据获取方式，均可下载 OpenStreetMap 数据。其中，第四种下载方式较为直接方便。

2.3 基于手机的志愿者位置数据采集与 GeoDiary 系统

2.3.1 背景和一般方法

手机的硬件条件及软件环境在近 10 年间发生了巨大的变化，这使得大众的手机成为一种地理数据采集的新途径。近些年，手机的变化以智能手机的普及和发展最为耀眼。

---

[1] 引自：GEOFABRIK//home. http://www.geafabrik.de/geofabrik/openstreetmap.html

第 2 章 众源地理数据的采集与获取

Nielsen(2014)称 2013 年 65% 左右的美国人在使用智能手机[①],eMarketer 称,2014 年超过 5 亿中国人在使用智能手机[②]。硬件方面,10 年前多数手机还没有 GPS 定位功能,而如今市面上销售的大部分智能手机集成了包括 GPS、加速度计、陀螺仪等与空间信息相关的传感器,为手机端地理数据采集提供了硬件基础。软件系统方面,近几年苹果公司的 iPhone 手机和其他各大厂商的安卓系统智能手机流行开来,这使得 iOS 系统和安卓系统逐渐成为现今手机的主流操作系统,同时,搭载了 Windows 系统的智能手机也在追赶,这些智能手机和移动操作系统的发展使得手机软件具备了极大的开发空间,这有助于基于手机端的采集软件系统的实现。

这些硬件及软件的发展使各种商业应用和科学研究越来越多地尝试召集普通民众通过他们的手机来采集地理数据,如上文提到的道路寻宝项目,再如麻省理工学院 SMART 实验室(Carrion et al.,2014)的未来城市动力组研发的基于智能手机的市民出行调查系统 Future Mobility Systems(FMS)[③]。

通常,借助志愿者的手机来采集与志愿者位置相关的数据,典型的工作内容包括:①开发软件系统,这包括手机软件开发、数据管理系统开发,有时还包括数据可视化或志愿者交互网站;②采购硬件并完成数据管理系统在硬件上的部署;③招募志愿者并组织数据采集;④数据整理。

图 2.9 为麻省理工学院 SMART 实验室研发的市民出行调查系统 FMS 的设计示意图(Carrion et al.,2014)。

图 2.9　麻省理工学院 SMART 实验室 FMS 的系统结构

---

① 引自:The U.S. digital consumer report. http://www.nielsen.com/us/en/insights/reports/2014/the-us-digital-consumer-report.html

② 引自:环球网科技.预计 2018 年中国智能手机用户占总人口 49%. http://tech.huanqiu.com/news/2014-12/5299844.html

③ 引自:Future Urban Mobility-Singapore-SMART-FM. http://ares.lids.mit.edu/fm/index.html

2.3.2 典型案例

有赖于手机端收集与位置相关信息的可行性越来越高,越来越多的科研单位和公司正在利用这一方法来收集目标群体的位置及其他相关信息,或参与者附近的空间、非空间信息。基于手机的数据采集方法还不能完全取代同类数据采集的传统方法,但是其作用毫无疑问正在逐渐加强,这里介绍几个较有代表性的例子。

Ushahidi 在 2010 年 1 月被应用于海地地震的震后信息汇集,并形成了相应应用 Ushahidi-Haiti。海地是西半球最贫穷的国家之一,因此海地当地可用于定位、测地形的设施十分缺失,Ushahidi-Haiti 允许当地人通过发送短信、打电话、发推特消息等方式来向这个系统汇报包括突发事件、物资需求、卫生健康、公共秩序问题、设备损坏情况、自然灾害、人力物资供应等在内的灾情相关消息,这个系统将收到的信息通过地图、统计结果等形式展现在其网站上(图 2.2)。这是早期手机在众源地理数据采集上的经典应用之一。在这个例子中,志愿者通过手机将其自身所知道或能提供的灾情信息传递给 Ushahidi-Haiti,并进而由 Ushahidi-Haiti 传递给其他人。Ushahidi-Haiti 在建立的两周内共收到了超过 3 000 条灾情消息,其中有一半是通过短信发送的(Roche et al.,2013)。Ushahidi-Haiti 之后,Ushahidi 被应用到了各种各样的灾难事件中。例如,在 2011 年新西兰的克赖斯特彻奇地震中,Ushahidi 系统建立之后的 10 天内就收集到了 1 200 条灾情消息。近几年,随着手机的发展,Ushahidi 也推出了专门的手机软件来方便用户使用。

如上文介绍,高德推出的"道路寻宝"是参与者以营利为驱动力帮助收集包括门址、POI、公交站牌、道路信息等地理数据的一个项目。参与者参与道路寻宝的基本步骤是:先下载道路寻宝软件,注册用户并通过官方的个人身份验证,然后在软件上选择合适的数据采集项目并完成提交,道路寻宝官方会审核提交的数据,若通过则发放酬劳到用户账号,最后用户可以将所得酬劳转入支付宝。

道路寻宝与其他众源地理数据的采集项目不一样的地方在于其通过物质激励来提高参与的用户量及用户采集的数据量,并且配合结果审核过程来保证数据的质量。关于收入程度,其官方网站称要看志愿者的工作强度,"有的采集员最高纪录是一天赚 800 元,正常一天赚 80 元以上"。对于各项采集任务的酬劳程度和审核时长可参考其官方网站,例如,每完成一个 POI 采集任务并审核通过可以有 0.3~2.0 元收入、审核时间约 5 天,"道路拍拍"的价格为 2~3 元/km、审核时间约 5 天,门址采集的价格为 0.2~1.5 元/个、审核时间约 10 天。有理由相信,权衡志愿者酬劳的支出和所得数据的价值之后,高德认为自己有所收益。

在研究领域,手机硬件功能的多样化使得获取数据更为便捷。2011 年以前陀螺仪和 GPS 芯片在手机中并不常见,因此那个时候手机软件很难获取手机的运动方向。为了解决这个问题,Chon 等(2011)等尝试通过加速度计的方向和大小计算手机的累积速度,并

第 2 章 众源地理数据的采集与获取

辅助以用户当下正在使用手机做什么的信息来推算手机的运动方向。而如今,陀螺仪成了大部分智能手机的必备传感器,它可以直接提供手机的朝向,因此 Chon 等的方案就显得没有那么必要了。

由于手机不同于 GPS 记录器等专门为记录位置而生产的设备,基于手机采集位置数据时有不少障碍。如手机电池电量不能支持 GPS 长时间记录位置、用于采集位置的手机软件并不一定能长时间稳定运行、手机突发性的没电关机等。其中,最关键的问题是 GPS 耗电,也因此近几年手机收集位置数据的核心研究点之一就是在尽量保持高位置精度的前提下减少手机电量的消耗。包括 Ball 等(2014)、Jariyasunant 等(2012)、Zhuang 等(2010)、Paek 等(2010)在内,不少学者对耗电问题做过研究。他们所提出的节电策略主要包括:①结合 Wi-Fi 热点定位、移动网络定位这两种低耗电定位方式;②通过 Wi-Fi 热点或加速度计来判断当前使用的运动状态、静止时停止 GPS 定位;③在手机电量过低时降低 GPS 采点频率或停止 GPS 采点。

以麻省理工学院 SMART 实验室的 FMS 为例,该系统目前主要用于协助新加坡陆路交通管理局(Land Transport Authority)的家庭采访出行调查(household interview travel survey),辅助问卷调查这种传统的调查形式。

不少以往的家庭出行调查用 GPS 记录器来采集志愿者的行动数据,但是这样做有两个明显缺点。一是志愿者经常会忘记携带 GPS 记录器而造成数据缺失;二是当调查群体比较庞大时,GPS 记录器的采购费用过于高昂,而这也正是 SMART 实验室研发 FMS 的部分原因。一方面,手机对于用户来说是十分重要的日常电子设备,大部分人都持有;另一方面,人们往往会保持其全天有电、尽量随身携带。这在一定程度上解决了上面两个问题。

特别地,除了常见的手机软件、数据管理系统外,FMS 还提供了一个网站来展示志愿者通过手机采集的数据,并通过用户在网站上的交互及系统的机器学习功能优化志愿者出行信息的准确度。出行调查与单纯的位置数据采集不同的地方之一是其直接面向了最终需要的成果数据,即去了何种属性的地方及使用了何种交通方式。例如,对于出行调查来说,很重要的信息之一是用户于何时去过了哪些类型的地方、去做什么,如去体育馆做运动、去学校上学或工作、回家睡眠或休息,从这个意义上用户所去地方的经度、纬度就显得不那么重要了。但是实际上,受手机采集位置数据的频率和精度的限制,很多时候这些地方的属性和活动信息并不一定能通过事后分析得知。因此,FMS 在数据采集的过程中还提供了基于机器学习的停留地检测功能、交通方式检测功能、活动检测功能(图 2.10),而志愿者也被要求对其中一部分检测结果进行人工确认,而这些确认会成为机器学习过程的正样本。

FMS 的项目人员邀请了 387 人以传统(即问卷调查)及 FMS 两种形式参与新加坡家庭采访出行调查。Carrion 等(2014)认为 FMS 与传统形式下的出行模式结果类似,但是 FMS 的结果在从家到工作场所的过渡处的转变更平滑,并且有些模式在 FMS 下

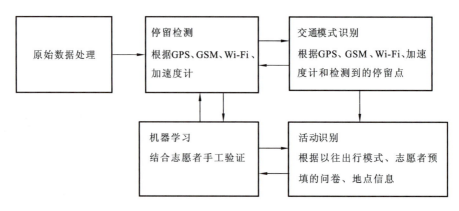

图 2.10　FMS 的数据流

更为清晰地被展现,例如中午 12~14 点志愿者从工作的地方离开去吃午饭、志愿者的三餐出行。

2.3.3　GeoDiary 系统与数据采集实验

出于与人文社会相关的众源地理数据的研究需求,本节也设计研发了一个基于智能手机采集志愿者位置数据的系统 GeoDiary(地理日记)。

GeoDiary 系统提供了一个安卓软件及一个数据质量查看网站,供数据采集人员快速地基于志愿者的智能手机采集他们的位置数据。GeoDiary 软件使用三种定位方式进行位置定位,分别是 GPS 定位、系统自带网络定位、百度网络定位,其中,网络定位是指 Wi-Fi 定位和基站定位相结合的定位形式。关于系统的结构设计和功能介绍,参考 8.3.2 节。

采集试验开展于武汉大学遥感信息工程学院,开展时间为 2015 年 4 月 20 日~5 月 31 日。联合了学院研究生会、各年级辅导员,并邀请本院 22 名学生担任活动的配置员协助志愿者进行数据采集,以提高志愿者的参与度和数据量。活动前,从学院影响力、与候选志愿者熟悉程度、性格开朗程度三个角度(选综合程度较好的学生)考虑从学院招募了 22 名学生作为采集活动的配置员,对他们进行培训。然后,4 月 19~25 日为志愿者招募期,年级辅导员和研究生会通过 QQ 群消息及学院网站公告的形式宣传活动,配置员同时去学生宿舍当面邀请学生参与;实际采集数据的正式时间为 4 月 26~5 月 24 日,共 4 周,采集期间,配置员通过数据质量查看网站,每 2~4 天观察一次志愿者数据,并在需要的时候联系志愿者解决数据问题。

参与形式方面,志愿者可以选择以下任意一种或两种形式参与位置数据的采集:安装 GeoDiary 软件、携带 GPS 记录仪、佩戴 GPS 腕表。

参与者人数和背景方面,被邀请的学生对象为 2015 年武汉大学遥感信息工程学院的本科生、硕士研究生及一年级博士研究生。这些学生总数为 1341 人,其中约有 83%的学生被邀请。接受邀请并实际参与的学生人数为 659 人。关于各个年级的男女人数、参与的男女人数、男女参与率,请参考表2.1和图2.11。其中,通过GeoDiary软件参与的一共509人次,通过GPS腕表参与的一共21人次,通过GPS记录仪参与的一共177人次。

表2.1 GeoDiary数据采集各年级男生与女生的总人数、参与人数、参与率

	项目	大一	大二	大三	大四	硕一	硕二	硕三	博一	总计
实际人数	男生	144	131	138	146	78	71	89	21	818
	女生	97	100	91	67	51	64	43	10	523
	总人数	241	231	229	213	129	135	132	31	1341
参与人数	男生	90	82	53	72	34	40	18	7	396
	女生	53	63	46	32	24	28	12	5	263
	总人数	143	145	99	104	58	68	30	12	659
参与率/%	男生	62.50	62.60	38.41	49.32	43.59	56.34	20.22	33.33	48.41
	女生	54.64	63.00	50.55	47.76	47.06	43.75	27.91	50.00	50.29
	总比率	59.34	62.77	43.23	48.83	44.96	50.37	22.73	38.71	49.14

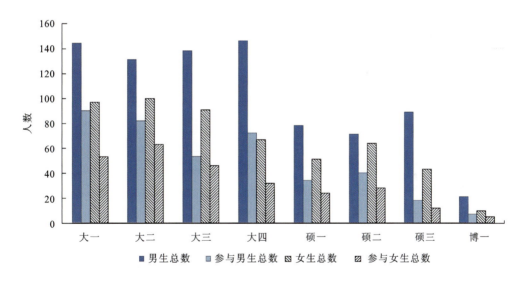

图2.11 各年级男生与女生的总人数与参与人数
男(女)生总数=未参与男(女)生总数+参与男(女)生总数

这里对GeoDiary软件部分的志愿者参与情况及数据覆盖完整度做简要讨论。

参与率方面,受访的学生中共有695名学生符合GeoDiary手机软件参与条件,其中509名学生接受邀请并参与了活动,总体参与率为73.2%,这种高参与率并不多见,主要归因于三点:活动前期的"官方"宣传(学院网站公告和辅导员QQ群消息)、配置员与候选学生在实际生活中有一定接触、本项目的组织方和被邀请者属于同一学院。

从数据完整度考虑,对于每一位志愿者,若其轨迹在某一天覆盖白天一半以上的时间,认为该志愿者当天轨迹数据有效,在整个采集期(28 天)中有超过 75%的时间(21 天)轨迹数据有效的志愿者人数为 221 人,占总参与人数的 43.3%。采集到的所有位置点的空间分布如图 2.12 所示,可以看到,大部分位置点位于学校内部或学校周边街道,部分位置点位于武汉市内其他区域,少数位置点则位于武汉市外,涉及国内多个省市。

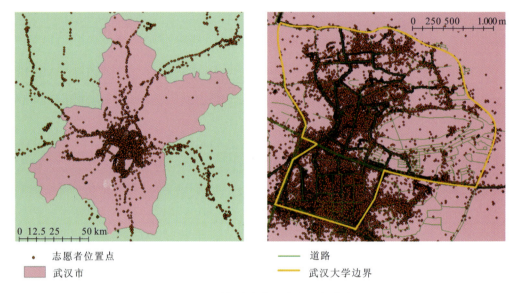

图 2.12 采集所得位置点的空间分布

采集活动还对数据缺失现象及配置员的相应处理方式和结果进行了记录,并得到了对采集者数据问题进行及时确认和处理能显著减少数据损失的结论。这里,将连续 24 小时以上无任何定位点或定位点严重不连续的现象定义为一个数据缺失问题。通过查看志愿者的数据在时间上的覆盖,查看配置员与志愿者之间的短信交流、通话记录、QQ 消息记录,以及请配置员主动回忆,尽可能还原配置员对于上述两种数据问题的处理。统计结果表明,在采集活动中出现的共计 1 316 个数据缺失问题中,至少有 517 个(39.3%)被配置员发现并处理,至少有 459 个(34.9%)通过处理得到解决。此外,37.3%的数据缺失问题的原因是志愿者在程序因某些原因被关闭后忘记再打开,即这 37.3%的数据问题可以通过及时提醒来减轻其带来的数据损失。

2.3.4 基于手机的位置数据采集面临的挑战和应对策略

传统的志愿者出行信息采集多采用问卷调查形式或使用 GPS 记录器等专业设备来获得,相比而言,使用手机收集的方式面临的障碍多、技术挑战大、情形复杂、很不可控。本节结合以往学者的讨论及 2.3.3 节提到的实践经验,全面总结基于手机的位置数据采集可能面临的挑战,并提出一些解决策略。

1. 人力物力的投入

这方面的投入主要包括四个部分:软件系统开发、硬件采购或租赁、志愿者参与酬劳、工作人员聘用及酬劳。

1) 软件系统开发

软件系统开发可分为两个基本部分:一是手机软件开发及维护;二是数据管理系统开发及维护。手机软件开发维护方面,市面上最流行的智能手机系统有安卓系统、iOS 系统、Windows 系统等,分别为这些系统开发各自的客户端软件将会是不小的工作量。根据市场研究机构 Kantar Worldpanel 2015 年第 1 季度的报告[①],中国的智能手机市场 71.7% 用安卓系统,26.5% 用 iOS 系统,美国这两个数字分别为 55.2% 和 39.4%,巴西有手机的人中 85.9% 用安卓系统,8.6% 用 Windows 系统。数据管理系统的作用是接收和管理客户端上传的数据,其开发和维护也有一定工作量。

特别是,整个采集过程对于志愿者来说是否有趣、是否体验良好(如手机软件是否省电、是否"好玩"、能不能看到所采集的数据的可视化结果、分析结果等)一定程度上影响着候选者的参与意向和能否完整完成采集过程。然而从软件工程的角度来说,一个"体验良好和有趣"的系统相比一个可用的系统往往会要求投入更多的工作量。

解决策略上,采集者可以借助市面上已有的、较全面的手机软件来完成数据采集以节省费用。这么做的缺点是这些软件往往有各自专门的用途,并不面向数据收集,因此并不完全适用来采集用户的位置数据。例如,轨迹分享网站 Wikiloc 提供了 iPhone 和安卓两个系统的软件,这个软件可以通过 GPS 定位来高精度、高密度地记录用户的轨迹,并且用户(志愿者)可以导出这些轨迹,类似的软件系统可以满足一部分数据采集项目的需求。但是,包括 Wikiloc 的手机软件在内,大部分轨迹记录的手机软件都无法在开机时自动启动、自动开始记录,而志愿者多多少少会出现某次开机之后忘记打开软件的情况,这就会导致数据缺失;这些软件一般也无法设定定位方式(GPS 定位、Wi-Fi 定位、移动网络定位),对于要求每天采集时长比较长的采集项目,如果全程使用 GPS 定位可能会加快手机耗电,给志愿者带来生活不便和参与负担。

2) 硬件采购或租赁

产生采购和租赁费用的硬件主要是用来接收、管理和可视化数据的服务器。购置一台性能较好的服务器的费用往往在一万元以上,但是很多数据采集活动的时长却不足 3 个月,这样的情况下这些服务器的使用率并不高。当数据采集的规模比较大、参与人数比较多时,可能需要更多、更好的服务器协同工作以保证系统性能足够应付这种规模,这进一步加大了服务器采购的费用,还可能进一步降低硬件使用率。

解决策略上,可以考虑租赁公有云的可扩展服务,从而避免直接购买硬件和低使用

[①] 引自:Smartphone OS sales market share. http://www.kantarworldpanel.com/global/smartphone-os-market-share/intro

率。典型云服务商如国外的微软 Azure 云服务、亚马逊云服务,国内的阿里云服务。

3) 志愿者参与酬劳

酬劳是发放给参与活动的志愿者的,是对他们配合采集活动的奖励。常见的酬劳一般是所有志愿者相等,因而酬劳的总投入与参与的总人数直接相关,这意味着对于参与志愿者总数少的采集活动,这笔费用较低,但是志愿者总数多的时候这笔费用就很高了。

解决策略上,很多时候考虑提供酬劳的直接目的是提高活动吸引力,最终目的是提高参与率和保持志愿者不中途退出,可以从以下途径来尝试替代酬劳对于志愿者的这种吸引力:①选择候选者数更大的群体,例如,相比与采集者几乎没有社会交集的候选群体,与其社交关系更近的候选群体会有更高的参与率(学校科研机构可以选择本校学生群体而非路人群体);②尽可能排除候选者参与的疑虑,在召集志愿者时如果有与志愿者认识的人在场、做证明,那么招募者更容易被候选者信任;③选择其他因素代替酬劳来吸引候选者参与,如提高软件的趣味性。

4) 工作人员聘用及酬劳

数据采集过程中的工作量较大、无法由采集者自身来完成时,就需要雇佣更多的工作人员,这也会产生一笔费用。这主要发生在采集规模较大、参与志愿者数较多时。这些工作量主要来自于:①志愿者召集;②在采集开始和过程中协助志愿者安装和配置软件;③定期查看志愿者的数据,若出现问题则与志愿者沟通解决。很多时候,这些工作都是并行的,例如,当志愿者数量比较大时,采集者希望能在短时间内(如几天)完成上百名志愿者的召集。再如,数据采集期间出现数据问题的志愿者可能一天就能达到几十个甚至几百个。这种工作量的并行性使得数据采集者不得不雇佣额外的人员来保证这些工作及时完成。

在实际的工作人员招募管理及相关工作的实施上,应当注意以下几点:选择的工作人员应当具备某些有针对性的特点以提高候选者的参与率、志愿者的完成率、志愿者数据的质量,如与志愿者认识、性格开朗、有充足的时间、责任意识高等;尽可能构建完备的数据质量监控设施来简化数据问题查看和分析工作,并最终降低工作量;应当提前对工作人员进行培训,保证其对手机软件安装配置的娴熟度。

2. 参与率和完成率

这里的参与率是指候选者接受邀请参与采集活动的总体比率,完成率是指志愿者参与之后能坚持完成整个采集活动不中途退出的比率。影响参与率和完成率的因素主要包括:①软件环境符不符合要求。例如,受经费所限,数据采集者只开发了安卓端的软件而没有开发 iPhone 端的软件,这意味着大量使用 iPhone 或其他类型的手机用户均不可能参与。②手机是否存在硬件问题导致设备不能完成数据采集,如有些手机的 GPS 传感器损坏。③候选者在耗电、流量费用方面是否有顾虑和不满。④候选者在数据采集期间有无可能被采集活动影响的个人事务,如长时间的在外旅游和室外工作会让候选者在选择是否参与时着重考虑软件是否省电、省流量。⑤候选者对邀请者的信任度。⑥候选者的隐私顾虑。⑦候选者是否会以省事为由不希望参与,如不想在信息登记、软件安装和配置上花费时间。⑧候选者是否认为酬劳过低没有吸引力。⑨是否认为对自己没有帮助。⑩候选者是否对采集软件不感兴趣。⑪采集软件的安装和正确配置难度,这个问题在没有人指导时尤其突出,而数据采集者(如人类行为学的研究者)并不一定具备这些知识。⑫召集者的工作积极度和责任度,如召集者是否积极地向候选者介绍采集项目、征召志愿者会影响参与率,召集者在数据采集期间是否与志愿者保持适当程度的联系也会影响志愿者是否选择中途退出。

在解决策略上,为了提高志愿者的参与率,可以考虑:①邀请候选者参与时证明身份、申明科研立场以提高候选者的信任感,如携带证明自身身份的证件和材料。②发动志愿者较信任的人帮助协调以解决一部分不信任和隐私顾虑问题。例如,对于学生群体可请其所在学院或学校的管理人员发布消息来证明采集者的身份,对于社区居民群体可在邀请候选者参与时请其所在社区的社区管理员陪同。③介绍采集活动的科研意义,激起参与者的奉献精神。④提高酬劳。⑤借助市面上已有的、较全面成熟的软件来完成数据采集,这可以扩展支持的手机类型。⑥开发更多类型的客户端软件,以使更多参与者满足参与的硬件条件。⑦注意软件的使用感受,减少志愿者的使用负担,如做到开机自动启动、省电、省流量。⑧将采集系统做得更贴合志愿者兴趣。⑨视需要精简参与步骤,缩减需要登记的信息。⑩采集者本人或雇佣专门的工作人员来帮助志愿者安装配置采集软件。⑪采用按工作量支付酬劳等方法激励上述工作人员以提高其工作的积极性。

3. 数据量

很多因素会导致志愿者采集的数据量减少,例如,很多时候用户在重启手机后忘记打开手机软件,或志愿者需要节省手机电量或减少流量的消耗,在室外活动时主动关闭手机的定位功能。这里对这些因素总结如下。

1) 手机安全软件对软件运行的限制

国内手机在这方面造成的限制较为明显。国内很多智能手机都自带了软件权限管理功能,也有些手机用户喜欢在手机上安装类似 360 手机安全卫士、LBE 安全大师之类的手机安全软件,这些权限管理功能和软件可以控制手机上其他软件的开机自启动、后台运行、手机位置获取、是否可以联网等。一方面,根据手机安全软件在这些权限上的设置,安装在手机上的软件在默认情况下并没有上述权限或只有部分权限;另一方面,志愿者并不一定有主动授予采集软件所需权限的意识(如很多年轻人注重隐私都默认不会允许软件获取手机的地理位置)或所需的知识(如很多老年人不懂智能手机操作),这两方面的因素共同导致采集软件在采集志愿者的位置数据时很可能无法正常运行,从而造成数据缺失。

想要比较全面、快速地安装配置好所有用户的软件并不是一件容易的事。手机软件的权限设置与手机安全软件的种类、手机型号及手机系统有关,种类繁杂,设置起来容易顾此失彼,除非安装配置的人对各种软件系统设置和安全软件十分熟悉,否则想要保证所有志愿者的手机都能一次性正确地安装配置好采集软件并不容易。软件是否、如何正确安装配置有时候难以直接判断,往往需要试运行几天,然后结合测试数据的完整性、手机软件传感器的开关状态来判断,解决问题时还需要联系志愿者、重新配置,整个过程很可能会比较耗时、费力。

2) 用户使用行为和习惯

有些用户使用上的行为或习惯也会降低志愿者数据的数据量和质量,这些习惯包括:①关机、重新开机之后忘记打开软件。②通过安卓自带或安全软件的内存清理来关闭所有软件(提高手机运行的流畅度)。③重装系统或意外导致采集软件卸载。④出于某些原因主动关闭软件的运行、限制采集软件或手机的一部分功能。例如,志愿者在出差或假期出行时希望关闭采集软件或关闭手机的 GPS 定位功能和移动流量联网来省电或省流量。再如,有些志愿者考虑个人隐私,不希望上传某些特定时候、特定地方的位置。⑤无意或被其他人关闭了软件、修改了采集软件的设置,如手机借于他人之后他人对设置进行了修改而没有告诉志愿者。⑥经过④和⑤的修改之后志愿者因为不知情、忘记或不会操作而没有重新授予权限、没有重新打开软件。

另外,受用户经济情况、手机性能和品牌的影响,不同用户使用手机的习惯不同,这种使用差异导致有些志愿者可以接受统一的采集标准,而有些则不能。例如,对于电池续航能力低的手机,志愿者会十分注意省电,因此手机电池续航能力更好的志愿者可以接受比较高的 GPS 点采集频率。再如,有些志愿者购买的流量较少,耗流量较高的采样方式对于他们来说也是难以接受的。

3) 软件系统和硬件的多样性及损坏

软件系统和硬件的多样性使得采集软件难以在所有手机上稳定运行。手机系统方面,以安卓系统为例,它是市面上最为流行的智能手机系统之一,搭载了这个系统的手机品牌和型号非常多,这些手机中有不少对原生的安卓系统做了修改;硬件方面,不同的手机往往采用了不同品牌或厂商的芯片、设备和传感器,这些硬件多多少少有性能上的差异。这些手机软硬件的差异和多样性使得安卓采集软件的开发需要考虑各种手机型号、做大量测试。这种大规模的测试并不是每个采集项目都能负担得起的,因此,在投入有限的情况下,开发出来的采集软件未必能在所有的手机上正常运行。

软件系统久用失效和硬件的老化或损坏也会带来数据损失。被使用者有意无意损坏过的手机或那些被使用了半年、一年甚至更久的手机可能会出现各种各样的软硬件功能失效。相关的一个例子是,一些使用比较久的手机 GPS 设备有时候会损坏,这使得这些手机即使在环境条件相当好的情况下仍旧需要花费一两个小时甚至更久的时间才能定位到第一个 GPS 点。再如,一些使用较久的安卓系统的手机会自动关机,这种突发状况对于软件的稳定运行是不利的。这些软硬件失效多少给软件的稳定运行带来障碍,从而影响数据的质量和数据量。

另外,国内的很大一部分手机不自带网络定位功能,而这对于位置数据采集来说是需要特别注意的问题。

可以看到，采集软件在安装、配置、运行过程中所产生的各种各样的问题会导致数据缺失，这些问题难以提前预料到；这些数据损失的原因往往需要结合位置数据的完整性、手机软件传感器的开关状态和用户的使用行为才能定位；解决问题时还需要再联系志愿者，甚至再找到志愿者当面询问、测试、配置。综合考虑这里的复杂性，本书提出如下几点解决策略。

（1）从软件系统功能设计角度尽可能避免用户行为及软硬件问题带来的数据损失。主要包括：①软件应该做到在开机时自启动；②采集系统应该定期检测是否正常运行，以尽量保证只要手机开着机，软件就在记录位置；③采集系统应该定期检测手机的 GPS 功能是否打开、手机是否联网，必要时与志愿者取得联系并提醒，以避免这些功能被关闭后志愿者忘记打开的情况；④软件要做好数据缓存和上传，导致软件不能如期运行的原因众多，难以提前预计和全面解决，因此软件应该及时地保存采集到的数据，如每半分钟、5 分钟保存一次，同时及时上传，避免手机损坏和用户格式化内存卡导致数据丢失；⑤软件尽可能采用多种定位方式同时定位，必要时以第三方的定位功能开发包辅助（如百度地图定位 SDK），不同的定位方式采集时对软硬件要求不一样，不同采集方式的结合能使采集到的位置数据覆盖到尽可能广的时间区间；⑥在软件中提供暂停运行的功能，上文提到部分志愿者在某些情况下希望暂时停止软件运行，这种情况下如果他们对手机操作不熟练，不知道如何停止某个软件的运行，他们可能选择卸载软件。

（2）结合手机上的多种传感器，判断志愿者所处位置和运动状态，以减少 GPS 采点的时间。例如，通过判断 Wi-Fi 和加速度计来判断用户是否在运行，是否在室外，用户不运动时考虑关闭 GPS 采点以节省手机电量。

（3）采集方式和频率可以动态调节，并且可以对不同志愿者单独调节。很多志愿者是在使用的过程中感受软件的耗流量和耗电的程度，当他们觉得流量、电量消耗超出他们可接受的范围时，如果没有调整的余地，他们可能会选择卸载软件、退出活动。因此，如果软件可以有针对性地调整采点方式及频率，则可以避免一部分志愿者流失，挽救一部分数据。

（4）采集者和工作人员尽量帮助志愿者完成手机的安装和配置，并且尽量提前熟悉各种手机系统和安全软件。如果让志愿者自行安装配置、解决数据问题，一来成功率不高，二来给志愿者带来参与负担，增加了其退出的概率。工作人员如果能提前熟悉系统和安全软件，那么他们就可以更快、更准确地配置软件，从而软件可以尽早地稳定运行，数据采集期间解决志愿者的数据问题所需的时间也会减少，从而数据损失也相应下降。

（5）在志愿者数量较大的情况下，可以选择雇佣额外的工作人员来协助。在志愿者数量较大时，单单是招募志愿者、为其软件安装配置的工作量就已不少，再加上不少数据问题需要当面和志愿者沟通才能解决，采集者自身并不一定能及时地完成这些工作。因此，如果志愿者数量较大，额外的工作人员雇佣就显得较为必要了。

（6）建立数据质量和数据量的实时可视化和监控系统，以供采集者和工作人员及时查看所有或单个志愿者的数据情况，发现和分析数据问题。可参考的可视化内容包括：软件运行状态，手机上各传感器在采集期间的开关状态，采集的点在时间上的覆盖情况。

(7) 尽可能在数据采集开始前预留出一段时间来测试软件运行。由于软件的安装和配置并不容易，一次性完成的概率不高，因此为求保险，可以在数据采集期前提前一段时间将软件初步安装配置到志愿者手机上，并在正式采集开始之前的这段时间里测试运行、解决部分手机没有一次性成功配置的问题。

2.4 网络众源地理数据的获取与方案设计

2.4.1 网络地理数据的组织结构

来自网络的众源地理数据纷繁复杂，各个公司、组织、个人采用的数据存储模式、Web 服务格式与前端展现形式不尽相同。除非与数据持有者合作，否则数据需求者一般不可能直接与这些数据进行底层的读写接口交互（如数据库连接查询）。如果想要获取这些地理数据，可行的主要办法是调用其 Web 数据服务、请求其 Web 前端的 HTML 网页，随后解析这些结果形成自己的数据集。

Web 数据服务从是否开放的角度来说大致分成两种：开放的 Web 服务和非开放的 Web 服务。开放的 Web 服务，如 OpenStreetMap 提供了获取其用户上传的轨迹的 Web API 接口；很多地图服务商提供了查询最短路径的 Web API 接口，包括谷歌地图、百度地图；新浪微博提供了 Web API 接口来供用户获取他们所持有的 POI 信息及在这些 POI 签到的部分用户信息。非开放的 Web 服务在技术本质上与前者一样，都是 HTTP 形式下的信息交互，只不过其作用、参数种类和含义、返回数据格式等元信息并不公开。由于这些 Web 接口并不公开，因此第三方如果想要使用这些 Web 接口，则需要通过 HTTP 抓包来分析确定这些接口的上述元信息。例如，本章在后文中就解析了六只脚网站在浏览过程中产生的所有 HTTP 交互，并从中筛选出用来给网页前端提供轨迹空间数据的交互。

在格式上，非开放的 Web 服务往往由开发者自行定义，并且不对外公布，如六只脚网站对其轨迹数据的传输使用其自定义的数据格式。开放的 Web 服务在格式上则分成两种类型：一种是开发者自行定义，同时对外公开其格式的元信息；另一种是采用那些被大部分人认可的标准数据服务格式，后者如开放地理空间信息联盟（Open Geospatial Consortium，OGC）的 WMS、WFS 标准。

这些公开或不公开的 Web 服务往往提供如下两个重要功能。

(1) 接收调用者的经纬矩形框并返回该经纬框内的地理要素列表。对于这个列表中的每个要素，返回结果一般至少会提供该要素在该网站的唯一标识符 ID，有时还会提供要素的更多空间和非空间信息。

(2) 接收调用者的一个非空间检索条件并返回满足条件的地理要素列表。同上，列表里的每个要素一般至少带有 ID，有时带有更多信息。

另外，相比上述 Web 服务提供地理信息的形式，也有些地理信息是直接展现在网页上供用户查看的,这些与地理信息相关的典型网页有如下两类。

(1) 与地理要素相关的非空间信息。例如,Wikiloc 网站在显示某条轨迹的网页上都附带有关于这条轨迹的元信息(图 2.13),包括轨迹点赞数、总长度、海拔的上升累积值、用户的文字描述、其他用户的评论等。这些信息可以用作数据分析和挖掘的额外信息,来辅助相应地理要素的分析。

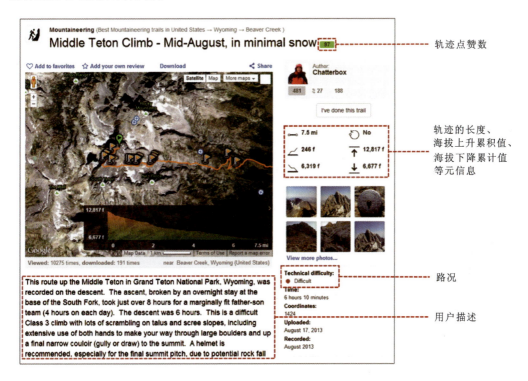

图 2.13 Wikiloc 网站某条轨迹的页面上富含了各种轨迹的元信息、附属信息
资料来源:http://www.wikiloc.com

(2) 在该网站上存有的所有地理要素的列表。这个列表往往可以由用户选择排序方式,如按上传时间排序、按"被赞"次数排序等。

对于前一种典型网页,这些非空间元信息大致分成如下四类。

(1) 冗余数据。这些数据可以由空间数据进一步计算得来。就轨迹来说,可以是轨迹的总长度、平均速度、最大高程、累计高程爬坡值等。

(2) 上传者添加的属性信息。这些信息是对应地理要素的上传者在创建或上传时添加的辅助信息。就轨迹来说,它们可以是轨迹的概要描述、路况描述等。Wolf 等(2001)曾用 GPS 轨迹起始点的土地利用类型来推测轨迹对应行程的目的,相信如果能获取这里的道路类型信息也可以起到一定的辅助作用。

(3) 其他同网站用户、网民创建的数据。就轨迹来说,这些信息可以是评论、下载次数、轨迹流行度排名等。Zheng 等(2011;2009)曾利用用户的个性经历从中提取流行的地点并向可能对这些地点感兴趣的用户推荐,如果有了轨迹下载次数、轨迹流行度排名,就有理由相信,类似的提取和推荐将更准确。

(4) 相关的其他信息。最典型的如用户信息,就轨迹来说,一个十分重要的用户信息是用户上传过的所有轨迹列表,Zheng 等(2011)就曾使用用户在某个区域的以往历史轨迹来提取 POI。

2.4.2 获取基础和限制

对于公开的 Web 服务,可以通过编写程序直接调用这些服务以获取相应数据。而对于非公开的 Web 数据服务,如果要截获这部分数据就需要通过分析网站浏览过程中的 HTTP 交互,从中找到类似获取地理要素的空间数据、非空间数据的重要交互,然后借助爬虫等网络技术来编写爬虫程序模拟这些交互,最终获取数据。这个过程有时候会比较困难,如有些网站通过 cookie 机制来控制用户,必须先登录才能下载数据,还有些网站为了避免爬虫程序爬取其数据引起带宽过度占用,建立了复杂的用户认证机制或爬虫程序识别机制。

对于那些存在于 HTML 网页中的地理要素的地理信息,通常需要通过一定的方法(简单的如正则匹配方法,复杂的如语义解析方法)将这些信息从 HTML 中提取,再结构化并保存。类似 Web 服务,网站也有可能要求用户(或爬虫程序)先登录或通过复杂的验证才能请求其某些 HTML 网页。

综上可以发现,无论是公开的 Web 服务还是非公开的,无论是 Web 服务还是 HTML 网页,无论是空间数据还是非空间数据,想要获取这些资源中包含的地理信息,较为通用的技术方法就是编写程序构造合适的 HTTP 请求,随后解析请求结果获得想要的数据。

总结 2.4.1 节和众多地理数据分享的网站发现,这些网站提供的与地理数据相关的 HTTP 请求主要有以下 5 种类型。

(1) 提供完整的地理要素列表,列表里包含了每个要素的 ID(甚至更多信息),有时可以按照上传时间等条件进行排序;

(2) 根据空间条件筛选(有时还可以辅助以一些非空间条件)网站的地理要素,返回的结果列表一般包含结果要素的 ID,甚至更多信息;

(3) 根据非空间条件筛选网站的地理数据,返回的结果列表一般包含结果要素的 ID,甚至更多信息;

(4) 根据要素的 ID 获取数据的空间信息;

(5) 根据数据的 ID 获取数据的非空间信息。

实际情况会比上述归纳更复杂、多样,但是一来为了便于论述和理解;二来其他情况是上述归纳的扩充,不难举一反三,因此这里不做详细展开。

表 2.2 总结了世界上比较流行和有代表性的 5 个轨迹分享网站对上述 5 种 HTTP

第 2 章　众源地理数据的采集与获取

请求的支持情况,这 5 个网站是 OpenStreetMap、GPSies[①]、Xmap 系列网站、Wikiloc、六只脚。其中,本节将以下 5 个网站统称为 Xmap 系列网站:Bikemap[②]、Runmap[③]、Wandermap[④]、Inlinemap[⑤]、Mopedmap[⑥]。其中,Wikiloc 是全世界轨迹分享量最高的网站,六只脚是国内轨迹分享量最高的网站。

表 2.2　5 个典型的轨迹共享网站对于 5 种典型 HTTP 请求的支持情况

网站	1	2	3	4	5
OpenStreetMap	√	×	×	√	√
GPSies	√	√	√	√	√
Xmap 系列	×	√	×	√	√
Wikiloc	√	√	√	√	√
六只脚	√	√	√	√	√

经过分析不难发现,联合以上不同的 HTTP 请求,在理论上就可以获取某个网站上任意位置的地理要素的元数据、空间数据和非空间数据。2.4.3 节将详细论述基于这些基础 HTTP 请求来构建有效的获取方案。

上文证明了获取网络地理数据在理论上基本可行,但是真正实施起来其效率和价值却有待商榷,这主要由下列原因造成。

(1) 数据隐私,即下载或使用某网站的数据可能违反网站条例、法律规范。例如,某些社交网站可能出于用户隐私保护的考虑,会在网站上公示数据保护条款来禁止未授权的第三方大量获取其数据。另外,即便网站没有任何关于数据及用户保护的条例,是否可以获取和使用这些数据仍需要与网站,甚至是数据所属的用户协商。

(2) 有些数据需要用户的直接授权才可获取。一个典型的例子是社交网站(如 Facebook、新浪微博)的某些公开 Web 服务所提供的信息涉及某个特定用户的隐私,这些 Web 服务在调用前往往需要得到对应用户的亲自认证授权,而这个亲自认证过程往往并不存在多个用户批量化处理的方法,只能一一认证,这对于提高数据获取的速率和成功率是不利的。OAuth 是这种认证的常用技术。另一个特殊的例子是通过程序爬取的网站数据可能是所属用户标注为隐私、无法通过正常的网页浏览行为看到的数据,这些数据是否可以使用需要进一步确认。

(3) 数据获取的速度受网站规定和技术的限制。为了防止爬虫程序高速从网站上获

---

① 引自:GPSies/GPS,Tracks,Strecken,Touren,konverter. http://www.gpsies.com
② 引自:Bikemap-Your bike routes online. http://www.bikemap.net/en
③ 引自:Runmap-Your running routes online. http://www.runmap.net/en
④ 引自:Wandermap-Your hiking routes online. http://www.wandermap.net/en
⑤ 引自:Inlinemap-Your inline routes online. http://www.inlinemap.net/en
⑥ 引自:Mopedmap-Your running routes online. http://www.mapedmap.net/en

取数据带来带宽、安全问题,很多网站设定了一系列数据获取的限制,如新浪微博为其 Web 服务设定了每小时、每天、每个 IP 地址等多方面的限制[①]。还有一些网站会监视其用户或 IP 获取数据的速度,如果速度太快,占用过多带宽,网站管理员可能将用户或 IP 列入黑名单,完全禁止其访问。这主要会对获取速度产生影响。

(4) 网站并不提供完整的数据。例如,OpenStreetMap 有一个公共 Web 服务可以供用户通过经纬框范围查询其网站上的所有轨迹的空间数据,但是由于查询到的轨迹没有 ID,因此无法根据轨迹 ID 来进一步获取轨迹的非空间数据——实际上 OpenStreetMap 用户在上传轨迹时会产生一系列重要的轨迹元信息,如轨迹上传时间。

(5) 总数据量大,获取耗时。对于新浪微博的 POI、OpenStreetMap 的道路数据,其总共的数据量是十分惊人的,这种情况下如果获取者想要大范围或尽可能完整地获取其数据,那么整个获取过程可能十分耗时。这时候,获取者需要考虑是否有必要将这些数据完全备份到本地,是否可以只备份元数据,是否有更动态和轻量级的检索及获取策略。

(6) 动态获取数据也有时耗方面的顾虑。有些网站提供了根据经纬框获取其地理要素的 Web 服务,有些应用可以直接根据这个 Web 服务来建立,但是实时获取会耗费时间,尤其是当应用实例的数据请求覆盖了较大的空间范围时。而相对地,用户的耐心可能没那么久。

(7) 数据现势性维护。很多网站提供了用户修改以往上传或创建的地理数据的功能,因此(元)数据从网站获取到本地后,如何维护本地数据的现势性也是需要考虑的问题。

通过以上分析可以发现,第一个问题更偏重于法律、道义,解决方法也更倾向于非技术性的合作和沟通,这里不做详细讨论。对于其他限制,2.4.3 节将基于本节的分析提出一个机制,使得第三方在检索或获取网站的数据时,上述限制能得到一定程度的解决。

2.4.3 获取方案设计与实验

结合 2.4.2 节总结的 5 种典型的 HTTP 请求,总结出如下两种典型的数据获取方案。

方案 1:如果网站支持第(1)、(4)、(5)种 HTTP 请求,那么只要做到以下三点就能获取网站的所有数据并维持这些数据的现势性:①获取网站的全部地理数据的列表,随后根据列表中每个要素的 ID 获取每个要素的信息或元信息;②增量式地获取该网站上新出现要素的信息或元信息;③对获取到的数据定期检查其内容是否被更新,是则更新到本地。

方案 2:如果网站支持第(2)、(4)、(5)种 HTTP 请求类型,那么获取者可以先通过确定所需数据的范围,然后调用第(2)种请求获取符合要求的要素,随后调用第(4)、(5)种请求类型来获取这些要素的空间和非空间信息。

事实上,结合表 2.2 可以发现,表中的 5 个轨迹分享网站每一个都至少支持上述两种典型情况中的一种。本节对上述方案 1 进行了可行性和效率测试,实验针对 4 个比较流行的轨迹分享网站:Wikiloc、GPSies、Xmap、六只脚,对于每个网站,实验采用的软硬件环

---

① 引自:新浪微博接口访问频次权限. http://open.weibo.com/wiki/Rate-limiting

境和请求策略如下。

(1) 硬件环境:CPU 为四核 2.7 GHz,内存 8 GB;

(2) 软件环境:操作系统 Windows Server 2012,程序运行环境.NET;

(3) 网络环境:武汉大学校园网;

(4) 线程数:20 个线程并行同时获取;

(5) 防止被禁止访问的策略:为避免获取速度过快、网站带宽占用过高导致数据访问被禁止,每个线程在每次成功获取某条轨迹数据后暂停一秒,然后继续获取下一条轨迹;

(6) 额外可能的耗时操作:每条轨迹除了获取空间信息、非空间信息以外,还同时完成基本的数据库导入操作。

4 个网站的总数据量和获取时耗如表 2.3 所示。

表 2.3 不同轨迹分享网站的总数据量和获取耗时

网站	获得轨迹总条数/万	下载数据总量/GB	耗时
Wikiloc	477	165	25 天
XMap	139	137	36 天 17 小时
GPSies	28.1	30.6	15 天
六只脚	13.7	14.1	1 天 16 小时

增量获取方面,结果表明:对于上述 4 个网站,在网络环境良好的情况下,如果网站有新轨迹上传,那么方案程序能成功地在 2 秒或更短的时间内获取这条新轨迹的数据。

更新检测方面,实验采用了全部获取一次所有数据并与已有数据作对比的方法,因此时耗上与第一次全部获取时类似。

对于这次获取实验,分析如下:①实验验证了上述方案 1 的实际可行性;②对于数据量大的网站,一次完整的数据获取需要获取几十 GB 到上百 GB 的文件量,较耗时;③目前,为了维护系统本地的网络数据的现势性,系统采取的策略是对本地的数据逐一重新获取并比对有无更新,事实上这样的方法十分低效,效率尚待提高。

为了验证方案 2 的可行性,实施了第二个实验。实验以新浪微博 POI 为例,新浪微博的 POI 数据无疑是众源网络地理数据的一个重要代表。新浪微博维护了大量 POI,用户可以按自己的想法向新浪微博提交新 POI,这些新 POI 在通过新浪微博审核后即可成为正式的 POI。

硬件环境和网络环境上,与实验一采用一致的条件。这里以搜索武汉大学附近、电话里包含了"1181"的酒店为例:用户先在网站上选择"新浪微博兴趣点"图层,然后将地图缩放到武汉大学附近,设置图层的筛选条件,即电话关键字为"1181"、POI 类型为酒店,刷新图层,几秒之后地图上即可显示电话号码包含了"1181"的君宜王朝大饭店的基本信息及地理位置(图 2.14)。

对上述实验,分析如下:①实验验证了方案 2 的基本可行性;②新浪微博的 Web API

图 2.14　搜索电话号码中包含了"1181"的酒店

其实并不支持电话号码的关键字筛选,方案 2 则进一步扩展了这种检索功能,实际上其他类似网站在方案 2 下也可以进一步扩展出更多检索功能。

至此,本节基于 2.4.2 节提出了网络地理数据获取的一般方法,并配合实验验证了其实际可行性。

2.5　本章小结

本章首先结合多个案例,从概念上区分和论述了众源地理数据的采集和获取,并分别讨论了两者的形成背景与特点,总结了采集和获取的一般流程及典型方法;其次,简要介绍了众源地理数据的典型代表 OpenStreetMap 项目,并总结了 OpenStreetMap 数据的获取方法;接着,本章对基于手机的志愿者地理数据获取进行了介绍和论述,还介绍了位置采集系统 GeoDiary 及相关实践实验,并剖析了基于智能手机采集志愿者位置数据面临的挑战,提出了供参考的解决策略;最后,在分析网络众源地理数据组织结构的基础上,提出了网络众源地理数据的获取方案,并通过试验验证了方案的可行性。

参 考 文 献

秦龙煜,胡庆武,王明.2012.基于众源位置签到数据的城市分层地标提取//2012 高校 GIS 论坛.
夏雨禾.2011.突发事件中的微博舆论:基于新浪微博的实证研究.新闻与传播研究(5):43-51.
张婷婷.2011.基于微博的英语教学策略研究:以新浪微博为例.现代教育技术,21(6):96-100.
Ather A. 2009. A quality analysis of openstreetmap data. London: University College London.
Ball R, Ghorpade A, Nawarathne K, et al. 2014. Battery patterns and forecasting in a large-scale smartphone-based travel survey//10th International Conference on Transport Survey Methods. [S. l. : s. n.].

Bennett J. 2010. OpenStreetMap. Birmingham:Packt Publishing Ltd.

Carrion C,Pereira F,Ball R,et al. 2014. Evaluating FMS:A preliminary comparison with a traditional travel survey//Transportation Research Board 93rd Annual Meeting.[S. l. :s. n.].

Chon J,Cha H. 2011. Lifemap:A smartphone-based context provider for location-based services. IEEE Pervasive Computing(2):58-67.

Jariyasunant J,Sengupta R,Walker J. 2012. Overcoming battery life problems of smartphones when creating automated travel diaries//Proceedings of the 13th International Conference on Travel Behavior Research. [S. l. :s. n.].

Kounadi O. 2009. Assessing the quality of OpenStreetMap data. London:University College London.

Ludwig I,Voss A,Krause-Traudes M. 2011. A Comparison of the Street Networks of Navteq and OSM in Germany//Advancing Geoinformation Science for a Changing World. Berlin:Springer:65-84.

Paek J,Kim J,Govindan R. 2010. Energy-efficient rate-adaptive GPS-based positioning for smartphones// Proceedings of the 8th International Conference on Mobile Systems,Applications,and Services. New York: ACM:299-314.

Roche S,Propeck-Zimmermann E,Mericskay B. 2013. GeoWeb and crisis management:issues and perspectives of volunteered geographic information. GeoJournal,78(1):21-40.

Shirky C. 2010. Cognitive Surplus:Creativity and Generosity in a connected age. London:Penguin Group.

Wolf J,Guensler R,Bachman W. 2001. Elimination of the travel diary:experiment to derive trip purpose from global positioning system travel data. Transportation Research Record:Journal of the Transportation Research Board(1768):125-134.

Zheng Y,Zhang L,Ma Z,et al. 2011. Recommending friends and locations based on individual location history. ACM Transactions on the Web (TWEB),5(1):1-44.

Zheng Y,Zhang L,Xie X,et al. 2009. Mining interesting locations and travel sequences from GPS trajectories// Proceedings of the 18th International Conference on World Wide Web. New York:ACM:791-800.

Zhuang Z,Kim K H,Singh J P. 2010. Improving energy efficiency of location sensing on smartphones// Proceedings of the 8th International Conference on Mobile Systems,Applications,and Services. New York: ACM:315-330.

第 3 章
众源地理数据质量分析与评价

众源地理数据由非专业的用户提供,不同用户、不同时间、不同地点提交的众源地理数据和经过不同数量用户编辑的众源地理数据具有不同的质量,其来源广泛的属性决定了其数据质量不确定性高,使用时需要充分考虑其有效性、完整性和精准性。在探讨众源地理数据的处理方法和应用模式时,对众源地理数据进行质量分析是国内外学者都认为需要研究的首要问题。本章系统论述众源地理数据质量及其评价方法,对众源地理数据质量问题进行探讨,提出众源地理数据质量分析框架,开展众源地理数据质量分析及预处理实践,为众源地理数据的分析和应用奠定基础。

3.1 众源地理数据的质量概述

3.1.1 众源地理数据质量问题及其研究进展

在众源模式下,任何用户可借助网络工具、GPS 接收器、带 GPS 的平板电脑(如 iPad)、带 GPS 的手机(如 iPhone)、便携式自动导航系统(portable navigation devices,PND)及各种定位传感器、射频识别(radio frequency identification,RFID)提供地理信息数据(李德仁等,2010;Goodchild,2008)。谷歌地图、必应地图、百度地图、推特、Flickr、街旁网为用户生成和上传具有地理参考的信息提供了网络平台,用户可上传各种类型的地理信息。

由于众源地理数据出现的时间较短,众源地理数据质量相关的研究工作才刚刚起步。目前其研究工作主要分为定性分析和定量计算两大类。

在定性质量分析方面,Goodchild 等(2012)提出了确保众源地理数据质量的三种途径:众源方法、社会方法及地理方法。荷兰学者 van Exel 等(2010)归纳出影响众源地理信息质量的三大主要因素:用户经验、本地知识和要素来源等。上述定性分析的研究成果对于众源地理数据的质量控制具有十分重要的参考价值,但是缺少对质量影响因素的定量化计算。

在众源地理数据质量的定量评价方面,目前的主要研究工作可以分为将众源地理数据与已有专业数据进行比较评价和通过信誉模型进行评价两类。将众源地理数据与已有专业数据进行比较评价是指将众源地理数据与由传统测绘手段采集的专业数据源进行比较以量化分析众源地理数据的质量,它由 Craglia 于 2007 年提出,是目前评估众源地理数据质量最具有权威性和可行性的方法之一。通过信誉模型进行评价是指不需要高精度专业地理数据源做参考数据,直接根据数据贡献者的信誉等因素对众源地理数据的质量进行评估。Bishr 等(2008)提出了版本数、修订次数、回滚次数等维度构建信誉度评估模型对众源信息进行评估的方法;Keßler 等(2013)提出采用用户评分机制构建信誉评价模型,结合地理距离和社会距离因素对 OpenStreetMap 地图数据进行评估。

众源地理信息由非专业的用户提供,来源属性决定了其数据质量的不确定性,使用时需要充分考虑其有效性、完整性和精准性。在探讨众源地理数据的处理方法和应用模式时,对众源地理数据质量分析是国内外学者都认为需要研究的首要问题(Kounadi,2009;Seeger,2008;Flanagin et al.,2008;Haklay et al.,2008a;Goodchild,2007)。由于众源地理数据存在信息不全或缺乏质量信息或质量信息不精确的问题,在开展众源地理数据应用研究前必须建立其质量模型,研究众源地理数据的评价体系和评价方法,为其合理使用奠定基础。

3.1.2 众源地理数据的误差源

开展众源地理数据的质量分析与研究,必须从其产生误差源入手。与传统的测绘地理信息生产方法相比,众源地理数据是一种众源形式下非专业大众用户的开放式贡献模式,如图 3.1 所示。

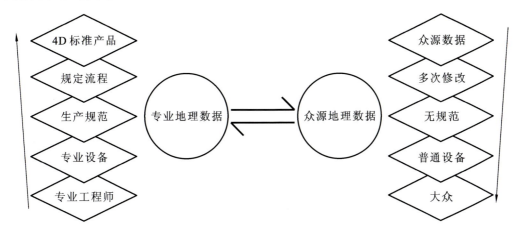

图 3.1 众源地理空间数据与专业地理空间数据对比

由图 3.1 可见,来自非专业大众用户的众源地理空间数据,其误差源主要有以下几个方面。

(1) 设备定位误差。以 GPS 定位为例,非专业大众用户以各种智能终端自带的 GPS 定位设备采集位置数据,这些非专业设备定位精度常见为 10～100 m。

(2) 数据融合处理误差。众源地理数据的产生涉及不同类型设备、不同来源和不同数据类型,其协同编辑和融合处理模型与方法也会直接带来几何误差和属性误差。

(3) 人为误差。众源地理空间数据来自非专业大众,缺乏专业知识和专业生产规范指导,不可避免地带来各种人为误差,尽管这些误差大部分是非主观造成的,但也给众源地理数据的质量带来严峻挑战。

与传统的测绘地理空间数据产品相比,众源地理数据的质量问题集中在定位精度和产品规范化等方面,但其在局部重点要素的时间和社会化的属性误差方面,却比传统测绘地理信息产品有着更可靠的质量。众源地理数据质量分析与处理,应该围绕其质量特点,设计合理的质量分析模型,改善数据质量,拓展众源地理数据的应用范围。

3.2 节设计提出了符合众源地理数据特点的数据质量分析框架,3.3 节和 3.4 节分别选取 OpenStreetMap 道路数据和位置签到数据两种典型的众源地理数据进行质量分析,3.5 节讨论众源 GPS 轨迹的预处理。

3.2 众源地理数据的质量分析框架

3.2.1 概述

众源地理数据的处理和应用必须建立在统一的数据组织、表达方式和质量标准基础上。本节围绕对众源地理信息数据项、空间参考、精度、元数据等一致性的理解,研究众源数据组织模型、数据标准和质量模型,充分借鉴现有地理数据组织模型、开放地理数据标准和地理数据质量模型,设计了既符合众源地理数据特点,又与传统地理信息兼容的数据模型、表达方式和质量评价体系,其总体框架如图3.2所示。

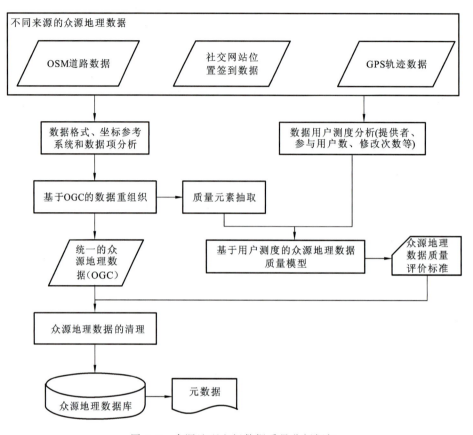

图 3.2　众源地理空间数据质量分析框架

在图3.2中,众源地理空间数据的质量分析主要分为众源地理数据组织模型、众源地理数据质量模型、众源地理数据清理三个部分。按照众源地理数据的数据结构、数据坐标参考和数据内容等要素将众源地理空间数据纳入统一的众源地理数据组织模型中,便于对众源地理空间数据进行组织与管理。只要建立合适的众源地理数据质量模型和评价体系,对不同类型的众源地理空间数据进行数据清理和入库,即可形成可信的众源地理空间数据库及其元数据。

3.2.2　众源地理数据质量分析的关键问题

对众源地理数据质量分析过程的关键问题总结如下。

1. 众源地理数据模型

通过分析众源地理数据的数据结构、数据坐标参考和数据内容,按照面向对象的数据模型对各种众源地理数据进行分类,在此基础上考虑众源地理数据的时序特征、属性特征、用户特性和用户编辑特性,在 OGC 基础上扩展面向用户的时空众源地理数据模型(user oriented space-time model,UOSTM)。相比当前的地理时空数据模型,每一个众源地理数据对象通过标识其提供者(data provider)、访问用户人数及编辑次数,建立时间、空间和不同来源的众源地理数据组织模型。

2. 一体化众源地理信息表达方式

对不同类型众源数据对象进行统一的地理参考转换和配准,在统一的地理参考下,根据 UOSTM 对众源地理数据对象进行解译,在此基础上按照通用地理信息表达方式对众源地理数据进行可视化显示、操作和管理。

3. 众源地理数据质量模型

众源地理数据质量模型的建立主要涉及两个内容:一是众源数据质量元素;二是众源数据质量评价体系。

众源数据质量元素:一方面,按照传统空间数据质量模型,选取空间定位精度、属性完整性、一致性、语义精度、时空质量作为众源地理数据基本质量元素;另一方面,提取众源数据提供者的用户级别、参与贡献的人数、编辑的次数及其他用户的反馈评价作为用户测度质量元素;最终,构建考虑用户测度的众源地理数据质量模型。

众源数据质量评价体系:根据众源地理数据的应用需求,以众源地理数据的质量元素为基础,形成众源地理数据质量评价标准,并以此建立考虑用户测度的众源数据质量评价体系。

4. 众源地理数据清理

根据以上建立的考虑用户测度的众源地理数据质量模型和评价体系,对不同类型的众源地理数据进行数据清理,形成可信的众源地理数据库及其元数据。

3.3 OpenStreetMap 道路数据的质量分析

3.3.1 概述

据 Beyonav 统计[①],截至 2011 年 1 月 29 日,OpenStreetMap 道路网数据已达到 23 747 682 km 和 14.9 TB,覆盖全球 150 多个国家、10 000 多个城市,并且正在以每周近 10 万千米速度增长,其中中国数据也已达到 10 万多千米,包含北京、香港、上海、武汉、杭州和济南等多个城市的道路网数据。

OpenStreetMap 数据作为众源地理数据的主要表现形式,其数据一般由缺乏足够专业培训的非专业人员提供。此来源决定了其数据质量不确定性高,使用时需要充分考虑其有效性、完整性和精准性。

---

① 引自:OpenStreetMap's Growth Accelerates I BeyoBlog. http://www.beyonav.com/openstreetmaps-growth-acceleratew

目前,国外的地理信息专家已经针对欧洲地区的 OpenStreetMap 数据质量问题做了一定的研究。早先的研究主要是从定位精度和数据完整度两个方面建立 OpenStreetMap 数据质量评估模型,并对英国地区 OpenStreetMap 数据质量进行分析,后来在评估希腊首都雅典 OpenStreetMap 数据质量时,OpenStreetMap 数据质量评估模型被扩展到长度完整度、名称完整性、类型精度、名称精度和定位精度 5 个方面(de Leeuw et al.,2011; Zielstra et al.,2010;Ather,2009;Kounadi,2009;Zulfiqar,2008)。

为了解决来自非专业用户协同编辑的众源地理数据的质量问题,本节以武汉市的 OpenStreetMap 数据为例,将 2011 年版导航地图作为标准和参考,从 OpenStreetMap 数据的完整度、专题精度、定位精度三个方面对武汉地区的 OpenStreetMap 数据质量进行分析研究,结果表明,其高等级道路和中心城区的城市路网具有较高的定位精度和完整度,可用于城市交通基础路网数据库更新。

众源 OpenStreetMap 数据主要由用户根据 GPS 装置记录的轨迹、航空摄影照片、卫星影像等绘制而成,应用前需要对其进行质量分析。影响 OpenStreetMap 质量的因素主要有三点:第一,数据的采集和地图的绘制是由缺乏足够地理信息知识和有效培训的非专业人员提供,其中存在一定的人为误差;第二,采集的数据可能参考了不同的数据源,这些数据源具有不同等级的精度;第三,不同采集者使用的 GPS 设备不同,不同的 GPS 设备采集到的数据精度也存在一定的差异。OpenStreetMap 数据的精度不能依靠常规的地图精度评定方法来精确评估,简单而有效的方法是选择合适质量要素建立质量评估模型,依据该模型与精度更高的数据进行分析对比来评估其数据质量。

3.3.2 OpenStreetMap 道路数据质量分析方法

OpenStreetMap 道路数据的质量分析需要建立在统一的空间参考、匹配的地物类型、一致的属性描述基础上,选取合适的质量元素,按照模型计算其质量参数,进而通过各质量参数的综合分析,对其完整性、精度及其可用性进行评价,详细流程如图 3.3 所示。

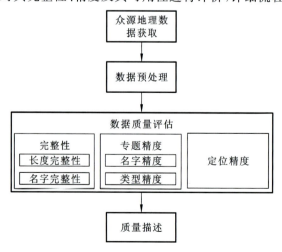

图 3.3 OpenStreetMap 道路数据质量分析流程图

(1) 数据获取。这是质量分析的前提,需要获取的数据主要有两部分:一部分是 OpenStreetMap 道路数据;一部分是用来参考的道路数据。OpenStreetMap 道路数据的获取方式可参考 2.2.3 节,这里不再详细论述;参考传统道路数据来对比和评估 OpenStreetMap 的精确性和可用性。

(2) 数据预处理。数据预处理是指对实验数据进行编辑以使实验数据符合规范,确保得到准确的实验结果。数据预处理的第一步是对 OpenStreetMap 道路数据和参考道路数据进行裁剪以确保两个数据的范围相同。此外,还要确保 OpenStreetMap 数据和参考数据在道路名称、道路类型、道路长度等方面的标准和规范相一致。这就需要对 OpenStreetMap 数据和参考数据的属性表进行编辑,使 OpenStreetMap 数据和参考数据的属性表相对应。此外,在对 OpenStreetMap 数据的道路进行标注时,还需要根据实际情况使用切割工具对 OpenStreetMap 矢量线进行裁剪和切割从而使 OpenStreetMap 矢量线的道路名称和属性与参考数据相一致。OpenStreetMap 数据编辑完成后还需要在 OpenStreetMap 数据和参考数据的属性表中加入长度属性列计算各矢量线的长度便于对后文各项质量要素的统计分析。

(3) 质量评估。选取合适的质量要素作为评估指标对 OpenStreetMap 道路数据的质量进行评估。本节从数据完整性、专题精度和定位精度三个质量元素方面对 OpenStreetMap 空间数据质量进行评估(图 3.4)。其中,数据完整性由表征几何特性的长度完整性和表征属性质量的名称完整性两个方面构成,专题精度包括名称精度和属性类型精度两个方面,定位精度也是用来表征数据的几何精度。

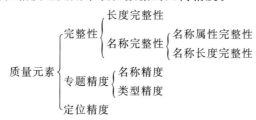

图 3.4 OpenStreetMap 道路数据质量元素

(4) 质量描述。根据选定的质量元素中的数据完整性、专题精度和定位精度三项指标的评估结果对 OpenStreetMap 数据的质量进行综合评价,并以此确定 OpenStreetMap 数据有效性和适用范围。

3.3.3 质量要素及其计算模型

1. 数据完整性的计算

数据完整性包括长度完整性和道路名称完整性。长度完整性反映道路几何质量和数据覆盖性,道路名称完整性表征属性质量。

长度完整性 Q_L 是 OpenStreetMap 数据区域覆盖情况的直观体现,反映了 OpenStreetMap 数据的可用性,可用 OpenStreetMap 道路数据的总长度 L_{OSM} 占参考地图数据道路总长度 L_R 的比例计算,如式(3.1)所示。

$$Q_L = \frac{L_{\text{OSM}}}{L_R} \qquad (3.1)$$

通过属性查询将不同类型的道路数据区分开，按式(3.1)可计算不同类型道路数据的长度完整性。

道路名称是道路的重要属性信息，OpenStreetMap 道路名称完整性直接反映了 OpenStreetMap 数据属性质量。道路名称完整性包括以名称数量度量的名称属性完整性和以道路长度度量的名称长度完整性。

名称属性完整性 Q_{S_N} 定义为 OpenStreetMap 道路数据中命名道路数量 S_{OSM}^N 占参考地图数据命名道路数量 S_R^N 的比例，如式(3.2)所示。

$$Q_{S_N} = \frac{S_{\text{OSM}}^N}{S_R^N} \qquad (3.2)$$

由于数据集中部分道路是由多条矢量线构成的，存在多条记录的道路名称相同的情况，需要对各数据集进行道路名称去重预处理。

名称长度完整性以道路长度为度量计算，按式(3.3)计算。

$$Q_{S_L} = \frac{S_{\text{OSM}}^L}{S_R^L} \qquad (3.3)$$

式中：S_{OSM}^L 为已命名的 OpenStreetMap 道路长度；S_R^L 为已命名的参考数据道路长度。

2. 数据专题精度计算

数据专题精度由数据名称精度和数据类型精度组成，反映了 OpenStreetMap 数据道路属性信息的准确率。

数据名称精度 Q_{L_M} 指与参考数据道路名称匹配正确的 OpenStreetMap 道路长度 L_{OSM}^M 占 OpenStreetMap 道路长度的比例，如式(3.4)所示。

$$Q_{L_M} = \frac{L_{\text{OSM}}^M}{L_{\text{OSM}}} \qquad (3.4)$$

数据类型精度 Q_{L_T} 用于评价 OpenStreetMap 数据道路类型的准确度，表示类型与参考数据类型匹配正确的 OpenStreetMap 道路长度 L_{OSM}^T 占 OpenStreetMap 道路长度的比例，如式(3.5)所示。

$$Q_{L_T} = \frac{L_{\text{OSM}}^T}{L_{\text{OSM}}} \qquad (3.5)$$

与数据名称精度实验不同，由于不同数据集的道路类型划分规范不同，需要根据数据集元数据建立 OpenStreetMap 数据与参考数据道路类型间的对应关系。

3. 数据定位精度计算

定位精度是评价众源地理数据几何精度最重要的指标，也是评价众源地理数据可用性的重要指标。对于 OpenStreetMap 道路数据定位精度，本书选取 Goodchild 和 Hunter 在 1997 年提出的评估线状要素定位精度缓冲区分析方法，以落在对应参考道路数据缓冲区中的 OpenStreetMap 道路比例作为 OpenStreetMap 数据定位精度 Q_{L_P}，如式(3.6)所示。

$$Q_{L_\mathrm{P}} = \frac{L_\mathrm{OSM}^\mathrm{P}}{L_\mathrm{OSM}} \tag{3.6}$$

式中：$L_\mathrm{OSM}^\mathrm{P}$ 为落在参考道路数据缓冲区中的 OpenStreetMap 道路长度。

获得落在参考道路数据缓冲区中的 OpenStreetMap 道路算法流程如图 3.5 所示。

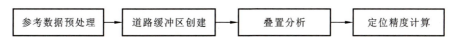

图 3.5　数据定位精度算法流程

（1）参考数据预处理。按照道路等级将参考数据分类，不同类型的参考道路选择不同的缓冲区分析半径，一般以其属性表中给出的实际道路宽度作为缓冲区半径，而 OpenStreetMap 道路数据缓冲区半径统一确定为 0.1 m。

（2）缓冲区创建。根据确定的缓冲区半径分别生成参考数据缓冲区和 OpenStreetMap 缓冲区图层。

（3）叠置分析。将 OpenStreetMap 数据缓冲区和参考数据各子集缓冲区分别进行叠置分析。叠置分析生成的叠置多边形表示落在参考道路缓冲区中的 OSM 道路缓冲区，存储于新生成的叠置多边形数据文件中，且叠置多边形的每条数据记录与参与叠置生成该数据记录的缓冲区数据记录组相对应，其对应关系在叠置多边形属性表中反映出来。

（4）定位精度计算。叠置分析结果多边形的面积与道路长度线性相关，因此计算叠置分析结果多边形面积占 OpenStreetMap 缓冲区面积的比例，依据该比例可以计算得到 OpenStreetMap 数据中各条道路满足定位精度要求的道路长度（图 3.6）。最后将所有满足定位精度要求的 OpenStreetMap 道路的总长度与 OpenStreetMap 数据道路总长度相比即可得到 OpenStreetMap 数据的定位精度 Q_{L_P}。

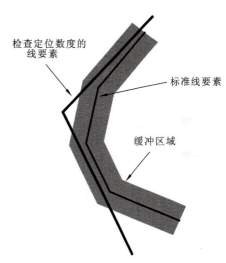

图 3.6　参考道路缓冲区与 OpenStreetMap 道路缓冲区的叠置分析
（Goodchild et al.，1997）

3.3.4　实例应用与分析

1. 实例应用

研究区域为湖北省武汉市城区，总面积约为 948.46 km²，包括洪山区、武昌区、青山区、江岸区、江汉区、硚口区、东西湖区、汉阳区 8 个行政区域 1 471 条道路，道路总长度约为 3 466 km，其具体分布如图 3.7 所示。

参考道路数据方面，选择 2011 年版导航地图数据，该数据包括了道路数据、背景数据、显示文字数据和索引数据，该数据采用的是 WGS-84 经纬度坐标系，定位精度为 4 m 左右。道路按行政等级划分和按使用任务、功能和适应的交通量划分相结合的方法，包括高速路、

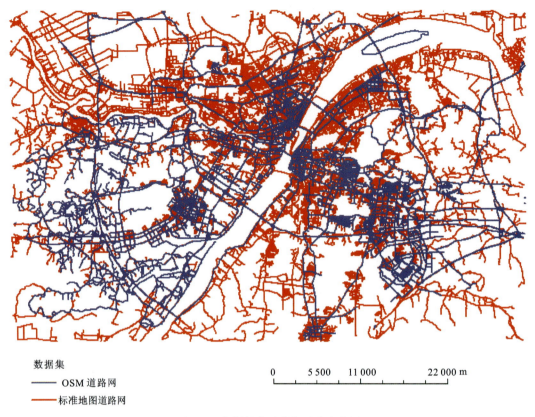

数据集
—— OSM 道路网
—— 标准地图道路网

图 3.7　实例的实验数据及分布范围

都市高速路、国道、省道、县道、乡镇村道、其他道路、九级路、轮渡和行人道路十类。

武汉地区 OpenStreetMap 数据精度评定结果如表 3.1 所示。

表 3.1　武汉地区 OpenStreetMap 精度评定结果

长度完整性	L_{OSM}	L_R	Q_L
	3 465 977.447 m	9 129 950.159 m	38.0%
名称属性完整性	S_{OSM}^N	S_R^N	Q_{S_N}
	1 471	4 092	36.0%
名称长度完整性	S_{OSM}^L	S_R^L	Q_{S_L}
	2 380 133.9 m	9 129 950.159 m	26.1%
名称精度	L_{OSM}^M	L_{OSM}	Q_{L_M}
	1 780 632.921 m	3 465 977.447 m	51.4%
类型精度	L_{OSM}^T	L_{OSM}	Q_{L_T}
	1 116 337.777 m	3 465 977.447 m	32.2%
定位精度	L_{OSM}^P	L_{OSM}	Q_{L_P}
	1 785 989.309 m	3 465 977.447 m	51.5%

由表 3.1 可知,武汉地区的 OpenStreetMap 数据的长度完整性为 38.0%,以名称数量为度量的名称完整性为 36.0%,以长度为度量的名称完整性为 26.1%,名称精度为 51.4%,类型精度为 32.2%,定位精度为 51.5%。

2. 长度完整性分析

由表 3.1 可以看出,OpenStreetMap 数据上武汉地区的道路总长度是 3 465 977.447 m,而参考地图数据中武汉地区的道路总长度是 9 129 950.159 m,因而 OpenStreetMap 数据的整体长度完整性为 38.0%。对于整个武汉地区来说,OpenStreetMap 数据中道路数据的长度完整性程度较低。通过目视分析,可以看出道路数据长度完整性比较好的地区主要有洪山区、武昌区和江汉区,以及汉阳的西湾湖以东 G318 东风大道段附近区域等,这些地区都是城市发展程度比较高、人口比较密集的地区,用户上传、提供的道路数据相对比较丰富;而江夏区、青山区、东西湖区、蔡甸区等地区距离城市中心距离较远,发展程度低、人口密度小,从而所采集的数据量不足,道路数据完整程度也相对较低。

为了进一步说明地区间差异与 OpenStreetMap 道路数据完整程度之间的关系,本实例补充了针对武汉市各个地区的长度完整性指标计算及统计。统计得到的武汉市主城区各区 OpenStreetMap 数据道路长度完整性指标如图 3.8 所示。可以看出,道路数据完整程度最高的是武昌区,达到 42.8%;其次是汉阳区和洪山区,均超过 35%;青山区、东西湖区和硚口区的长度完整性指标较低,因此推测众源 OpenStreetMap 数据完成情况受由城市发展程度、人口密度等因素直接决定的用户提供数据量的制约。

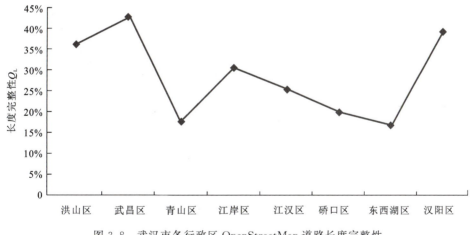

图 3.8　武汉市各行政区 OpenStreetMap 道路长度完整性

除整体长度完整性外,还对各类型道路的长度完整性进行了评估,结果如图 3.9 所示。可以看出,高等级的道路完成情况较好,如高速路(64.2%)、都市高速路(90.4%)及国道(72.4%)等。而低等级道路,如其他道路、九级路及行人道路,完整性均不足 15%。最能体现整体长度完整性(与其值最接近)的道路等级是乡镇村道,完整性为 40.4%,原因是该类型道路占实验数据的比重最大,达到 37.8%。高等级道路数据完成情况相对较好而城市中的小路、人行道等完成情况不佳,由此推测其主要原因为众源数据采集工作中普通非驾车用户提供的数据量不足。

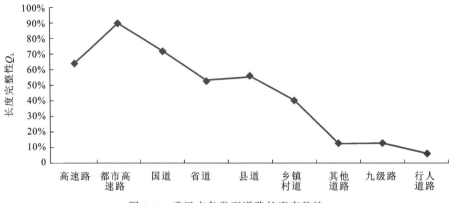

图 3.9　武汉市各类型道路长度完整性

此外,在实验过程中发现 OpenStreetMap 数据上有部分道路在参考地图数据中找不到匹配的道路,即相比较 OpenStreetMap 数据有多余的数据项。这种情况的出现除了参考地图数据自身存在一定的时效性问题之外,还与 OpenStreetMap 数据采集时没有严格的规范要求而导致所采集的 OpenStreetMap 道路数据与参考地图数据无法匹配有关,如图 3.10 所示。

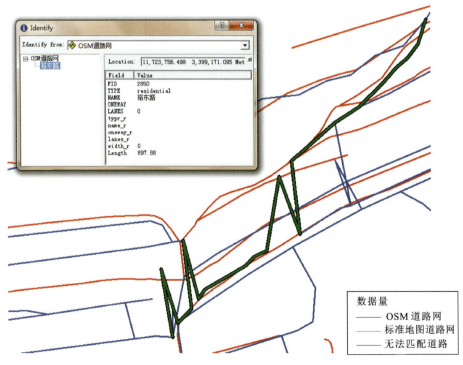

图 3.10　无法匹配的道路

3. 名字完整性分析

由表 3.1 可知，以道路名称数量为度量的武汉地区 OpenStreetMap 数据的名称完整性为 36.0%。名称完整性不高的主要原因是 OpenStreetMap 数据的完成情况即长度完整性不高（38.0%）导致 OpenStreetMap 中带有名称属性的道路较少。若将名称完整性的计算方法改为 OpenStreetMap 数据具有名称属性的道路条数与 OpenStreetMap 数据道路总条数的比值，OpenStreetMap 数据的名称完整度就能达到 73.3%（表 3.2）。这说明在 OpenStreetMap 已完成道路数据中，其名称完整性还是相当高的。另外，OpenStreetMap 实验数据中未取名的道路主要集中在江夏区、青山区、汉口东西湖区及汉阳部分地区。导致这种现象的原因除了这些地区用户提供的 OpenStreetMap 数据的数据量有限之外，市政部门对这些偏远地区的道路管理规范较城市中心地区不足也有一定的影响。

表 3.2　更改评价方法后的名称完整性结果

	S_{OSM}^{N}	S_{R}^{N}	Q_{S_N}
名字属性完整性	1 471	2 006	73.3%
	S_{OSM}^{L}	S_{R}^{L}	Q_{S_L}
名字长度完整性	2 380 133.9 m	3 465 977.447 m	68.7%

此外，由表 3.2 可知，更改评价方法后以名称数量为度量的名称完整性为 73.3%，以道路长度为度量的名称完整性为 68.7%。对比可知，长距离道路的名称完整性比短距离道路的名称完整性低。

4. 名称精度分析

由表 3.1 可知，武汉地区 OpenStreetMap 数据的名称精度为 51.4%。影响 OpenStreetMap 数据名称精度的因素有很多，主要包括参考地图数据中存在未命名的道路数据、OpenStreetMap 数据中存在无法匹配的道路数据、相连接道路之间的过渡路段归属问题及立交桥与下方道路在二维数据中的重叠问题等。

为了评判诸如 OpenStreetMap 多余数据项、导航数据未命名道路数据等因素对名称精度存在的影响程度，剔除上述数据项后的名称精度结果如表 3.3 所示。

表 3.3　更改评价方法后的名称精度结果

项目	精度
剔除 OpenStreetMap 多余数据项后的名称精度	51.4%
剔除参考地图未命名道路数据后的名称精度	29.1%
两者均剔除后的名称精度	58.1%

从表 3.3 中数据可以看出，OpenStreetMap 多余数据项自身对名称精度影响不大，原因是这部分数据中命名道路与未命名道路所占比例大致相同；而参考数据中的未命名道路数据对结果影响较大，这是因为剔除这部分地图数据后，许多在原方法中判定为命名正

确的 OpenStreetMap 未命名道路数据将不再参与实验，而这部分数据在实验数据中占有相当的比例；两者均剔除后名称精度指标有显著增长，原因在于该操作在保持命名正确道路数据量的同时，剔除了更多的多余数据，导致前者比值增加。

此外，各数据集中道路命名的差异对 OpenStreetMap 数据名称精度也存在一定的影响（图 3.11）。该问题主要有以下几种表现形式：首先，某些道路存在具有两个或多个合理名称的情况，如省道 S101 光谷二路段，在 OpenStreetMap 地图上的名称取作"光谷二路"，而在参考数据中取名为"S101"；其次，OpenStreetMap 数据道路命名规范性问题，如三环线的中环一带的道路，其道路名称应为"三环线"，但在 OpenStreetMap 上名称为"三环线:中环"；此外，还有名称的细节区别，如用字的区别（OpenStreetMap 数据中的"毕升路"与参考数据中的"毕昇路"、OpenStreetMap 数据中的"后补街"与参考数据中的"候补街"）、道路类型用词的区别（OpenStreetMap 数据中的"鸿翔路"与参考数据中的"鸿翔巷"）等。如图 3.11 所示，其中，"NAME"列为 OpenStreetMap 的道路名称，"name_r"列为参考地图数据的道路名称。

FID	TYPE	NAME	ONEWA	LANES	typr_r	name_r
1026	motorway	三环线:中环	yes	0	都市高速路	三环线
1851	living_street	鸿翔路		0	其它道路	鸿翔巷
1969	living_street	后补街		0	其它道路	候补街
2053	residential	双柏街		0	其它道路	涵三宫
2645	residential	毕升路		0	其它道路	毕昇路
3705	tertiary	腾龙大道	no	0	其它道路	龙腾大道

图 3.11　命名规范问题

对于具有某个或多个合理名称的情况，由于难以确定其标准名称而未进行补充实验来判断这种现象对名称精度的影响大小。而若将存在命名规范问题或者细节区别的道路数据人为提取出来并加以改正，则会对实验结果产生一定的影响。在后者的补充实验中，共提取出来总长度为 240 545.62 m 的可直接改正的 OpenStreetMap 道路数据，若将其算作改正后名称正确的数据项，则得到的名称精度指标达到 58.3%。虽然个人对于名称匹配的判断有一定的主观性，但该结果能够定性地说明这一类情况对名称精度指标造成的影响。

5. 类型精度分析

由表 3.1 可知，武汉地区 OpenStreetMap 数据的类型精度为 32.2%，精度较低。对于整个武汉地区来说，各个地区道路的类型精度比较平均，影响 OpenStreetMap 数据类型精度的主要因素是 OpenStreetMap 数据中长距离主干道路的类型属性不正确。造成 OpenStreetMap 数据中主干道路类型属性不正确的主要原因是 OpenStreetMap 数据的道路分类标准和参考地图数据道路分类标准不一致，从而导致两数据集之间的道路类型匹配比较困难。其中，最显著的差别就是 OpenStreetMap 道路类型中不存在"国道"，导致 OpenStreetMap 中所有与参考地图数据中类型为"国道"的道路数据对应的道路数据均被判定为类型错误的数据。实际上，OpenStreetMap 数据中与参考地图数据中"国道"

类型道路相对应的道路数据总长度为205 040.30 m,占OpenStreetMap数据道路总长度的5.9%,对类型精度实验的结果产生了较大的影响。

6. 定位精度分析

根据参考地图数据中道路的宽度大小将所有道路分成3个子集,每个子集中的道路分别构建半径为2.25 m、4.25 m和9.25 m的缓冲区。按照定位精度评价模型计算,OpenStreetMap数据中落入参考地图数据缓冲区中的道路长度为1 785 989.309 m,OpenStreetMap数据道路总长度为3 465 977.447 m,总体定位精度为51.5%,如表3.1所示。在剔除了OpenStreetMap中的多余数据项后,落入重叠区域(导航道路缓冲区)内的道路长度为1 763 267.459 m,道路总长度为2 920 386.236 m,定位精度为60.4%(表3.4)。由此可见,OpenStreetMap数据中的多余数据记录对OpenStreetMap数据的定位精度具有较大的影响。

表3.4 剔除多余数据项后的定位精度结果

定位精度	$L_{\text{OSM}}^{\text{P}}$	L_{OSM}	$Q_{L_{\text{P}}}$
	1 763 267.459 m	2 920 386.236 m	60.4%

不同类型道路的OpenStreetMap数据的定位精度评价结果如图3.12所示。

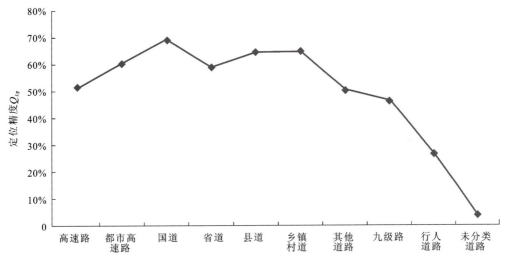

图3.12 各类型道路定位精度

从图3.12可以看出,国道的定位精度最高,达到69.1%。其次是县道和乡镇村道,均为64.6%。总体来说,高等级道路比低等级道路定位精度要高。定位精度特别低的是行人道路(26.6%),推测其原因是人行道上行走的行人由于条件限制携带测量工具或者GPS接收器较车载用户要少从而导致用户提供数据量不足。另外,武汉城区道路建设频繁、行人道路边界范围不易界定也有一定的影响。

此外，图 3.12 中未分类道路的"定位精度"反映了 OpenStreetMap 数据较参考地图数据多余的数据记录与参考地图数据缓冲区的重叠度。由此可以看出，在 OpenStreetMap 上较参考地图数据多余、在参考地图数据上不存在匹配道路的数据中仍有 4.2% 的道路与参考地图数据重叠，这是在进行 OpenStreetMap 数据缓冲区和参考地图数据缓冲区的叠置分析时会出现错误重叠的现象，即非匹配道路数据之间产生重叠区域。这种现象对 OpenStreetMap 数据定位精度的评估存在一定的影响，所以在剔除该部分数据后得到的 OpenStreetMap 数据定位精度 60.4% 更加真实客观。

进一步按照各道路数据重叠度(每条 OpenStreetMap 道路落入导航道路缓冲区的比例)对 OpenStreetMap 数据进行分类，分别是重叠度较低道路(低于 50%)、重叠度较高道路(50%~80%)、重叠度很高道路(大于 80%)及重叠度异常道路(大于 100%)，如图 3.13 所示。产生异常重叠的原因主要是参考地图数据中某些道路数据之间的距离较小，而其缓冲区半径比较大。该现象会对定位精度的计算产生一定影响。从图 3.13 中可以看出，重叠度很高(以及异常)的道路集中分布在武昌区、洪山区、江汉区、汉阳区西湾湖以东部分区域，以及青山区和平公园和区政府周边小部分区域。这些区域都是城市中心周边发展程度较高、人口密度较大的城区，而重叠度低的道路大部分集中在蔡甸区、江夏

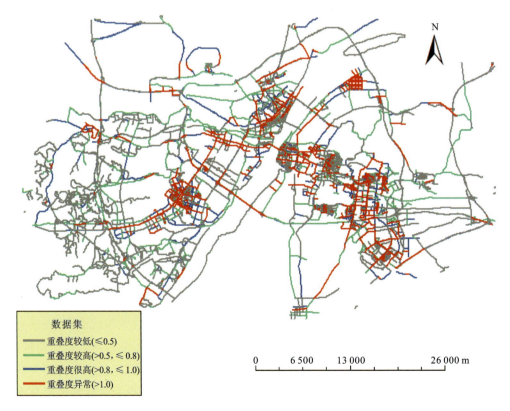

图 3.13　重叠度分级

区、东西湖区等郊区或者距离城市中心较远的城区。由此可以得出假设:众源道路数据的定位精度与用户提供的道路数据量有着直接的联系,人口密度大的区域用户数量多,提供的数据量较大,从而导致定位精度较高,而人口密度小的地区用户数量较少,提供的数据量不足,所以道路数据定位精度较低。

按照以上假设,针对武汉市各个区域的定位精度进行实验,其结果如表3.5所示。从表中可以看出,实验结果与预测存在一定差异。在东西湖区、硚口区等较偏远但精度较高的地区,道路类型主要以因等级较高或者用户贡献数据量较大而导致精度较高的类型为主,例如国道、乡镇村道。低精度的行人道路、九级路及未分类道路的比例较其他区域更少。由表3.5中各区的定位精度和长度完整性可知,武汉城区中心地区(武昌区、江岸区等)道路数据完整度较高但定位精度与较偏远地区(青山区、东西湖区等)相比并没有明显提升,这与城市中心地区低等级道路较多、城市建设活动频繁有关。

表 3.5 武汉不同区域 OpenStreetMap 数据定位精度

区域名称	高精度道路比例/%	低精度道路比例/%	两者差值/%	定位精度/%	长度完整性/%
青山区	30.8	40.8	−10.0	42.1	17.7
洪山区	46.3	17.3	29.0	57.6	36.2
汉阳区	59.3	17.6	41.7	57.8	39.2
江岸区	71.4	13.9	57.5	58.4	30.6
武昌区	64.1	12.9	51.2	59.6	42.8
东西湖区	50.4	1.3	49.1	68.8	16.8
硚口区	68.0	2.6	65.4	71.4	19.9
江汉区	88.9	0.8	88.1	78.6	25.4

7. 小结

众源地理数据的出现,为空间地理数据的更新提供了丰富的数据源,但众源数据的质量直接影响众源数据的使用,因此一直是众源地理数据研究的重点之一。本节以武汉市为例对中国地区 OpenStreetMap 数据的质量进行了评估并对影响质量的因素作了分析。评估结果显示,武汉地区 OpenStreetMap 数据的长度完整性为 38.0%,名称完整度为 36.0%,名称精度为 51.4%,类型精度为 32.2%,定位精度为 51.5%。总体而言,武汉地区 OpenStreetMap 数据的完整性和定位精度都较低;但就分类道路而言,都市高速路和国道的完整性和定位精度都较高。此外,OpenStreetMap 数据在武汉市部分区域比参考地图数据更为详尽。因此,OpenStreetMap 数据可以成为城市高等级交通基础路网和中心城区道路网数据获取与更新的一种新途径,补充和局部替代传统城市道路网数据采集和更新方法。

3.4 位置签到数据质量分析

3.4.1 位置签到数据及其特点

签到是指用户使用以智能手机为代表的移动终端,在某一特定位置记录位置信息的操作。它是随着社交网站的兴起及智能移动终端性能的快速提升而逐渐流行起来的新形式的地理位置信息获取与共享的手段。目前,国内外影响力较大的专门的签到网络服务有Foursquare、街旁网等,也有很多社交网站提供了签到功能,包括Google+、Facebook、人人网、新浪微博等。

位置签到数据是通过微博平台的签到操作得到的空间位置数据。由于目前提供签到服务的网站及网络服务数量众多,并且已经具有了一定规模的用户基础,各个签到网站服务器内存储的位置信息是海量的。一般来说,这类位置信息通过无线通信网络定位技术或者GPS定位得到,随后由用户上传到网站服务器。

与POI类似,位置签到数据一般也具有名称、类别及地理坐标等属性信息。特殊的位置签到数据还会具有签到次数、签到人数等特有的属性信息。数据存储的方式则根据不同网站的组织架构而有所不同。以街旁网为例,街旁API采用HTTP协议,获取到的数据格式为JSON;其位置签到数据的属性信息主要有名称、唯一标识符、城市名、地址、经纬度、类别、签到次数及人数等。

位置签到数据有如下特点。

(1) 时效性高。签到用户一般在进行签到操作时相当于实时上传签到位置信息,其时效性能够较好的得到保证。

(2) 数据源广泛。近年来随着互联网高速发展及社交网络的兴起签到逐渐流行起来,成为普通用户提供、使用和共享地理位置信息的重要手段。新浪微博的出现更加方便用户通过移动终端上传和分享自己感兴趣的信息,更适合现代社会快速生活节奏的需要。我国的新浪微博用户在2013年突破5亿,使用人群数量庞大,新浪微博状态信息更新频繁、信息传播迅速,提供了广泛的数据源。

(3) 社会化属性高。签到数据反映了用户的主观意愿,通过移动终端上传共享地理位置信息,具有较高的社会化属性。对位置签到数据进行充分的挖掘可以获取更高层次的知识和信息,反映社会各方面现状,如通过集合多用户的大量签到数据来发现热点地区和经典线路等。

(4) 成本低廉。位置签到数据往往可以通过相应开放平台免费提供的接口来获取,且参与程度高,能够实现位置签到数据的快速高效和批量获取,提高效率、缩减成本。

3.4.2 位置签到数据质量分析方法

位置签到数据大多靠大众自愿上传,存在数据质量问题,如精度不高、数据冗余、内容不完整等。

对于签到数据这样的点对象数据来说,道路数据质量分析方法并不完全适用。例如,在道路质量模型中,定位精度的确定是通过计算与参考数据相比众源数据的重叠度来实现的,而点对象在存在误差的情况下一般不存在重叠情况,所以在进行位置签到数据定位精度质量分析时,应将位置签到数据与对应标准 POI 数据的距离偏差作为指标。另外,长度完整度模型对于位置签到数据质量基本不具备实际意义。

特别是位置签到数据所表达的多为普通用户感兴趣的、与用户群体生活相关的地理对象,与标准 POI 数据库中覆盖的类别范围、空间范围有所不同,这也正是位置签到数据对标准 POI 数据库的有效补充。

本节的位置签到数据质量分析,通过对签到点的匹配度及定位精度等指标进行计算来实现。其中,定位精度反映位置签到数据在空间位置上与标准 POI 数据的偏差;匹配度反映位置签到数据与标准 POI 数据的匹配情况。

1. 数据预处理

通过对众源位置签到数据进行预处理,剔除关注度低的数据以降低数据处理量,规范签到数据的属性信息及分类整理。位置签到数据预处理主要包括以下内容。

(1)设置签到次数和人数的阈值。这一步用来筛选剔除没有意义,或签到次数很少,或关注度低的数据,如表 3.6 中第 1 条数据。

(2)检查数据的属性信息是否齐全。考虑信息缺失的情况,需要建立一个标准格式来筛选出有效的签到数据,并且对需要进行保留的数据按照标准格式进行修改,如表 3.6 中第 2 条数据名称属性指示不全,全称应为"武汉长江大桥"。

(3)对于大量的重复签到数据,进行数据合并处理。这一操作可以利用 POI 数据字典与位置签到数据进行比对识别,将对应同一地理目标的不同别名、俗称与标准名称进行合并。表 3.6 中第 3、4、5 条数据便是这种情况,可以将这 3 条数据进行合并。

表 3.6 微博位置签到数据预处理

编号	名称	经度	纬度	次数	人数
1	我家里	114.297 2	30.542 1	9	1
2	武汉大桥	114.291 2	30.547 9	43	23
3	武汉大学信息学部	114.355 6	30.530 3	200	50
4	武大 3 区	114.355 9	30.530 4	45	15
5	武测	114.355 1	30.530 2	67	11

2. 位置签到数据的地理配准

由于移动智能终端的定位存在一定的误差,位置签到数据与已有 POI 数据集在空间上存在一定的偏移,因此要先将微博位置签到数据进行地理配准。本节采用 RANSAC 算法对位置签到数据和对应 POI 数据的仿射变换关系进行估算。RANSAC 算法通过重复对数据集取样来获得样本子集,利用样本子集估算模型。它根据一个容许误差将匹配点对分为内点和外点,利用内点数据进行参数估计。进行数据拟合需限定可以确定模型所需的最小数据集合。采用仿射变换公式(3.7)作为模型,求解 6 个参数并得到误差值至少需要 4 个点对。

$$\begin{cases} X = a_0 + a_1 x' + a_2 y' \\ Y = b_0 + b_1 x' + b_2 y' \end{cases} \tag{3.7}$$

(1) 从点对集 S 中随机选取 4 个点对样本,利用间接平差初始化仿射变换模型构建 8 个方程求解 6 个未知参数,并得到拟合的误差。将得到的模型设为初步的最优模型,初始化模型的误差设为初步的最小误差。

(2) 从数据集中继续随机取出一对点对样本,判断该点对样本的内点条件阈值(设为 diserror,计算方式见式(3.8))是否小于预设阈值,若是则将该点对加入内点集 S_i。若 S_i 所含点对数超过了一定预设阈值,则用 S_i 重新估计模型参数。如果得到的新的拟合误差小于当前最优模型下的最小误差,则把当前内点集 S_i 设为最优内点集,并且将它估计的模型设为新的最优模型。

$$\begin{cases} \text{temp}_1 = X_2 - a_0 - a_1 x_1 - a_2 y_1 \\ \text{temp}_2 = Y_2 - b_0 - b_1 x_1 - b_2 y_1 \\ \text{diserror} = \sqrt{\text{temp}_1^2 + \text{temp}_2^2} \end{cases} \tag{3.8}$$

(3) 在经过一定次数(这个次数阈值通过经验预先设定)迭代后,由最优的内点集 S_i 估算得到的模型即为最优模型,输出模型参数。

3. 众源位置签到数据整体匹配度评定

采用 RANSAC 算法对众源位置签到数据和对应 POI 数据的仿射变换关系模型进行估算,迭代出最优模型参数,利用仿射变换参数对位置签到数据进行整体地理配准。同时,利用地理配准前或后的签到数据与对应标准 POI 的距离偏差的均值和标准差作为各项匹配度评定的参数。

将所述的位置签到数据进行空间和属性匹配,获取各项匹配度指标,具体步骤如下。

(1) 以众源位置签到数据为中心,通过设定一定的距离(这里称为完全匹配缓冲半径)建立点缓冲区,将缓冲区与现有的 POI 数据进行点面叠置分析,同时关联相应属性表。可能存在多个众源位置签到数据对应同一标准 POI 数据点,使得缓冲区间有重合,此时不应将缓冲区合并。

(2) 对众源位置签到数据与(1)中确定的缓冲区里的已有 POI 数据集的属性信息进行匹配。主要是指要素名称的匹配,要素名称匹配可采用字符串法。

(3) 将属性匹配成功的众源位置签到数据作为完全匹配成功的数据,对匹配结果进行统计分析,并计算整体完全匹配度,其计算公式如下:

$$\text{整体完全匹配度} = \frac{\text{完全匹配点个数}}{\text{实验签到点总数}} \times 100\% \tag{3.9}$$

(4) 对未能完全匹配成功的众源位置签到数据进行属性匹配,统计这部分属性成功匹配签到点的个数及比率。这一过程是未能完全匹配成功的签到点按名称在 POI 库中进行遍历搜索,以验证是否存在与其属性匹配的标准 POI。这些能成功匹配的签到点是距离所匹配的标准 POI 一定空间距离的点,这些签到点可能因为签到点的空间精度过低,也可能是因为对应 POI 的空间位置发生了大范围移动。称这个特殊的属性匹配过程为远距属性匹配,这些匹配成功的签到点为远距属性匹配点。统计远距属性匹配点的个数,计算这些点占所有签到点总数的比例,以此作为远距属性匹配度,如式(3.10)所示。

$$远距属性匹配度 = \frac{远距属性匹配点的个数}{实验签到点的总数} \times 100\% \tag{3.10}$$

4. 众源位置签到数据定位精度评定

首先,利用完全匹配成功的众源位置签到数据,根据类别划分结果,计算出类内的签到点距离偏差的均值。具体的,求出每个类别中完全匹配成功的众源签到点和与其匹配的标准 POI 点之间的距离,将所得距离求和,再将和除以该类中完全匹配成功的签到点的数目,从而得到类内距离偏差的均值(这里称为完全匹配距离均值,设为 $\overline{\mathrm{DIS}_a}$)。计算公式如下。

$$\overline{\mathrm{DIS}_a} = \frac{1}{n}\sum_{i=1}^{n}\mathrm{DIS}_a^i \tag{3.11}$$

式中:DIS_a^i 为类别 a 中第 i 个签到点和与其匹配的标准 POI 点的距离值;n 为类别 a 中完全匹配成功的签到点的总数。

其次,利用类内距离偏差均值便可按照如下公式求出类别定位精度(设为 θ_a)。

$$\theta_a = 3\sqrt{\frac{1}{n-1}\sum_{i=1}^{n}(\mathrm{DIS}_a^i - \overline{\mathrm{DIS}_a})^2} \tag{3.12}$$

将类似方法和计算公式用于对所有完全匹配成功的签到数据做处理,便可以得到签到数据的整体定位精度。

最后,计算出远距属性匹配点和与其匹配的 POI 点的距离的均值(这里简称为远距匹配距离均值,设为 $\overline{\mathrm{DIS}'}$),并进一步求出该距离的整体误差极大值(这里称为远距匹配距离的误差极大值,设为 θ)。

$$\overline{\mathrm{DIS}'} = \frac{1}{n'}\sum_{i=1}^{n'}\mathrm{DIS}'^i \tag{3.13}$$

$$\theta = 3\sqrt{\frac{1}{n'-1}\sum_{i=1}^{n'}(\mathrm{DIS}'^i - \overline{\mathrm{DIS}'})^2} \tag{3.14}$$

式中:DIS'^i 为远距属性匹配成功的第 i 个签到点和与其匹配的 POI 点之间的距离;n' 为远距属性匹配成功的签到点的总数。

将类似方法和计算公式用于各类别内部处理,便可以得到各类别内部远距匹配距离的误差极大值。

3.4.3 实例应用与分析

实验使用的数据包括街旁网 2011 年 9 月和 10 月两个时序的位置签到数据集,覆盖范围包括整个武汉地区。数据的属性信息主要包括名称、签到次数、签到用户数量、唯一标识符、城市名及经纬度等。已有POI数据库为2011年版导航数据，其属性信息包括名称、字体大小及类型编码等。

1. 配准精度分析

地理配准及其精度分析方面，采用与已有POI数据名称属性匹配的188条签到数据进行分析。在迭代次数设为20、判断内点条件阈值设为0.003、最少内点数阈值设为100的情况下，提取出有效内点集数据120条。对这120条数据按最优仿射变换模型进行变换，对变换前后的签到点与对应POI点的距离偏差进行统计，配准后的距离偏差整体比配准前要小（图3.14），配准后的偏差均值和标准差（表3.7）也明显减小，说明地理配准使位置签到数据的空间精度得到显著提高。

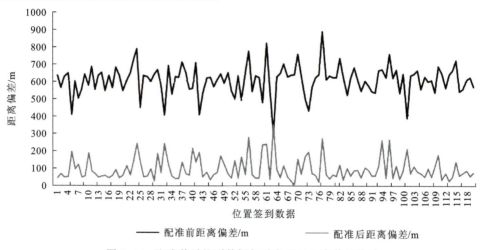

图 3.14　配准前后签到数据与对应POI距离偏差统计

表 3.7　配准前后签到数据与对应POI的距离偏差均值和标准差

签到数据	均值/m	标准差/m
配准前	602.91	31.44
配准后	57.70	15.34

2. 签到数据质量评价结果与分析

经过数据预处理和地理配准，共有4 584条位置签到数据与21 841条标准POI数据参与到质量分析实验中。实验涉及的POI及签到点的类型包括交通枢纽、休闲娱乐、公园景点、医疗卫生、宾馆酒店、居民社区、政府机关、文化教育、商业购物、美容美发、金融机构、餐饮12类。

经人工判读和统计，在参与本次实验的4 584条位置签到数据中，共有149条数据的类型属性有误，错误率为3.25%，总体类型精度较高。这说明位置签到数据在类型属性方面可用性较好。各个类别的属性错分率如表3.8所示。

第 3 章　众源地理数据质量分析与评价

表 3.8　各类型位置签到数据类型精度

类别	金融机构	医疗卫生	政府机关	美容美发	公园景点	宾馆酒店
类型错误条数	5	2	7	0	1	52
数据总条数	61	72	53	83	78	226
错分率	8.2%	2.78%	13.21%	0%	1.28%	23.01%
类别	商业购物	休闲娱乐	文化教育	居民社区	交通枢纽	餐饮
类型错误条数	7	6	36	8	4	21
数据总条数	364	261	947	59	345	2 035
错分率	1.92%	2.3%	3.8%	13.56%	1.16%	1.03%

各项匹配度方面，完全匹配缓冲半径设为 1 000 m 的条件下，在 4 584 条未经地理配准的位置签到数据中，有 752 条数据满足完全匹配要求，完全匹配度为 16.40%；有 145 条数据满足远距属性匹配要求，远距属性匹配度为 3.16%。完全匹配度较低，说明位置签到数据中含有大量标准 POI 数据中未覆盖到的新增签到位置，这意味着这些签到数据具有提取新 POI 的潜在价值；752 条签到数据满足完全匹配要求体现出这些位置签到数据具有较好的可用性，可以用于 POI 的评价。远距属性匹配度低表明空间位置误差大的签到点数量少，而且已有 POI 的空间变动不明显。各个类型的位置签到数据的完全匹配度与属性匹配度分别如表 3.9 和表 3.10 所示。

表 3.9　各类型位置签到数据完全匹配度

类别	金融机构	医疗卫生	政府机关	美容美发	公园景点	宾馆酒店
完全匹配条数	45	47	34	46	41	106
数据总条数	61	72	53	83	78	226
完全匹配度	73.77%	65.28%	64.15%	55.42%	52.56%	46.90%
类别	商业购物	休闲娱乐	文化教育	居民社区	交通枢纽	餐饮
完全匹配条数	142	63	186	6	25	11
数据总条数	364	261	947	59	345	2 035
完全匹配度	39.01%	24.14%	19.64%	10.17%	7.25%	0.54%

表 3.10　各类型位置签到数据远距属性匹配度

类别	餐饮	交通枢纽	居民社区	文化教育	美容美发	商业购物
远距属性匹配条数	1	3	1	43	4	20
数据总条数	2 035	345	59	947	83	364
远距属性匹配度	0.05%	0.87%	1.69%	4.54%	4.82%	5.49%
类别	宾馆酒店	金融机构	休闲娱乐	公园景点	医疗卫生	政府机关
远距属性匹配条数	14	5	23	7	10	14
数据总条数	226	61	261	78	72	53
远距属性匹配度	6.19%	8.20%	8.81%	8.97%	13.89%	26.42%

定位精度方面,对于上述752条满足完全匹配要求的位置签到数据,其与对应POI之间的距离均值(完全匹配距离均值)为596.49 m;对于145条满足远距属性匹配要求的位置签到数据,其与对应POI之间的距离均值(远距匹配距离均值)为4 270.52 m。总体上看,位置签到数据与对应POI之间距离较大,说明存在明显的数据精度问题,应用分析前应进行适当预处理。上述两个距离均值相差很大,说明完全匹配缓冲半径的取值较为合理。各个类型位置签到数据的平均距离偏差如表3.11所示。

表3.11 各类型位置签到数据的空间偏差均值

类别	金融机构	医疗卫生	政府机关	美容美发	公园景点	宾馆酒店
完全匹配距离均值/m	590.41	585.19	639.20	552.08	628.16	617.42
远距属性匹配距离均值/m	3 604.35	2 416.37	4 463.66	1 311.26	3 966.41	3 445.68
类别	商业购物	休闲娱乐	文化教育	居民社区	交通枢纽	餐饮
完全匹配距离均值/m	597.84	618.00	585.85	567.88	533.82	601.04
远距属性匹配距离均值/m	4 059.26	3 499.29	6 066.56	1 972.69	1 862.77	3 207.16

图3.15表现的是完全匹配成功和远距匹配成功的位置签到数据和与其匹配POI之间的距离值的分布。空间偏差的距离偏差值比较集中于550~650 m,较为集中。实际上,还通过其他的实验得到了空间偏差的方向也有类似的集中性。这两个结论对于位置签到数据空间位置的整体纠偏具有明显的指导意义。

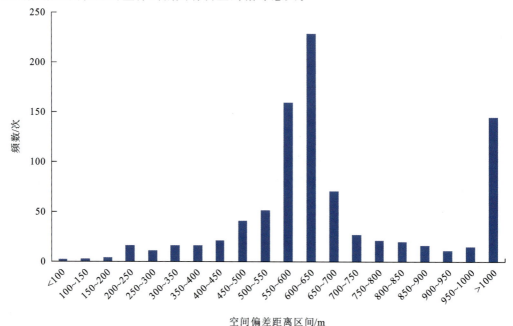

图3.15 签到数据和与其匹配POI的距离值的分布

从各项质量分析指标可以看出,实验所用的街旁位置签到数据内容丰富且类型多样,属性信息完整且精度较高;其空间位置精度存在明显问题,在分析应用前需要进行地理配准或者对空间偏差进行纠正或补偿处理。

3.5 众源 GPS 轨迹的预处理

随着 GPS 设备在近 10 年的快速普及,各种设备和各种环境下生产的 GPS 轨迹数据在数据量上呈现出快速增长的趋势,越来越多的研究者和从业者将这些众源 GPS 轨迹数据作为数据分析的对象或提取其他数据的基础。由于 GPS 设备类型众多、质量良莠不齐,并且 GPS 定位质量受环境影响较为明显,GPS 定位的轨迹有时会出现轨迹点带有极不合理的空间偏移的现象。本节从预处理的角度对如何解决或减轻这个问题作了论述。

3.5.1 GPS 轨迹粗差

高精度的 GPS 定位已经在许多工业领域有所应用,如石油与天然气的探测与开采、汽车的精确导航系统和地理学科。然而,工业界高精度的 GPS 定位由于定位时间久和设备昂贵没有被广泛地用于民用生活中。美国政府于 2000 年 5 月 2 日取消了 SA(selective availability)政策,这一举措使得民用 GPS 设备的定位精度大大提高。目前,人们日常生活中的许多电子设备,如手机、GPS 腕表及汽车都带有民用 GPS 定位功能。与传统的高精度 GPS 相比,民用 GPS 具有容易使用、费用低等优点。低精度 GPS 的普及为线上地图(Haklay et al.,2008b),交通管理(Rahmani et al.,2010)及旅游兴趣地提取(García-Palomares et al.,2015;Agamennoni et al.,2009)等提供了充分的条件。

然而,民用 GPS 有限的定位精度意味着记录的数据可能带有明显的误差。GPS 定位误差可分为粗差和随机误差。造成 GPS 数据误差的原因有很多,如信号的遮挡、GPS 设备的冷启动及卫星干扰。GPS 数据的质量好坏与它含有的粗差数量及随机误差的数值范围密切相关。质量好的 GPS 含有少量或不含有粗差,且随机误差较小。

随机误差可以使用一些平滑方法来处理。应该注意的是,随机误差并不总是需要处理的,尤其是当使用者需要尽可能保留数据的原始性的时候。平滑的方法改变了几乎所有点的位置,使得轨迹更加平滑,但是这牺牲了原始数据中的某些信息。所以,数据提供方在提供给研究人员或使用者 GPS 轨迹数据时,一般不对随机误差做处理,而是交给使用者根据自身的需求决定是否平滑及选择什么方法平滑。

而粗差则不同,它阻碍了数据的进一步利用及分析,其剔除并不会造成关键的信息损失。例如,轨迹数据的异常点增加了行程预测的困难(Chen et al.,2011),轨迹的聚类也需要先剔除无效的数据(Idrissov et al.,2012;Atev et al.,2010)。噪声也使得人们很难准确地估计轨迹的一些高质量特征,如速度、方向等,这也影响了轨迹压缩技术的准确性和有效性。所以,更好地剔除粗差,从而保证数据的质量是十分重要的。

3.5.2 GPS 轨迹粗差剔除的常用方法

目前,大部分剔除粗差的方法的核心思想是抓住轨迹的某一特征,如速度、加速度等,然后使用阈值滤波法将超过这一阈值的点滤除掉。常见的特征阈值法有下面两种。

(1) 速度阈值法。假设移动物体在两个连续的点之间是匀速运动的。如果在连续两点间的速度是不合理的(即超过了事先设定好的阈值 λ_{speed}),速度阈值法将移除第二个点。

(2) 加速度阈值法。对于连续的三个点,计算第一个点和第二个点之间的移动速度及第二个点和第三个点之间的移动速度,再计算两段路之间的加速度,如果该加速度超过了事先设定好的阈值 λ_{accel},则移除第三个点。

实际应用中,选择合理的上述两个参数阈值是较困难的。如果对某一轨迹,事先知道它的某些先验信息,那么设定阈值并不难。例如,知道某一轨迹是一个人的行走轨迹,那么可以设定速度阈值为 10 m/s。但是,要知道这种先验信息是很困难的,因为众源数据往往数据量庞大且来源广泛,很多情况下并不知道这些是什么样的"源"、轨迹被记录时是以何种方式在运动。所以,在类似没有先验信息的研究中,速度阈值一般设定为该地区的车辆行驶上限,如武汉城市地区大约是 22 m/s。加速度设定比较复杂,这需考虑运动轨迹的动力问题,如设定为 10 m/s^2。

在采样频率较高时,上面两种阈值法可以有效地滤除掉较大的偏差点,但不能剔除小的偏差点。图 3.16 中的黑色曲线是一条高精度 GPS 轨迹的一部分,这条高精度 GPS 轨迹是通过差分 GPS 技术得到的,其采样频率是 1 Hz。从图 3.16 中可以看到这条轨迹非常平滑。为了说明速度和加速度阈值法的效果,在这条轨迹上随机加入大小不一的噪声异常值。假设对该条轨迹没有任何先验知识,使用上述阈值法和上述选定的两个典型阈值先后对这条加入了噪声的轨迹进行处理,发现该方法可以滤除掉偏差很大的点,但是滤波后的轨迹仍然存在许多小偏差的异常值无法滤除掉。这是因为这些小偏差并没有在速度和加速度的这一特征上表现出异常。可见,即使是在如此高的采样频率下,仅使用某些速度或加速度异常的特征也不能保证滤除掉轨迹中的所有偏差点。

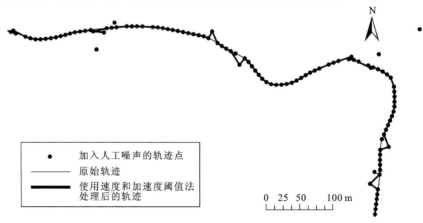

图 3.16 加入人工噪声后,使用速度和加速度阈值法的滤波效果

当采样间隔比较大时,上述两种方法的效果就会大大降低。这是因为较大的采样间隔会使得两点间包含一些未采集到的停留行为,以至于两点的平均速度与加速度较低。轨迹采样的频率并不总是很高。例如,很多时候出于省电的目的,参与众源活动的志愿者在使用 GPS 设备(如自己的智能手机)记录自己的日常行为时,设定的 GPS 采样频率常常很低。再如,建筑物、树木等对信号的遮挡也使得 GPS 接收设备有时候无法接收到 GPS 信号,从而加大了 GPS 采样的时间间隔。图 3.17 中的黑点是一个志愿者的日常行为轨迹片段,他使用的 GPS 记录设备是安卓手机。这个志愿者的 GPS 平均采样间隔为 68.1 s,最小采样间隔为 7 s,最大采样间隔为 3 185 s。最大采样间隔如此之大,是因为志愿者在室内无法收到 GPS 信号而长时间无法定位。图中箭头所指的区域点比较密集,可以推测该区域很有可能是该志愿者频繁活动区域之一,即这名志愿者在此处逗留徘徊。停留点和徘徊点很容易造成民用低精度 GPS 的大漂移,这点从图中也能看出来:在该频繁活动区域,有 4 个很大的漂移点,同时还存在许多不那么明显但极有可能是异常记录的漂移点。当使用上述两种阈值滤波算法先后对这段轨迹进行处理后,只有两个大漂移点被检测并移除掉(图中黑色的圈圈出的两个点),滤波后的轨迹仍然含有两个大偏差点及许多小偏差点。这也对人们了解该志愿者的行为模式及提取其频繁活动区域带来了障碍。

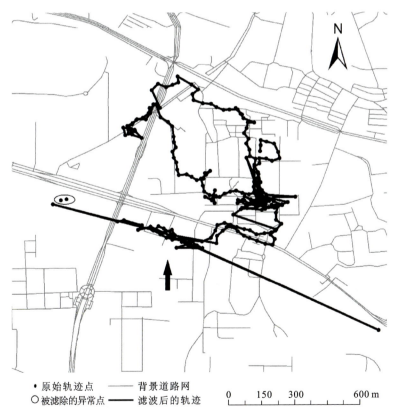

图 3.17 志愿者日常轨迹片段及速度、加速度阈值法效果图

3.5.3 一种基于趋势的粗差剔除法

由上面的两个例子可以看到,速度和加速度阈值法有时候难以有效地在实际应用中去除掉异常值而得到满意的滤波结果。根本原因是这种方法只是利用异常值的某些特征,如速度、加速度过大来排除。对于众源数据来说,其数据来源性广且复杂,所以使用常用的阈值法去处理其效果很难令人满意。

既然使用某一种异常特征来探测异常值的效率很低,那么可以考虑使用整个轨迹的大致趋势来剔除异常值,即根据记录点是否偏离物体的大体运动趋势来判断异常点。对于图 3.18 中那些没有被阈值法检测出的小偏差,可以发现它们的记录点其实是违背了轨迹的整体运动趋势的。

要想利用整体运动趋势剔除偏差点,有两个问题较为关键:①如何提取出轨迹的整体运动趋势;②如何基于趋势来判断一个点是否为偏差点。

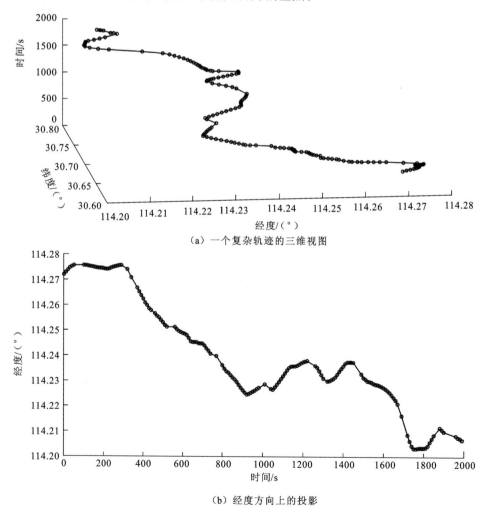

图 3.18 一个复杂的 GPS 轨迹及其在经纬度方向上的投影

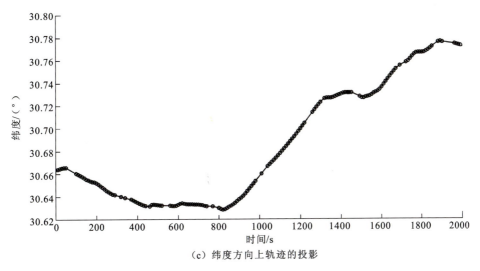

(c) 纬度方向上轨迹的投影

图 3.18 一个复杂的 GPS 轨迹及其在经纬度方向上的投影(续)

先来解决上述第一个问题。图 3.18(a)显示了一条 GPS 轨迹的三维视图,它的运动路线是十分复杂的。将二维轨迹分别投影到经度和纬度上时,可以很清楚地看到它作为一维的序列时,是平滑且连续变化的(图 3.18(b)、(c))。如果 GPS 轨迹不含有异常值,则可以认为它在经度和纬度上的投影不会有突然的变化和跳跃。基于这一现象,可以考虑对轨迹分别在经度和纬度方向提取出它的大致趋势,如果一个点在经度方向或者纬度方向上有与趋势不一致的点就认为是异常点。

每个运动物体的运动轨迹都是不定的,所以不可能使用某一类参数函数来刻画它的大致运动趋势。一种称为三次平滑样条的非参数回归很适合来提取经度和纬度方向上的趋势,这种方法是带有惩罚项的二次回归。三次平滑样条的估计值 $\hat{f}(t)$,就是最小化下列泛函。

$$S(f) = \sum_{i=1}^{n} \{Y_i - f(t_i)\}^2 + \lambda \int_a^b \{f''(t)\}^2 \mathrm{d}t \tag{3.15}$$

式中:Y_i 为 t_i 时刻的观测值;λ 为事先选定的参数,称为平滑参数;$f(t)$ 为目标平滑曲线。λ 越小,意味着估计的趋势更加贴合于测量值或观测值;λ 越大,就意味着轨迹更加平滑,$\lambda \in [0,\infty)$。

直观上,真实运动轨迹一方面不应该与所测量的 GPS 轨迹相差太远;另一方面,它又要有一定的平滑性。所以,三次平滑样条很适合提取轨迹的经度和纬度趋势。

上述泛函最小问题的 $\hat{f}(t)$ 是一个三次样条函数。这也是该方法被称为三次样条平滑函数的原因。具体的计算公式可以参见 Green 等(1993)。

然后,来解决上面提出的第二个问题:如何基于趋势判断一个点是否为偏差点。应该清楚上述用三次平滑样条所提取出的轨迹趋势并不是真实的轨迹。它只是在严格的时序相关的观测轨迹序列下,用三次平滑样条函数提取出的大致趋势。所以,当用观测值和估计的大致趋势做残差后,就有了一列残差时间序列观测值。因为估计的只是大致趋势,所以这些时序相关的观测值仍然含有信息。目标就是从含有信息的时序相关的观测值中找出其中的异常值,并且剔除它。

为了对可能含有异常值的残差建模,使用含有异常值的时间序列模型来处理,计算每个观测点的异常值得分。探测时间序列中残差的研究始于 Fox(1972)。Fox 考虑了两种异常值模型:加性异常值(additive outlier,AO)和革新异常值(innovation outlier,IO)。为了叙述带有异常值的时间序列模型,先介绍不含有异常值的参数已知的平稳时间序列模型 $\{X_t\}$。设 $\{X_t\}$ 服从下列 ARMA(p,q)模型。

$$\Phi(B)X_t = \Theta(B)\varepsilon_t \tag{3.16}$$

式中:B 为向后推移算子(即 $BX_t = X_{t-1}$);$\Phi(B) = 1 - \Phi_1 B - \cdots - \Phi_p B^p$;$\Theta(B) = 1 - \Theta_1 B - \cdots - \Theta_q B^q$;$\varepsilon_t$ 为均值为 0、方差为 σ^2 的高斯白噪声。要求多项式 $\Phi(x)$ 的根全部在单位圆上或单位圆外,$\Theta(x)$ 的根全部在单位圆外,这是为了满足时间序列的稳定性条件。需要再次强调的是,上述的 ARMA(p,q)模型的阶数 p,q,多项式的系数 $\{\Phi_i, i=1,2,\cdots,p\}$ 和 $\{\Theta_i, i=1,2,\cdots,q\}$、$\varepsilon_t$ 的方差都假定是已知的。

根据 Fox(1972),假定观测时间序列 $\{Z_t\}$ 在 T 时刻有一个异常值,则 $\{Z_t\}$ 可以被不含有异常值的时间序列 $\{X_t\}$ 表示为

$$\text{AO}: Z_t = \omega I_T(t) + X_t \tag{3.17}$$

$$\text{IO}: Z_t = \begin{cases} X_t + \omega \alpha_{t-T}, & t \geq T \\ X_t, & \text{其他} \end{cases} \tag{3.18}$$

若 $t = T$,则 $I_T(t) = 1$,否则 $I_T(t)$ 为 0。

为了计算时间序列中每个观测值的异常值得分,令 $\pi(B) = \dfrac{\Phi(B)}{\Theta(B)} = 1 - \sum\limits_{i=1}^{\infty} \pi_i B^i$。根据上述含有单个异常值的模型,可以证明

$$\eta_{\text{AO}}(T) = \frac{\rho}{\sigma}(1 - \pi_1 F - \cdots - \pi_{n-T} F^{n-T}) \frac{\Phi(B)}{\Theta(B)} X_T \tag{3.19}$$

$$\eta_{\text{IO}}(T) = \frac{1}{\sigma} \frac{\Phi(B)}{\Theta(B)} X_T \tag{3.20}$$

式(3.19)和式(3.20)都服从标准正态分布,其中,$\rho^2 = \left(1 + \sum\limits_{i=1}^{n-T} \pi_i^2\right)^{-1}$;$F$ 为向前推移算子,即 $Fe_T = e_{T+1}$;σ^2 为高斯白噪声 $\{\varepsilon_t\}$ 的方差。在统计上,阈值通常设为 ± 3、± 3.5、± 4 来探测异常值,这三种阈值分别对应于对异常值的高敏感度、中等敏感度及低敏感度。

实际应用中,人们并不清楚时间序列中含有多少异常值,且它们所在的位置也是未知的。Chang 等(1988)提出的循环迭代的思想解决了这一问题,许多的模拟实验应用在真实数据的效果很好,这也使得这种想法后来被使用者广泛地接受和应用。其核心想法就是检查每一次循环所有点的异常值情况,然后每一次移除掉超过阈值且最明显的点。基于这种思想,计算 $\eta_{\text{AO}}(T)$、$\eta_{\text{IO}}(T)$,其中,$T = 1, 2, \cdots, n$,然后定义每一点的异常值得分为

$$\eta(T) = \max(|\eta_{\text{AO}}(T)|, |\eta_{\text{IO}}(T)|) \tag{3.21}$$

第 3 章 众源地理数据质量分析与评价

当然,上述计算异常值得分的前提条件是人们知道不含有异常值的未知时间序列 $\{X_t\}$ 的阶数及相应的所有参数。因为时间序列的异常值会对本身模型的估计造成偏差,所以应该使用足够稳健的模型来估计。Shumway 等(2010)提出了许多稳健的模型估计方法,R 语言也能够对时间序列模型进行稳健的估计。

最后,来说明如何把提取趋势和计算异常值得分结合起来探测轨迹中的异常值。对于一条 GPS 轨迹:①对经度进行移除异常点。用三次平滑样条法对轨迹在经度方向上提取出趋势,再用含有异常值的时间序列来建模计算每个点在经度方向的异常值得分,移除掉超过所设定的阈值且异常值最明显的点。②重新提取经度方向上的趋势(这个时候的点的个数已经较上一次循环减少了 1 个),移除最明显的异常点;如此反复直到所有点的异常值得分都低于设定的阈值(3、3.5 或 4)。纬度方向上的滤波和经度方向上的一样。③在经度和纬度方向上都不存在异常的点,即在滤波后,经度方向和纬度方向共同保有的时间点,就是最后剩下的无异常点。图 3.19 给出了这个滤波过程的一个效果图。

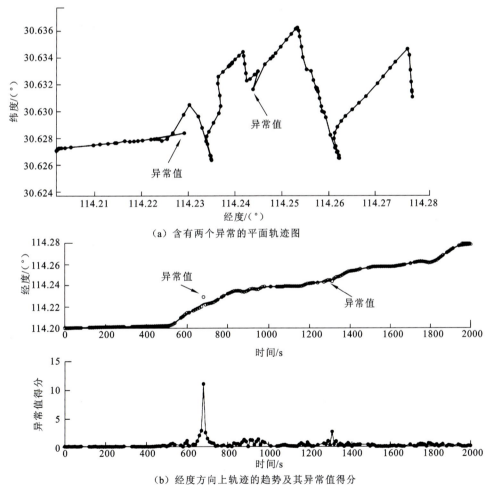

(a) 含有两个异常的平面轨迹图

(b) 经度方向上轨迹的趋势及其异常值得分

图 3.19 一个含有两个异常值的轨迹及其异常值得分示意图

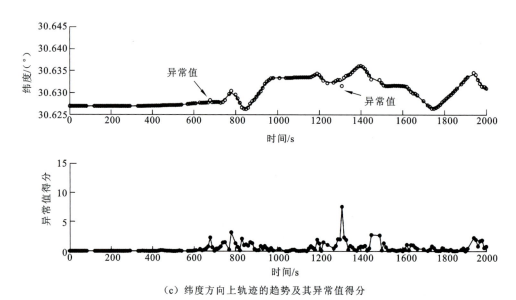

(c) 纬度方向上轨迹的趋势及其异常值得分

图 3.19 一个含有两个异常值的轨迹及其异常值得分示意图(续)

用这种基于趋势的探测异常值的方法来处理前面遇到的两组数据。图 3.20 是对人工添加噪声的轨迹处理后的效果图,可以发现基于趋势的异常值剔除方法对噪声是十分敏感的,它剔除掉了这个轨迹片段的所有人工噪声点,无论噪声多大,这种方法仍然保留了那些正确的点。图 3.21 是志愿者真实的行走轨迹的滤波效果图,可以发现,图中所有的大偏差都已经被探测并移除了,且该方法也滤除掉了在逗留区域的一些其他可疑 GPS 记录点,这使得在逗留区域的点变得更加聚拢,而不像之前那样较为分散,从而可以更加清楚地了解该名志愿者的频繁活动区域。

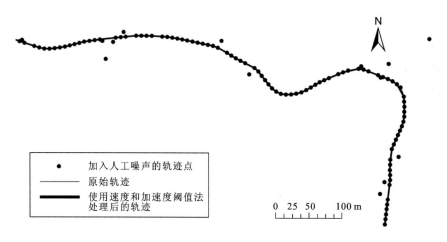

图 3.20 加入人工噪声后,基于趋势的异常值剔除方法效果图

第 3 章　众源地理数据质量分析与评价

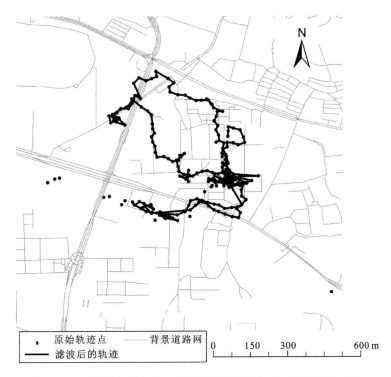

图 3.21　志愿者日常轨迹片段及基于趋势的异常值剔除法效果图

3.5.4　随机误差及轨迹的平滑

为了降低随机误差和平滑轨迹,有 3 种常用的平滑方法:均值滤波、中值滤波及核方法。为了说明平滑的效果,以前面出现的志愿者真实行走轨迹片段作为例子。

均值滤波的原理就是将点 (x_{i_0}, y_{i_0}) 及其前后的点的平均值作为平滑后的点,即有如下公式

$$(\hat{x}_{i_0}, \hat{y}_{i_0}) = \frac{1}{2N+1} \sum_{j=i_0-N}^{i_0+N} x_j \tag{3.22}$$

式中:N 为事先选定好的窗口大小,也就是点 (x_{i_0}, y_{i_0}) 的估计值,是其前 N 个点、后 N 个点及其本身,共 $2N+1$ 个点的平均值。

中值滤波是另一种简单的平滑方法,相比于均值滤波,只需要将其中的求平均值改为求中值即可,计算公式为

$$\begin{cases} \hat{x}_{i_0} = \text{median}\{x_{i_0-N}, \cdots, x_{i_0}, \cdots, x_{i_0+N}\} \\ \hat{y}_{i_0} = \text{median}\{y_{i_0-N}, \cdots, y_{i_0}, \cdots, y_{i_0+N}\} \end{cases} \tag{3.23}$$

图 3.22(a)给出了使用速度、加速度阈值法后均值滤波的效果,可以看到使用均值滤波后的轨迹相比于之前(图 3.17)更加平滑。但在其中可以很明显地看到均值滤波的一个缺点就是对异常值很敏感。从图 3.22(a)中可以看出,使用均值滤波后,整体偏差大小

有所降低,这是因为均值滤波在求平均值的过程中使得偏差分散到各个点。但是,部分点的初始偏差很大,导致做平均处理后偏差的降低并不显著。相比于均值滤波,中值滤波的抗噪声能力明显强于均值滤波,图3.22(b)中,轨迹在使用中值滤波进行平滑后,大偏差的点相比于均值滤波有所减少,但是仍然存有偏移点。当使用基于趋势的异常值探测法移除偏差点后,无论是使用均值滤波还是中值滤波,轨迹都不存在可见的大偏移(图3.22(c)、(d))。可见,使用均值滤波和中值滤波进行平滑数据,虽然可以一定程度减少偏差的大小,但是无法彻底消除异常的偏差对轨迹造成的影响。所以,在使用滤波前要尽可能地消除轨迹中的异常点。另外,中值滤波相比于均值滤波的一个缺点是中值滤波后轨迹过于平整,特别是在轨迹的转弯处。从图3.22(b)、(d)中可以发现在轨迹拐弯处,中值滤波后的轨迹常常将较圆滑的曲线变为了直线,从而显得

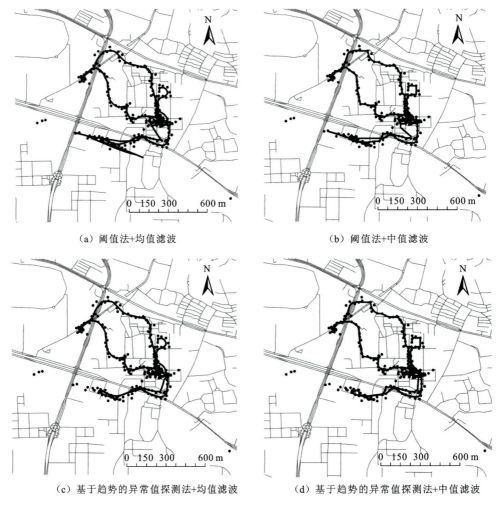

(a)阈值法+均值滤波　　　　　　　　(b)阈值法+中值滤波

(c)基于趋势的异常值探测法+均值滤波　　(d)基于趋势的异常值探测法+中值滤波

图3.22　志愿者行走轨迹片段均值滤波和中值滤波处理的效果图比较
细线表示背景道路;黑点表示原始轨迹点;粗线表示滤波后的轨迹;两个滤波的带宽都选择2

第 3 章 众源地理数据质量分析与评价

不如均值滤波那么自然。造成这种现象的原因是,这个拐点的经度值或纬度值在局部范围里最大,所以,中值滤波就会用周围的纬度来代替它。因此,中值滤波对轨迹的细节保留不如均值滤波好。

总的来说,在使用均值滤波和中值滤波这两种简单的平滑技术前,要尽可能地剔除掉轨迹中的粗差,从而使平滑的效果达到最好。在确保轨迹中的异常点较少的情况下,建议使用均值滤波来平滑轨迹,因为均值滤波的轨迹较为平滑且可以更好地保留轨迹的信息。如果无法保证轨迹中的粗差点被基本剔除掉,则建议使用中值滤波处理轨迹,因为中值滤波相比于均值滤波,对异常值有较强的抗性,虽然可能会损失一些轨迹信息。

核方法其实就是带有权重的均值滤波。距离需要估计的点 (x_{i_0}, y_{i_0}) 的时间越近,则权重越大,否则权重越小。可以使用高斯核(Yan et al.,2010),公式为

$$(\hat{x}_{i_0}, \hat{y}_{i_0}) = \frac{\sum_{j=i_0-N}^{i_0+N} k(t_j)(x_j, y_j)}{\sum_{j=i_0-N}^{i_0+N} k(t_j)} \quad (3.24)$$

$$k(t_i) = \exp\left(-\frac{(t_i - t_{i_0})^2}{2\sigma^2}\right) \quad (3.25)$$

式中:同样,N 为事先选好的窗口大小,高斯核 $k(t_i)$ 中的 σ 也是事先选定的。σ 较大,估计值更加依赖于临近点,这使得滤波后的轨迹可以保留更多的信息;σ 较小,则离轨迹点较远的点的权重有所上升(但还是低于临近点),此时轨迹更加平滑。核方法相比于均值滤波的优点是,它考虑了时间因素,这使得当采样间隔较长时,这一方法相比于均值滤波在理论上更具合理性,但是这一方法对异常值的抗性低于均值滤波。所以,在保证没有异常值的前提下,使用核方法来代替均值滤波处理轨迹能够避免过度平滑导致信息损失。

上面的三种平滑方法都是简单且易于操作的,但是它们有一个共同的缺点就是缺乏足够的理论依据,只是单纯地将每个点进行乘除加减运算,而没有试图挖掘轨迹中更多的信息来平滑轨迹。

3.6 本章小结

众源地理空间数据的出现,为地理空间数据提供了更为丰富的数据源,但众源地理空间数据的质量直接影响着众源地理空间数据的使用。由于众源地理数据存在信息不全或缺乏质量信息或质量信息不精确,在开展众源地理数据应用研究前必须建立其质量模型。本章研究了众源地理数据质量及其评价方法,提出了众源地理数据质量分析框架,以 OpenStreetMap 和位置签到两种众源地理数据为例,开展了众源地理数据质量分析实践。本章还对众源 GPS 轨迹的预处理做了论述,并提出了一种有针对性的粗差剔除方法。

参 考 文 献

李德仁,钱新林. 2010. 浅论自发地理信息的数据管理. 武汉大学学报:信息科学版,35(4):379-382.

Agamennoni G,Nieto J,Nebot E. 2009. Mining GPS data for extracting significant places//2009 IEEE International Conference on Robotics and Automation. New York:IEEE,855-862.

Atev S,Miller G,Papanikolopoulos N P. 2010. Clustering of vehicle trajectories. Intelligent Transportation Systems,IEEE Transactions on,11(3):647-657.

Ather A. 2009. A quality analysis of OpenStreetMap data. London:University College London.

Bishr M,Mantelas L. 2008. A trust and reputation model for filtering and classifying knowledge about urban growth. GeoJournal,72(3-4):229-237.

Chang I,Tiao G C,Chen C. 1988. Estimation of time series parameters in the presence of outliers. Technometrics,30(2):193-204.

Chen L,Lv M,Ye Q,et al. 2011. A personal route prediction system based on trajectory data mining. Information Sciences,181(7):1264-1284.

Craglia M. 2007. Volunteered geographic information and spatial data infrastructures:when do parallel lines converge//2007 Workshop on Volunteered Geographic Information. [S. l. :s. n.].

de Leeuw J,Said M,Ortegah L,et al. 2011. An assessment of the accuracy of volunteered road map production in Western Kenya. Remote Sensing,3(2):247-256.

Flanagin A J,Metzger M J. 2008. The credibility of volunteered geographic information. GeoJournal,72(3-4):137-148.

Fox A J. 1972. Outliers in time series. Journal of the Royal Statistical Society,Series B,34(3):350-363.

García-Palomares J C,Gutiérrez J,Minguez C. 2015. Identification of tourist hot spots based on social networks:a comparative analysis of European metropolises using photo-sharing services and GIS. Applied Geography,63:408-417.

Goodchild M F. 2008. Commentary:whither VGI? GeoJournal,72(3):239-244.

Goodchild M F. 2007. Citizens as sensors:the world of volunteered geography. GeoJournal,69(4):211-221.

Goodchild M F,Hunter G J. 1997. A simple positional accuracy measure for linear features. International Journal of Geographical Information Science,11(3):299-306.

Goodchild M F,Li L. 2012. Assuring the quality of Volunteered Geographic Information. Spatial Statistics,1:110-120.

Green P J,Silverman B W. 1993. Nonparametric Regression and Generalized Linear Models:A Roughness Penalty Approach. Boca Raton:CRC Press:11-28.

Haklay M,Weber P. 2008a. Openstreetmap:user-generated street maps. Pervasive Computing,IEEE,7(4):12-18.

Haklay M,Singleton A,Parker C. 2008b. Web mapping 2. 0:the neogeography of the GeoWeb. Geography Compass,2(6):2011-2039.

Idrissov A,Nascimento M A. 2012. A trajectory cleaning framework for trajectory clustering//2012 Mobile Data Challenge (by Nokia) Workshop:18-19. http://www. idiap. ch/project/mdc/publications/files/mdc-final225-idrissov. pdf.

Keßler C, de Groot R T A. 2013. Trust as a Proxy Measure for the Quality of Volunteered Geographic Information in the Case of OpenStreetMap//Geographic Information Science at the Heart of Europe. Switzerland: Springer: 21-37.

Kounadi O. 2009. Assessing the quality of OpenStreetMap data. London: University College London.

Rahmani M, Koutsopoulos H N, Ranganathan A. 2010. Requirements and potential of GPS-based floating car data for traffic management: stockholm case study//Intelligent Transportation Systems (ITSC), 13th International IEEE Conference on. New York: IEEE, 730-735.

Seeger C J. 2008. The role of facilitated Volunteered Geographic Information in the landscape planning and site design process. GeoJournal, 72(3-4): 199-213

Shumway R H, Stoffer D S. 2010. Time Series Analysis and its Applications: With R Examples. Berlin: Springer.

van Exel M, Dias E, Fruijtier S. 2010. The Impact of Crowdsourcing on Spatial Data Quality Indicators//Proceeding of the 6th GIScience International Conference on Geographic Information Science. Berlin: Springer: 213-216.

Yan Z, Parent C, Spaccapietra S, et al. 2010. A Hybrid Model and Computing Platform for Spatio-Semantic Trajectories//The Semantic Web: Research and Applications, 7th Extended Semantic Web Conference, ESWC 2010. Berlin: Springer: 60-75.

Zielstra D, Zipf A. 2010. A comparative study of proprietary geodata and Volunteered Geographic Information for Germany[2016-05-31]//13th AGILE International Conference on Geographic Information Science. http://agile2010.dsi.uminho.pt/pen/ShortPapers_PDF/142_DOC.pdf.

Zulfiqar N. 2008. A study of the quality of OpenStreetMap.org maps: a comparison of OpenStreetMap data and ordnance survey data. London: University College London.

第 4 章

OpenStreetMap 路网演变分析

网络演变分析是网络研究中的一项重要内容,以便于从中发现网络的动态变化规律。OpenStreetMap 作为众源地理数据领域的一个典型示例,是由用户按照自下而上的方式上传数据而形成的一个可以编辑的全球地图。本章分别从道路网结构和志愿者绘图两个层面分析 OpenStreetMap 道路网络的演变。一方面,本章对其路网的几何特性、拓扑特性、网络中心性等进行分析,从中发现 OpenStreetMap 的结构特性及其演变规律;另一方面,本章通过对 OpenStreetMap 数据的增长特性进行分析,从而探测志愿者的绘图规律。分析 OpenStreetMap 道路网络的演变,一方面可以帮助 OpenStreetMap 社区感知志愿者的绘图行为,从而制定相应的措施提高 OpenStreetMap 数据的质量和完整性;另一方面也让人们从志愿者绘图活动的视角更好地理解道路网络的演变,并进一步验证在其他城市观测得到的演变模式。

4.1 OpenStreetMap 道路数据结构

与传统地理信息采集和更新方式相比,OpenStreetMap 具有数据免费、现势性好、信息丰富、在欠发达及敏感地区数据的可获取性等特点和优势,近些年来越来越受到普通大众、研究学者、商业机构乃至政府部门的关注与重视。关于 OpenStreetMap 项目及其数据获取的详细介绍参见 2.2 节。本章将从道路网结构和志愿者绘图两个层面分析 OpenStreetMap 道路网络的演变。

OpenStreetMap 发布的地理数据采用了一种基于 XML 格式的 .osm 文件。OpenStreetMap 数据库中包含的点、线、面等要素在 OpenStreetMap 数据中分别用节点(node)、路线(way)和关系(relation)来表示,如图 4.1 所示。OpenStreetMap 中的点要素包含了一对经纬度坐标、ID、上传者(uid 和 user)及数据修改时间(timestamp)等信息,其他附属信息用标签(tag)来描述;OpenStreetMap 中的线要素包含了一系列的点要素和 ID,其他附属信息用标签来描述;OpenStreetMap 中的面要素用闭合的线要素来表示。

在 OpenStreetMap 数据中,道路网可以通过对线要素的操作来提取。标签对应了一对属性和值,包含要素的一些语义信息,可用于区分不同的线要素(如道路和河流)。

```
<node id="734571002" version="1" timestamp="2010-05-14T20:04:33Z" uid="75424" user="nuklearerWintersturm" changeset="4699555"
lat="39.8839041" lon="116.4314225"/>
<node id="734571004" version="1" timestamp="2010-05-14T20:04:33Z" uid="75424" user="nuklearerWintersturm" changeset="4699555"
lat="39.8889817" lon="116.4156097"/>
<node id="734571010" version="1" timestamp="2010-05-14T20:04:33Z" uid="75424" user="nuklearerWintersturm" changeset="4699555"
lat="39.8859961" lon="116.4280053"/>
```

(a) 节点要素实例

```
<way id="53624683" version="1" timestamp="2010-03-29T05:03:35Z" uid="12055" user="aude" changeset="4263900">
  <nd ref="677289150"/>
  <nd ref="677289151"/>
  <nd ref="677289147"/>
  <tag k="highway" v="road"/>
</way>
<way id="53624684" version="6" timestamp="2012-03-11T16:24:28Z" uid="376715" user="bj-transit" changeset="10944897">
  <nd ref="677289152"/>
  <nd ref="677289154"/>
  <nd ref="1670551590"/>
  <nd ref="677289156"/>
  <tag k="highway" v="tertiary"/>
</way>
```

(b) 路线要素实例

```
<relation id="1875977" version="2" timestamp="2012-05-10T16:33:15Z" uid="376715" user="bj-transit" changeset="11560448">
  <member type="way" ref="139358062" role="platform"/>
  <member type="node" ref="1528040585" role="stop"/>
  <member type="node" ref="1356404784" role="stop"/>
  <member type="node" ref="1747703947" role="platform"/>
  <tag k="name" v="积水潭桥东"/>
  <tag k="public_transport" v="stop_area"/>
  <tag k="type" v="public_transport"/>
</relation>
```

(c) 关系要素实例

图 4.1 OpenStreetMap 数据要素实例

节点要素是 OpenStreetMap 数据结构中最基本的单元,一般而言,节点可作为路线要素的组成要素,也可作为一个独立的点要素来表示 POI 数据。当作为一个独立的点要素存在时,都会有相关的属性数据来描述。例如,如果该点表示军事博物馆,那么它的属性信息中就会有相应的标签 tag"name=军事博物馆"来描述该点的特征。

路线要素是通过相互连接的有序的节点要素的集合(至少包含 2 个)来描述的线性要素,如图 4.1(b)所示。路线要素可用来表示道路、河流、边界线等。路线要素中同样包含了属性信息,以道路为例,其中包含了道路类别的属性信息,如高速公路、主干道、二级干道、三级干道等,如果是三级干道,则在属性信息中会包含标签 tag "highway=tertiary"。路线要素中还包括了面要素,面要素是一种封闭的线,此时路线要素的首节点和尾节点相同。但是,并非所有封闭的路线要素都是面要素,这个还需要通过属性信息来判断。

关系要素用于表示节点、路线等要素之间的关系,通过将节点、路线等要素组合来描述地理事物,如图 4.1(c)所示。关系要素同样可以包含任意数量的标签来描述属性信息,可以用来表示公交路线、人行道等。

4.2 网络演变理论与方法

4.2.1 网络演变理论

近些年来,许多科学领域的数据呈现爆发式增长(Bell et al.,2009),从而为研究者们对不同领域的网络结构进行分析和建模奠定了基础(Jia et al.,2014)。典型的网络包括万维网(world wide web)(Albert et al.,1999)、电力网络(power grid network)(Pagani et al.,2013)、脑神经网络(brain neural network)(Bullmore et al.,2009)、社会网络(social network)(Newman,2001)、铁路网络(Erath et al.,2009)等。随着网络理论的不断发展,复杂网络已成为一种分析网络结构和功能的有效手段。

道路网络、铁路网络、航空网络等作为典型的动态网络,其结构和功能是随时间动态变化的。目前,国内外已有一些关于网络演变方面的研究。例如,Strano 等(2012)分别从度、单元面积、单元形状、阶数中心性(betweenness centrality)等角度来分析位于意大利米兰北部区域的道路网络在大约 200 年间的演变过程,最终发现道路网络的演变主要受致密(densification)和扩张(exploration)两个过程的控制,即道路网在局部范围内加密及向周围延伸;Erath 等(2009)从拓扑、中心性、效率等方面研究了 1950~2000 年瑞士的道路和铁路网络的发展过程,最终发现网络的增长主要受限于高速公路;Wang 等(2009)分析了中国的铁路网络在 1906~2000 年的时空演变过程及其对经济增长和城市的影响,最终发现中国铁路网络的延伸显著地提升了经济的发展、较大地影响了城市的形成;Jia 等(2014)分析了 1990~2010 年美国航空网络的演变,发现航空网络随时间变化保留了无标度(scale-free)、小世界(small-world)等特性,并分别在 1991 年和 2002 年经历了连续的致密化过程,中间还伴随着较强的扩张过程;Masucci 等(2013)研究了 1786~2010 年伦敦市道路网络的动态演变过程,展示了伦敦从环形结构(典型的规划城市)到树形结构

(典型的自组织城市)的演变。

综上所述,复杂网络理论对定量描述网络模式提供了重要支持。网络中包含了点和边两种类型的要素,利用复杂网络的理论和方法对节点和边的特性进行分析和描述,可以很好地理解网络的结构和功能。

4.2.2 网络模型构建

为便于研究 OpenStreetMap 道路网络中不同等级道路的演变特性,将道路网络转化为网络拓扑图来表示。图论为研究城市道路网络提供了一种便捷的途径。图 $G=(V,E)$ 包含了一个顶点集 V 及表示顶点之间关系的边集 E。目前,网络拓扑图的构建方法主要包括原始图(primal graph)和对偶图(dual graph)(Porta et al.,2006a)。原始图是将道路交叉口和道路端点抽象为顶点,路段抽象为边;对偶图则是用一个节点来代表道路中的一条道路或路段,用边来表示道路之间的拓扑关系。与原始图相比,对偶图将道路抽象为一个节点,而未考虑道路本身的一些指标特性(如道路长度、道路包含的节点等)。

图 4.2(a)为一个道路示意图,用虚线和实线两条线分别来表示两条道路。实线包含了 ID 为 1、2、3 的节点,虚线包含了 ID 为 4、5、2、6 的节点。两条线共同包含了 ID 为 2 的节点,因此可以认为两条道路在该节点相交。图 4.2(b)和(c)分别为基于原始图和对偶图构建的网络模型。两种构建方法得到的网络图均为无向图。可以发现,原始图较好地保留了道路网络的几何信息,对偶图则很好地反映了道路网络的拓扑结构。

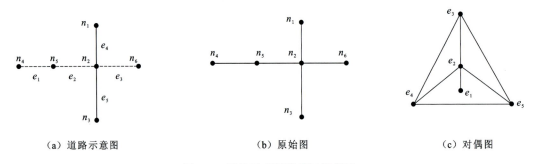

(a) 道路示意图　　　　　　(b) 原始图　　　　　　(c) 对偶图

图 4.2　网络示意图及其网络模型

4.2.3 网络分析方法

交通网络作为一种典型的复杂网络,在社会生活中扮演着重要的角色。目前,已有许多研究来分析不同类型交通网络的结构和功能,如公共交通网络(Soh et al.,2010)、航海网络(Hu et al.,2008)、地铁网络(Zhang et al.,2011;Derrible et al.,2010)、铁路网络(Erath et al.,2009;Wang et al.,2009)、航空网络(Jia et al.,2014)、道路网络(Masucci et al.,2009;Jiang,2007;Buhl et al.,2006;Cardillo et al.,2006;Porta et al.,2006b)等。在这些交通网络中,道路网络凭借其应用的广泛性,在研究者中受到的关注度最高,也是本章的研究对象。

目前,道路网络分析的主流方法是图论和复杂网络的相关理论与方法,即利用图论的思想将道路网络抽象为一个网络图,实现道路网络的符号化表示,然后利用复杂网络中的一些定量指标进行分析。

1. 网络中心性

网络中心性指标作为一种量化网络图中节点重要程度的方法,是反映节点在网络中地位的一种有效手段,其理念最初主要被应用于人际交往中度量一个角色的影响力,后来逐渐由关系网络的应用转变到空间网络(如道路网络)的应用中(Crucitti et al.,2006;Freeman,1978)。常见的网络中心性指标包括度中心性(degree centrality)、接近中心性(closeness centrality)、阶数中心性(betweenness centrality)、PageRank 中心性(pagerank centrality)等(de Sousa et al.,2015)。

1) 度中心性

度中心性指一个节点连接的边数,是最直接的度量中心性的标准,凭借其广泛的应用性被研究者们所熟知。简而言之,度中心性即根据节点的度的大小来判断其重要程度。某个节点的度越大,表示这个节点的重要程度越大,反之亦然。对于有 n 个节点的图 $G=(V,E)$,V 为所有节点构成的集合;E 为所有边要素构成的集合;节点 v 的初始度中心性 $C'_D(v)$ 为 $C'_D(v)=\deg(v)$。为了比较不同尺寸网络中节点的度中心性,对初始的度中心性进行标准化,可用于表示其他节点与节点 v 邻接的比例。

$$C_D(v) = \frac{\deg(v)}{n-1} \tag{4.1}$$

2) 接近中心性

接近中心性用于度量和评估网络图中的某个节点与其他节点的接近程度(Sabidussi,1966;Beauchamp,1965;Bavelas,1950)。节点 v 的接近中心性可用其网络平均距离来度量,网络平均距离 $d(v)$ 的计算如式(4.2)所示。$d(v)$ 可以表示节点 v 的相对重要性,其值越小意味着节点 v 更接近于网络中的其他节点。因此,节点 v 的接近中心性 $C_C(v)$ 可以用其网络平均距离的倒数表示。

$$d(v) = \frac{\sum_{w \in V \setminus \{v\}} d(v,w)}{N-1} \tag{4.2}$$

$$C_C(v) = \frac{N-1}{\sum_{w \in V \setminus \{v\}} d(v,w)} \tag{4.3}$$

式中:$d(v,w)$ 为节点 v 和 w 的最短路径长度;N 为网络中节点的数目。

3) 阶数中心性

阶数中心性是以经过某个节点的最短路径的数目来描述节点重要性的指标。阶数通常可分为节点阶数和边阶数。节点阶数是指所有经过该节点的最短路径的数目,边阶数有类似的定义。节点 v 的阶数中心性可用式(4.4)来计算。

$$C_B(v) = \sum_{s \neq v \neq t} \frac{d_v(s,t)}{d(s,t)} \tag{4.4}$$

式中：$d(s,t)$ 为网络中节点 s 和 t 之间的最短路径的数目；$d_v(s,t)$ 为网络中节点 s 和 t 之间经过节点 v 的最短路径的数目。

4) PageRank 中心性

PageRank 算法最初被用于搜索引擎领域度量某个网页的重要程度(Brin et al.，1998)，后来逐步应用于网络中度量节点的重要性。作为特征向量中心性的一种变化形式(de Sousa et al.，2015；Okamoto et al.，2008)，PageRank 中心性可定义为

$$\boldsymbol{w}_t = \begin{cases} (1,1,\cdots,1)^\mathrm{T}, & t=0 \\ \dfrac{1-q}{n} \cdot \boldsymbol{I} + q\boldsymbol{A}\boldsymbol{w}_{t-1}, & t>0 \end{cases} \tag{4.5}$$

式中：$\boldsymbol{w}_t = (r(v_1),r(v_2),\cdots,r(v_n))^\mathrm{T}$ 为第 t 次迭代计算时的 PageRank 向量，$r(v_i)$ 为节点 v_i 的 PageRank 值，n 为网络中节点的数目，$\boldsymbol{w}_t$ 初始化时每个节点的 PageRank 值为 1；$\boldsymbol{A}$ 为表示节点间邻接关系的邻接矩阵；$\boldsymbol{I}$ 为一个单位列向量；q 为衰减因子，通常取 0.85。

2. 拓扑特性

要理解网络结构和网络行为之间的关系，就需要对网络的结构特征有很好的了解，并在此基础上构建合适的网络结构模型(汪小帆等，2006)。自 Watts 等(1998)提出小世界网络，以及 Barabási 等(1999)提出无标度网络等开创性工作之后，人们对不同领域的大量实际网络的拓扑特性进行了实证性研究，包括 Internet(Vespignani，2005；Pastor-Satorras et al.，2004)、社交网络(Ebel et al.，2002)、生物网络(Jeong et al.，2001；Jeong et al.，2000)等。这里主要对网络的小世界特性和无标度特性进行介绍。

小世界特性(small-world property)指相对于同等规模节点的随机网络，该网络具有较短的平均路径长度(average path length)和较大的聚类系数(clustering coefficient)。

无标度特性(scale-free property)指网络中少数的节点往往拥有大量的连接，而大部分的节点连接却很少，即网络中节点的度数满足幂律分布(Barabási et al.，2003)。分析某个网络是否具有无标度特性，通常通过检验该网络中节点的度分布是否满足幂律分布来判定。

4.3 开放道路网结构演变分析

4.3.1 OpenStreetMap 道路网演变概况

OpenStreetMap 道路网络作为一种人工生成的网络，目前国内外已有一些分析其增长和演变的研究成果。Goetz 等(2013)分析了"众包"的演变过程，重点讨论了利用志愿

第 4 章 OpenStreetMap 路网演变分析

者地理信息(尤其是 OpenStreetMap)生成 3D 城市模型的可行性,详细讨论了从 OpenStreetMap 地图数据生成 3D 建筑物模型的过程,从而论证了志愿者地理信息(尤其是 OpenStreetMap)是一种强有力的数据源,包含了丰富的 3D 信息,可用于 3D 城市模型的构建。Neis 等(2011)分析了 2007~2011 年德国 OpenStreetMap 道路网络的演变,通过将 OpenStreetMap 数据库和 TomTom 商业数据集相比较发现,OpenStreetMap 数据提供了更多的道路网络和行人导航的信息;Corcoran 等(2013a)分析了位于爱尔兰的梅努斯(Maynooth)、沃特福德(Waterford)和威克洛(Wicklow)3 个城市的 OpenStreetMap 道路网络的增长,论证了网络增长过程同样受致密和扩张两个过程的控制;Corcoran 等(2013b)分别从志愿者活动、几何特性、拓扑特性等角度分析了爱尔兰 3 个城市的 OpenStreetMap 道路网络的演变,研究发现一些特征在不同的区域表现出较强的相似性,这可能归因于志愿者活动程度及绘图过程内在的相似性;Neis 等(2014)对志愿者地理信息研究的最新进展进行了概述,重点主要集中在协作收集数据及对应的志愿者的活动模式,还对 OpenStreetMap 在相关研究领域的发展趋势进行了讨论;Zhao 等(2015)分别从一般特性、几何特性、拓扑特性、网络中心性等四个方面对北京市 OpenStreetMap 道路网络的演变展开研究。

OpenStreetMap 道路网络对比于政府机关设计的道路网络表现出其特有的属性,有必要从志愿者制图活动的角度深入研究和理解道路网络的增长和演变。以往对 OpenStreetMap 道路网络演变的研究多集中在发达国家,对发展中国家关注的较少。尽管北京市 OpenStreetMap 道路网络的节点数目从 2009 年的 334 个到 2012 年的 76 212 个呈现了较大幅度的增长,但针对发展中国家(如中国)的 OpenStreetMap 道路网络的研究还较少。

本节以北京市的 OpenStreetMap 数据为例,分析了北京市 2012 年 10 月以来的 OpenStreetMap 道路网络中主干道路的增长和演变特性,实验区域覆盖了以西城区、东城区等市区为中心的一个约 16 410 km² 大小的矩形区域,如图 4.3(a)所示。实验数据来源于 OpenStreetMap 官方网站。本节对实验区域内的道路主干道网络进行了分析,包括高速路、主干道、次干道、支路三级及未分类的道路。这里将道路网络按周期进行划分,每 3 个月为一个周期,通过分析不同版本间道路网络的特性来研究 OpenStreetMap 道路网络的演变。

此外,OpenStreetMap 网络中的每条道路附带了一个时间属性的标签,它代表了该道路在 OpenStreetMap 数据库中更新的时间。利用此时间版本信息,可以将 OpenStreetMap 道路网络按周期进行划分。考虑 2009 年之前的版本数据量较小,研究选取 2009 年 1 月之前的数据为第一个周期,依次间隔 3 个月进行周期的划分,最终获得 16 个周期的数据。研究在分析道路基本几何特性时考虑了道路等级的特性,城市道路等级决定了各类道路的功能和类型,同时也决定了它们之间采用何种连接原则来构建路网,进而会影响整个城市道路网络的结构和功能(Marshall,2004)。北京市 OpenStreetMap 道路网络的增长可用图 4.3(b)~(e)来阐述,其中,(b)~(e)图分别显示了 2009 年 10 月、

2010年10月、2011年10月、2012年10月的数据，不同的颜色代表了不同等级的道路。进一步，由图4.3(b)~(e)可以发现，北京市OpenStreetMap绘图活动呈现了由外围到市区的增长趋势。

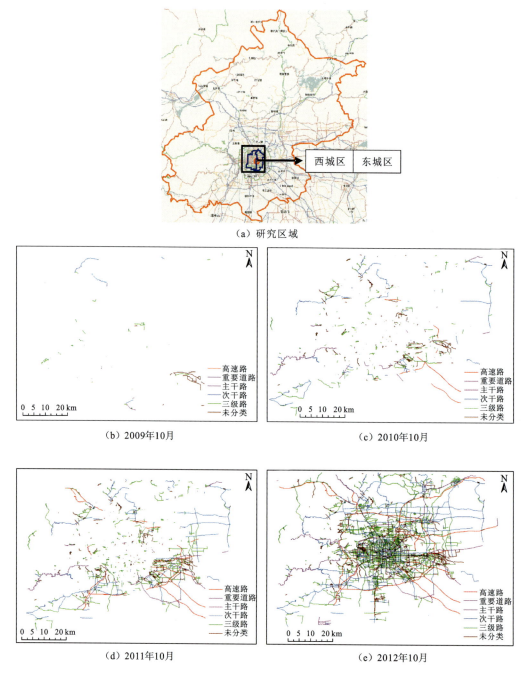

图4.3 北京市OpenStreetMap道路网络及其在个别周期的示意图

4.3.2 OpenStreetMap 道路网络建模

OpenStreetMap 数据采用基于键值对(key value pair)的标签形式来同时管理空间数据和属性数据,这种数据模型基于复杂现实世界中分类的思想,对现实世界进行抽象和分解(Jia,2012)。依据 4.1 节的介绍,OpenStreetMap 的数据结构基本上被分为节点、路线和关系三个基本要素。道路在 OpenStreetMap 数据中以路线要素的形式存储,它包含了相关的节点信息及一些属性信息。每个节点又包含了一个 ID 标签,可用于检索节点的经纬度坐标等属性信息。

以一个模拟的 OpenStreetMap 道路网络为例来阐述建模过程。如图 4.4(a)所示,模拟数据包含了 ID 为 a～e 的 5 个路线要素,每个路线要素又包含了一些节点。根据 4.2.2 节中的阐述,采用无向图来表示 OpenStreetMap 道路网络,以便更有效地对 OpenStreetMap 道路网络展开研究。根据 4.2.2 节网络模型构建中的介绍,对比原始图,对偶图侧重的是道路之间的拓扑关系,而没有考虑道路长度等几何信息。采用原始图对 OpenStreetMap 道路网络进行建模,图 4.4(b)为建模后采用邻接矩阵来表示的模拟道路网络,非零元素代表两个节点间有边相邻接。

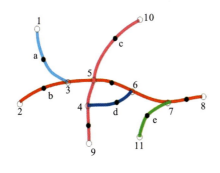
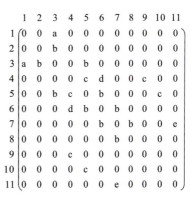

(a) 假想的OpenStreetMap道路网络示意图　　(b) 假想道路网络的邻接矩阵表示

图 4.4　OpenStreetMap 道路网络建模

4.3.3 属性分析

本节主要从道路的视角分析 OpenStreetMap 道路网络的演变。图 4.5 呈现了各个周期 OpenStreetMap 道路网络的增长模式,并对不同类型道路的增长进行了分析,内嵌图则展示了不同类型的道路在各个周期内的增长量。可以发现,OpenStreetMap 道路网络的增长大致服从指数分布,且与道路的类型无关。

进一步分析内嵌图可以发现,道路在增长过程中出现了一些局部高峰期(如 2010/04),归因于这个周期内密集的志愿者制图活动。OpenStreetMap 道路网络的全局增长模式可认为是志愿者数量的增加所致,志愿者向数据库提供了大量的数据。

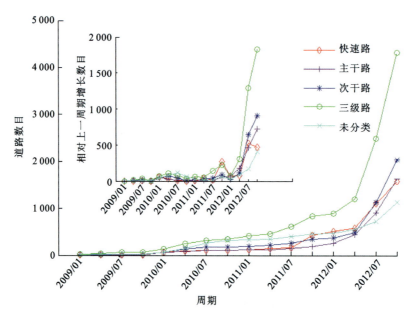

图 4.5 OpenStreetMap 道路增长

4.3.4 几何分析

本节主要基于道路长度、道路曲率、道路角度、径向密度四个几何特性对 OpenStreetMap 道路网络的演变进行论述,并尝试阐述 OpenStreetMap 道路网络的几何演变与志愿者制图行为之间的相关性。

1. 道路长度

道路长度描述了区域城市化的程度,在 OpenStreetMap 数据中则可以反映某个城市中志愿者绘图活动的强度。这里首先检验道路中节点数目与道路长度的相关性。如图 4.6(a)所示,道路中的节点数目和道路长度呈显著的线性相关,相关系数 R^2 值高达 0.99,表明道路长度可以很好地度量志愿者制图活动的强度。这条线性拟合线还可以用来检验 OpenStreetMap 数据的质量。例如,对于一条有着多个节点的较短的道路而言,如果其节点数目和长度的关系曲线与该线性拟合线偏离较大,则判定其为异常。另外,研究了四个时段内的道路长度分布,即 2009 年 10 月、2010 年 10 月、2011 年 10 月、2012 年 10 月,如图 4.6(b)所示。可以发现,每个时段内的道路长度累计分布近似为重尾分布,这是社会学(Jia,2012)和地理空间学(Jiang et al.,2011)中的普适现象,即大多数道路的长度较短,少部分道路长度较长。此外,还发现在每个时段内长度小于 2 500 m 的道路占了 85% 以上。这种模式表明大多数志愿者贡献的是较短道路上的数据,行使的是一种低强度的制图行为,而少部分的志愿者通过贡献较长道路上的数据行使着高强度的制图行为。

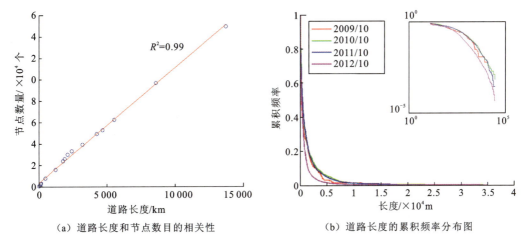

(a) 道路长度和节点数目的相关性　　(b) 道路长度的累积频率分布图

图 4.6　道路长度演变分析

图 4.7 是 OpenStreetMap 道路网总长度和平均长度的演变结果图,从中可以发现 2009~2012 年北京市 OpenStreetMap 道路网的总长度呈类指数方式增长,表明近年来北京市的志愿者制图活动发展较快。图 4.7 中的内嵌图显示了 OpenStreetMap 道路网平均长度的演变。从中可以发现,在开始阶段道路平均长度增长较快,然后经历了一个平稳期,最终减小到某一个特定值。这再次说明了开始阶段大多数志愿者在较长的道路上制图,在第二阶段他们在较短的道路上制图,这与 Corcoran 等(2013b)中的结论是一致的。因此,可以认为志愿者的制图行为遵守着某种普适规律,这种规律与制图区域无关。

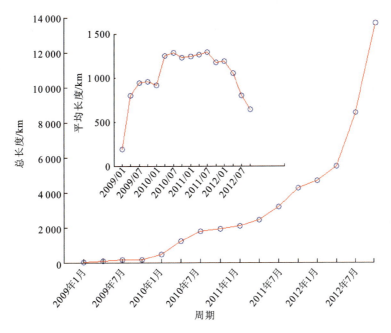

图 4.7　OpenStreetMap 道路网络总长度和平均长度的演变

2. 道路曲率

道路曲率描述了道路的弯曲程度。道路曲率的定义有很多,这里将其定义为道路上两个端点的直线距离与它们之间的道路长度的比值。这个值反映出地理对象弯曲的程度,其取值范围是$[0,1]$。假定道路R包含了n个节点,即$R=\{N_1,N_2,\cdots,N_k\}$,其中,节点N_i的坐标是(x_i,y_i),道路曲率C的定义为

$$C = \frac{\sqrt{(x_n-x_1)^2+(y_n-y_1)^2}}{\sum_{i=1}^{k-1}\sqrt{(x_{i+1}-x_i)^2+(y_{i+1}-y_i)^2}} \tag{4.6}$$

式中:当曲率值$C=1$时,道路是直的;当$C=0$时,道路近似为一条闭合曲线。

为了研究道路曲率的变化,计算了每个时段内各个道路的曲率值。图4.8(a)展示了道路曲率分布的演变,图中每个单元的像素值代表了某个时段内有着特定曲率值的道路所占的百分比。从图中顶部一行的像素值可以清楚地看到大多数道路的曲率值较高。这意味着大多数被绘制出来的道路近似为直线,这也表明大多数志愿者在直线型道路上采集数据,只有少数的志愿者采集弯曲道路上的数据,这种模式可以归因于北京市以棋盘结构为主的城市道路网络结构。

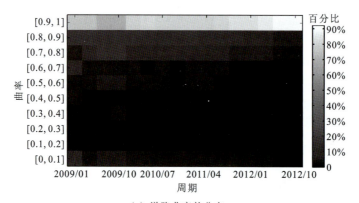

(a) 道路曲率的分布

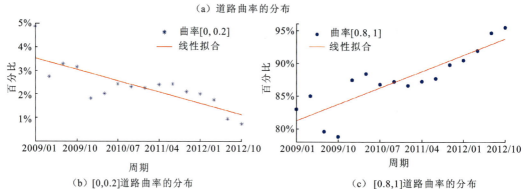

(b) [0,0.2]道路曲率的分布　　(c) [0.8,1]道路曲率的分布

图4.8　OpenStreetMap道路曲率的演变

北京市道路网络有着这样的内在结构:城区内大量直线型的道路构成了棋盘状道路网,而城郊大量曲线道路构成辐射结构的道路网。图 4.8(b)记录了 2009 年 1 月～2012 年 10 月,曲率值在[0,0.2]的道路数目所占的百分比逐渐下降,结合北京市道路结构,这揭示了志愿者的制图活动从城郊转移到了城内的街区,与 Corcoran 等(2013b)中城市中心的制图活动并不一定最紧迫的结论是一致的。在图 4.8(c)中,2009 年 1 月～2012 年 10 月曲率值在[0.8,1]的道路所占的百分比逐渐增加,这更进一步地证实了这个结论。

3. 道路角度

道路角度描述了道路的方向,为了测度道路角度,将每条道路看作一个向量,视地理空间为平面坐标系,即 x 轴正方向为东定义为 $0°$,y 轴正方向为北定义为 $90°$,这样每条道路的角度就被定义为相应向量的方向值,道路角度的变化范围为[$0°$,$360°$]。此定义不同于其他研究中所采用的夹角定义,这是因为志愿者采集的 OpenStreetMap 道路数据是由一系列有序的节点组成的。此外,这个定义能让人们更好地理解志愿者制图方向的时间变化模式。

为了研究道路角度的演变,首先计算一些周期内(2009 年 10 月、2010 年 10 月、2011 年 10 月、2012 年 10 月)每条道路的角度值。图 4.9(a)～(d)描述了这四个时段内道路角

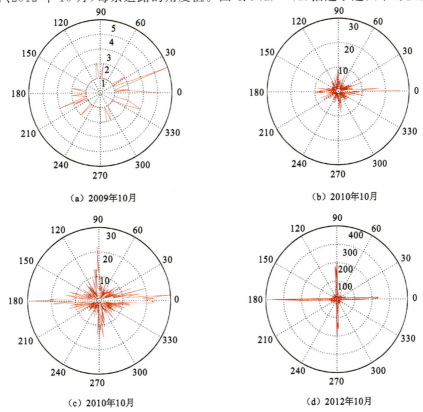

图 4.9 选取的四个时段内道路角度的分布

度的分布,从中可以发现道路角度分布从早期的均匀分布模式演变为晚期的有四个峰值的混合高斯分布模式。这证实了上文提及的观点,即制图行为的方向是从郊区到市中心的。例如,在图4.9(a)中,道路角度在每个方向上均匀分布,这与城郊辐射结构的道路网相符合。在图4.9(d)中,道路角度主要分布在四个方向上,即0°、90°、180°、270°,这与城区内棋盘状的道路结构相契合。由于历史和文化的原因,紫禁城周边的房屋都坐北朝南,所以数百年前二环内的道路网就形成了棋盘结构。随着数十年城市化的发展,城市道路建设从二环扩展到了六环,以连接市区和郊区,最终形成了北京棋盘辐射状的道路网络。因此,本书的结论再次说明道路网结构对志愿者的制图行为有着巨大的影响。

4. 径向密度

径向密度(radial density)是指道路网络中的每个节点到市中心某特定位置距离的平均值,可用于描述节点与市中心的接近程度(Masucci et al.,2009)。其定义为

$$RD = \frac{\sum_{i=1}^{n} \left(\sqrt{(x_i - x_c)^2 + (y_i - y_c)^2} \right)}{n} \quad (4.7)$$

式中:(x_i, y_i)为节点i的坐标;n为节点的数量;(x_c, y_c)为市中心的坐标。RD值越小,表明节点越向市中心聚集;RD值越大,表明节点越分散,越远离市中心。

RD这种测度方式最早由Masucci等(2009)提出,用于分析伦敦道路网径向密度的变化规律。此外,Corcoran等(2013a)研究了爱尔兰3个城市的OpenStreetMap道路网络径向密度,即梅努斯(10.5 km^2)、沃特福德(99.3 km^2)、威克洛(3.8 km^2)。这里探讨北京市OpenStreetMap道路网络是否具有与这些研究结果相似的城市中心影响性。

为了研究径向密度,必须首先根据已有的信息确定北京市中心某个特定的位置,这里将这个特定位置设定为39°54′57″N,116°23′26″E。利用式(4.7)计算得到各个周期内的道路网络的径向密度。如图4.10所示,径向密度在2009年处于平稳增加阶段,在2010

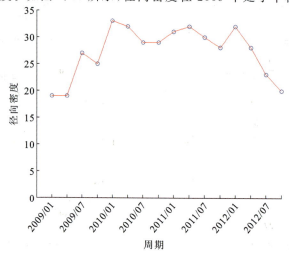

图4.10 北京市OpenStreetMap道路网径向密度演变

年和 2011 年达到了约 30 km 的稳定值,2012 年又逐渐减小。这项结果表明,北京市的道路网径向密度演变与其他城市的不同,而且不同的区域有着不同的模式。

4.3.5 拓扑分析

本节主要从点和边的关系、度的分布两个方面来分析 OpenStreetMap 道路网络的拓扑演变。拓扑分析可以更好地理解 OpenStreetMap 道路网络中点数与边数的关系模型的演变及度分布的演变。

1. 点和边的关系

某个周期内的 OpenStreetMap 道路网络可以用类似于图 4.4(b)中的邻接矩阵来表示,获取的邻接矩阵可用于分析点和边的关系,从而更好地描述 OpenStreetMap 道路网络的拓扑关系。Strano 等(2012)发现米兰的道路网中节点的数目与边的数目呈线性关系。Corcoran 等(2013b)发现在不同区域的 OpenStreetMap 道路网中,节点和边的演变表现出非常不同的模式,但是他们没有关注二者的关系。笔者试图研究北京市 OpenStreetMap 道路网络中节点和边的演变及二者间的关系,具体地说,研究二者之间是否呈线性相关,二者之间的线性相关关系意味着节点度的平均值为常量。

图 4.11(a)展示了节点和边的数目的演变,从中可以发现它们近似呈指数级增长。具体地说,2009~2011 年的增长较慢,而 2012 年的增长较快。另外,这种增长模式类似于 Strano 等(2012)提到的区域的人口增长模式,节点数目和人口数量呈线性相关。从图 4.11(b)中发现,节点数目和边的数目呈良好的线性关系,相关系数 R^2 高达 0.99,线性拟合公式为 $y=1.552x-749.38$。

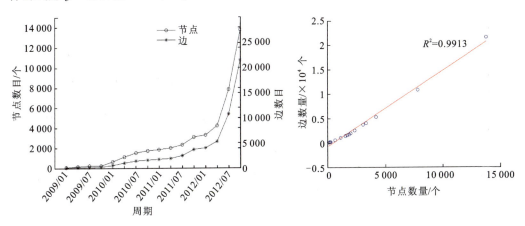

图 4.11 节点与边的演变及它们之间的线性关系

2. 度分布

本小节对 OpenStreetMap 道路网络的度分布进行分析。某节点的度指的是图中与该节点相邻的节点的数目。作为一个中心性度量指标,它也代表了与某节点相邻接的路段数目。道路网中的度分布在某种程度上反映了其拓扑结构,路网的拓扑性意味着道路之间彼此相连。原始图中的度分布可以由一个有意义的平均度值来表示(Masucci et al.,2009；Cardillo et al.,2006),但在对偶图中度分布大致遵循重尾分布或幂律分布(Jiang,2007；Buhl et al.,2006)。

为了分析OpenStreetMap道路网中拓扑结构的演变,用图4.12(a)中箱线图的形式表达每个周期内节点的度分布。从中可以发现,2009～2010年的度值主要为1～2,这意味着2009～2010年志愿者贡献的道路网数据较分散,路网数据之间的连接较稀疏。从2011年起,更多的志愿者参与到制图活动中来,更多的道路被绘制,道路之间可以彼此相连,因此OpenStreetMap路网中的度值开始增加。最终成熟而完整的OpenStreetMap道路网数据与现实世界中的道路越来越类似,它们的节点度值有较大的变化范围。如图4.12(a)所示,箱线图中的点表示某个时期内节点度值的平均值,发现这个平均值随时间逐渐变化。在2012年中的最后两个时期,节点度值的平均值分别为2.45和2.7,这与相关文献Chan等(2011)和Buhl等(2006)中的结论相一致。

图4.12(b)详细地展示了每个周期中节点度值为1～5时,各自所占的比例。从中可以发现:度值为1的节点在整个时期中呈现衰减趋势,并且在后期衰减较快;度值为2的节点并没有呈现出显著的变化趋势,波动较小,较稳定;度值为3和4的节点在整个过程中保持着相对稳定的增长趋势,并且后者呈指数模式增长;在整个过程的后期,度值为5甚至大于5(图中未显示)的节点开始出现,但是只占很小的比例。这个发现与路网增长过程中的扩张(对应于低度值节点)和致密(高度值节点)相一致,该发现丰富了路网及其增长模式中的经验知识。

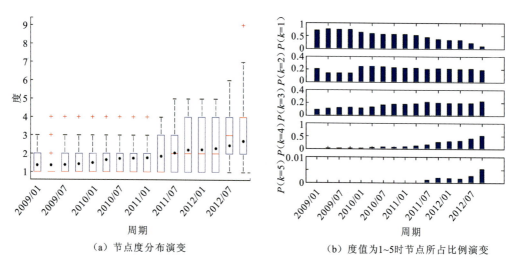

(a) 节点度分布演变　　　　(b) 度值为1～5时节点所占比例演变

图4.12　节点度分布与度值为1～5时节点所占比例演变图

4.3.6 中心性分析

本节主要从网络中心性的角度研究 OpenStreetMap 道路网络的演变，分析和探测了新增节点在 OpenStreetMap 道路网络中的作用。从道路演变的角度，将每个时间段网中的节点分为旧节点和新节点两类。旧节点已经在过去的时间段中出现，而新节点从未在过去的时间中出现(Jia et al.，2014)。

节点中心性度量了其在路网中的相对重要性。例如，如果一个人具有较高的中心性值，则其在社交网络中具有重要的作用(Freeman，1978)。同样的，一条道路若具有较高的中心性值，则其在路网中十分重要，会被频繁使用。这里，从 PageRank 中心性的角度分析 OpenStreetMap 节点中心性。PageRank 中心性的计算如式(4.5)所示，公式中的 A 代表邻接矩阵，它表达了节点之间的相邻关系。

在计算 OpenStreetMap 节点的 PageRank 中心性时作了一些改进。为了说明新节点的影响，在计算邻接矩阵 A 的过程中，如果一个新节点 i 与旧节点 j 相邻，那么 A 矩阵中相应的元素 a_{ij} 要乘以影响因子 0.3。另外，如果新节点与新节点相邻，则邻接矩阵中相应的元素值为 1。

为了研究路网中新节点的作用，从 16 个周期的 OpenStreetMap 路网数据中选出 6 个周期的数据，即 2009 年 7 月、2010 年 4 月、2010 年 10 月、2011 年 7 月、2011 年 10 月和 2012 年 4 月的数据。用式(4.5)计算每个周期内路网中每个节点的 PageRank 值，计算结果列于图 4.13 中。除了图 4.13（a）中的 2009 年 7 月的 PageRank 值分布，其余图中展示的 PageRank 值的分布近似为两个单独的高斯曲线(左边淡灰色的柱形图和右边深灰色的柱形图)，并且左边淡灰色的柱形图比较集中，近似遵循单峰高斯分布，而右边深灰色的 PageRank 值的分布较分散，近似遵循混合双峰高斯分布。这个发现意味着在 OpenStreetMap 道路网演变过程中新节点起到了两种不同的作用。

为了更明确地理解新节点的这两种不同的作用，根据 PageRank 值对其在路网中进行可视化。如图 4.14 所示，根据 PageRank 值的分布将新节点分别表示为绿色、粉色和红色。具体的，绿色的节点对应图 4.13 中左侧的高斯分布的点，粉色和红色的节点对应图 4.13 中右侧的混合高斯分布的点。在混合高斯分布中，左侧峰值处的节点被标为粉色，右侧峰值处的节点被标为红色。

从图 4.14 中可以发现，粉色节点通常位于新增的、连接度数为 1 的点的边上，而红色节点则位于新绘制的道路的交点处。另外可以发现，图 4.14 中对应于图 4.13 中左侧的高斯分布的绿色节点在局部区域内增加了路网的密度，对应于右侧的混合高斯分布的粉色和红色节点将路网范围向外围空置区域扩张。因此，从节点的角度来看，北京市 OpenStreetMap 路网的演变由两个过程组成，即由左侧曲线中对应的节点代表的致密过程和由右侧曲线对应的节点代表的扩张过程。这个发现支持了相关文献 Corcoran 等(2013b)和 Strano 等(2012)中的结论，即道路网的演变机制具有普遍性，演变过程主要包含了扩张和致密两个过程，与特定的区域无关。更有意义的是，无论是

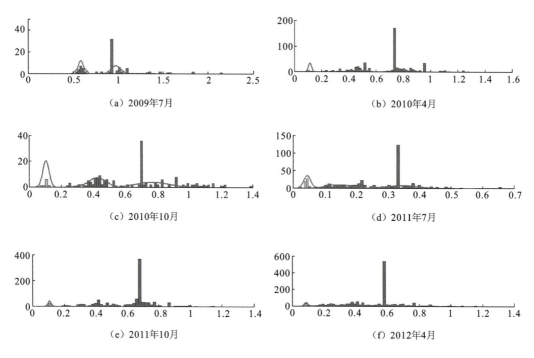

图 4.13 6 个周期内新节点 PageRank 值的分布

现实世界中的路网,还是由志愿者贡献的数据绘制的路网均符合这个特性。在图 4.14 中,2009 年 7 月新增的节点全都是粉色或红色,这表明 OpenStreetMap 道路网的早期演变只包含了扩张过程,而后期路网演变过程既包含了扩张过程,又包含了致密过程。这个结论表明,北京市 OpenStreetMap 道路网的演变包含着持续的强扩张过程和相对较弱的致密过程。

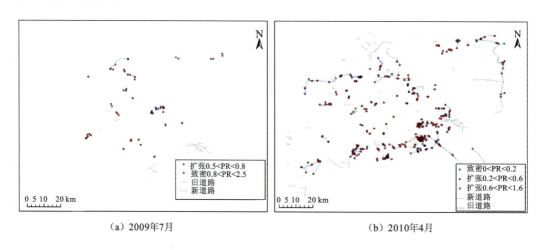

图 4.14 根据节点 PageRank 值对 6 个周期内路网中的新节点进行可视化(PR 表示 PageRank 值)

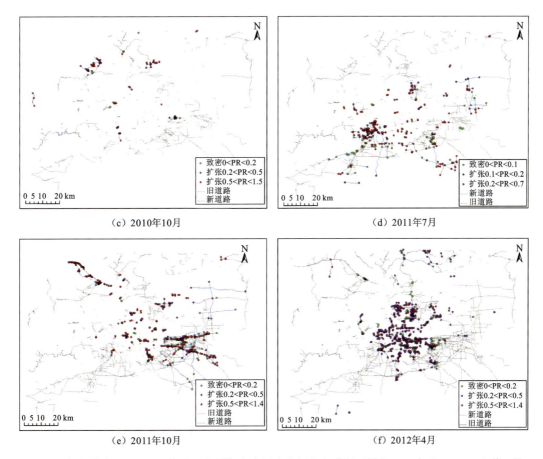

图 4.14 根据节点 PageRank 值对 6 个周期内路网中的新节点进行可视化(PR 表示 PageRank 值)(续)

4.4 志愿者绘图行为演变分析

近些年来,许多学者针对 OpenStreetMap 的制图活动展开研究,最基本的是对志愿者的数据展开分析。Zielstra 等(2010)对德国的专有地理数据和志愿者地理数据进行了对比和分析,发现 2009 年 3 月志愿者数量已超过 100 000,截至 2010 年 1 月数量已超过 200 000。Neis 等(2012)分别从志愿者的活跃程度、活动范围、活跃时间等方面分析了 OpenStreetMap 项目中志愿者的活动,并分别对不同活跃程度的志愿者数目进行了统计分析,截至 2011 年 12 月,OpenStreetMap 的注册用户已达到 505 000,但是活跃用户的数目只有大约 200 000,表明注册了账户的大部分用户只是对数据进行浏览而未对项目贡献数据。此外,他们分别按天和小时对志愿者的活动模式进行了分析,发现志愿者在工作日表现了相似的活动模式,只有在星期日才出现数量较大的数据编辑行为,同时,每天下午和晚上的时段属于全天当中的活跃时段。Neis 等(2014)对当前志愿者地理信息的研究进行了综述,并比较了 6 个志愿者地理信息项目的优缺点,重点对 OpenStreetMap 的发展进行了分析,其中包含了 2005～2013 年 OpenStreetMap 项目中志愿者增长模式的分析。

本节主要对志愿者的绘图行为展开介绍,分别从志愿者数量的变化、志愿者的类型及志愿者上传的数据类型三个方面进行分析。

4.4.1 志愿者数量

4.3.3 节中提到,OpenStreetMap 道路网络增长的全局模式在很大程度上归因于志愿者数量的增长。此处,对北京市的志愿者数量的增长展开研究,通过统计各个周期内志愿者的数量,得到如图 4.15 所示的志愿者数目增长的示意图。内嵌图为志愿者的数目和道路数目的相关曲线,通过拟合发现,二者很好地满足幂律分布,拟合度达到了 0.85。也论证了 OpenStreetMap 道路网络不可能是利用脚本批量导入数据的结果。

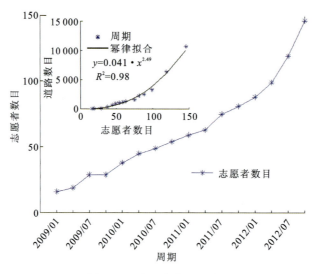

图 4.15 志愿者数目的增长

4.4.2 志愿者类型

OpenStreetMap 项目中有成千上万的志愿者致力于收集并改善数据(Neis et al.,2012)。在 OpenStreetMap 项目中直接提取志愿者的信息(如成员列表、注册信息等)是不可能的,Neis 等(2012)提出了一种新的方法来分析 OpenStreetMap 项目中志愿者们的贡献。分析发现,截至 2011 年 12 月 OpenStreetMap 项目已经大约有 505 000 个注册用户,但是只有大约 38%(193 000)的用户至少编辑过(创建、修改或删除)某个数据类型(节点、路线或者关系)的要素。考虑这些情况,有必要对志愿者的类型进行分析。

依据志愿者贡献的数据量,将志愿者划分为活跃用户和非活跃用户两种类型。Neis 等(2012)将创建的节点数目超过 1 000 的用户定义为活跃用户,数目少于 1 000 的则定义为非活跃用户。考虑发展中国家志愿者的数目及活跃程度要小于发达国家,在分析北京市 OpenStreetMap 道路网络中志愿者的类型时将度量标准设定为 500。若创建的节点数目大于 500,则认为是活跃用户;反之,则为非活跃用户。分别统计各个周期内两种类型的志愿者数目及其分别贡献的道路节点数目,得到如图 4.16 所示的结果图。可以发现,活跃志愿者的比例逐渐下降,下降到 10% 左右,但是他们贡献的道路节点的数目保持了一个相当高的比例,大概达到了 90%。这表明,90% 的制图活动是由 10% 的活跃用户完成的。

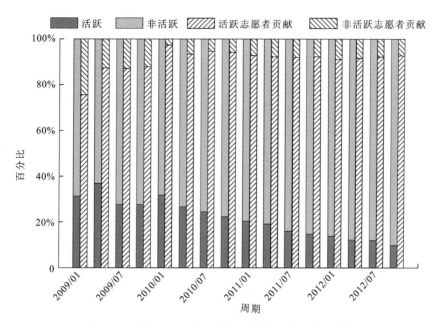

图 4.16　志愿者类型及其贡献的道路节点数目的演变

4.4.3　志愿者上传的数据类型

OpenStreetMap 项目中志愿者贡献的道路数据的来源不仅包括各自采集的 GPS 轨迹,还包括基于遥感影像的人工矢量化数据。忽略志愿者的编辑效果,提出一种可粗略地用于判断某条道路是由 GPS 设备采集的轨迹数据转变而成的还是志愿者通过对影像进行人工数字化得到的方法。由于 GPS 设备要按照特定的采样频率采集数据,而影像数字化的过程则较快,因此通过比较各个节点的时间戳,检查一条道路内是否出现相同时间戳的连续节点来区分两种数据类型。若某条道路中出现相同的连续节点则认为是人工影像数字化的过程,否则认为是由 GPS 设备采集上传轨迹并改动而成的。由图 4.17(a)可以发现,GPS 设备采集的数据按照采样点的顺序排列,时间戳是逐渐增加的,这与 GPS 设备采集数据的特性是一致的;影像数字化得到的数据随着采样点的顺序,时间戳的排列是呈阶梯状分布的,如图 4.17(b)所示。

通过分析每个周期内两种数据类型各自的数目,得到如图 4.17(c)所示的结果图。可以发现,由 GPS 设备上传数据改编的道路的比例逐渐下降到 60% 左右,通过影像数字化得到的道路的比例则逐步上升到 40%。进一步分析和比较,可以推断 2010 年 4 月周期内出现的局部增长高峰期可能是两种方法共同作用的结果。

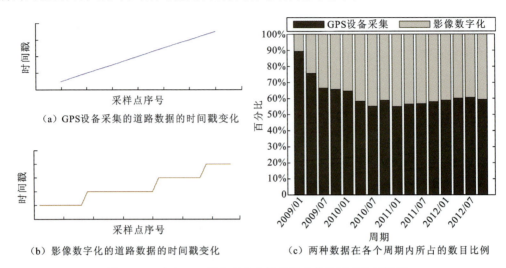

图 4.17 对比 GPS 设备采集和影像数字化的两种数据类型

4.5 本章小结

本章首先简要介绍了 OpenStreetMap 道路数据的结构,然后讲述了网络演变的相关理论与方法。其基本流程是构建网络模型,利用网络中心性、拓扑特性等网络分析方法对网络的结构和特性进行分析。分别从开放道路网结构和志愿者绘图行为两个层面对开放道路网的演变进行分析。具体以北京市的 OpenStreetMap 数据为例,分别从属性、几何、拓扑、中心性四个方面对开放道路网络的结构演变进行分析,并从志愿者数量、志愿者类型、志愿者上传的数据类型三个方面对志愿者绘图行为演变进行分析。该研究有助于人们更好地理解 OpenStreetMap 道路网络的演变。

参 考 文 献

汪小帆,李翔,陈关荣. 2006. 复杂网络理论及其应用. 北京:清华大学出版社.

Albert R,Jeong H,Barabási A L. 1999. Internet:diameter of the world-wide web. Nature,401(6749):130-131.

Barabási A L,Albert R. 1999. Emergence of scaling in random networks. Science,286(5439):509-512.

Barabási A L,Bonabeau E. 2003. Scale-free networks. Scientific American,288(5):50-59.

Bavelas A. 1950. Communication patterns in task-oriented groups. Journal of the Acoustical Society of America,22(6):725-730.

Beauchamp M A. 1965. An improved index of centrality. Behavioral Science,10(2):161-163.

Bell G,Hey T,Szalay A. 2009. Beyond the data deluge. Science,323(5919):1297-1298.

Brin S,Page L. 1998. The anatomy of a large-scale hypertextual web search engine. Computer Networks and ISDN Systems,30(1-7):107-117.

第 4 章 OpenStreetMap 路网演变分析

Buhl J, Gautrais J, Reeves N, et al. 2006. Topological patterns in street networks of self-organized urban settlements. The European Physical Journal B, 49(4): 513-522.

Bullmore E, Sporns O. 2009. Complex brain networks: graph theoretical analysis of structural and functional systems. Nature Reviews Neuroscience, 10(3): 186-198.

Cardillo A, Scellato S, Latora V, et al. 2006. Structural properties of planar graphs of urban street patterns. Physical Review E(73): 066107.

Chan S H Y, Donner R V, Lämmer S. 2011. Urban road networks-spatial networks with universal geometric features? a case study on Germany's largest cities. The European Physical Journal B, 84(4): 563-577.

Corcoran P, Mooney P. 2013a. Characterising the metric and topological evolution of OpenStreetMap network representations. European Physical Journal Special Topics, 215(1): 109-122.

Corcoran P, Mooney P, Bertolotto M. 2013b. Analysing the growth of OpenStreetMap networks. Spatial Statistics, 3: 21-32.

Crucitti P, Latora V, Porta S. 2006. Centrality measures in spatial networks of urban streets. PhysicalReview E, 73: 036125.

de Sousa S, Kropatsch W G. 2015. Graph-based point drift: graph centrality on the registration of point-sets. Pattern Recognition, 48(2): 368-379.

Derrible S, Kennedy C. 2010. The complexity and robustness of metro networks. Physica A: Statistical Mechanics and its Applications, 389(17): 3678-3691.

Ebel H, Mielsch L I, Bornholdt S. 2002. Scale-free topology of E-mail networks. Physical Review E, 66, 035103.

Erath A, Löchl M, Axhausen K W. 2009. Graph-theoretical analysis of the Swiss road and railway networks over time. Networks and Spatial Economics, 9(3): 379-400.

Freeman L C. 1978. Centrality in social networks conceptual clarification. Social Networks, 1(3): 215-239.

Goetz M, Zipf A. 2013. The Evolution of Geo-Crowdsourcing: Bringing Volunteered Geographic Information to the Third Dimension//Crowdsourcing Geographic Knowledge. Berlin: Springer: 139-159.

Hu Y, Zhu D. 2008. Empirical analysis of the worldwide maritime transportation network. Physica A: Statistical Mechanics and its Applications, 388(10): 2061-2071.

Jeong H, Mason S P, Barabási A L, et al. 2001. Lethality and centrality in protein networks. Nature, 411(6833): 41-42.

Jeong H, Tombor B, Albert R, et al. 2000. The large-scale organization of metabolic networks. Nature, 407(6804): 651-654.

Jia T. 2012. Knowledge discovery from massive geographic data: a complex systems perspective. Sweden: KTH Royal Institute of Technology.

Jia T, Qin K, Shan J. 2014. An exploratory analysis on the evolution of the US airport network. Physica A: Statistical Mechanics and its Applications, 413(11): 266-279.

Jiang B. 2007. A topological pattern of urban street networks: universality and peculiarity. Physica A: Statistical Mechanics and its Applications, 384(2): 647-655.

Jiang B, Jia T. 2011. Zipf's law for all the natural cities in the United States: a geospatial perspective. International Journal of Geographical Information Science, 25(8): 1269-1281.

Marshall S. 2004. Streets and Patterns: the Structure of Urban Geometry. London: Routledge.

Masucci A P, Smith D, Crooks A, et al. 2009. Random planar graphs and the London street network. The European Physical Journal B, 71(2): 259-271.

Masucci A P, Stanilov K, Batty M, et al. 2013. Limited urban growth: London's street network dynamics since the 18th century. Plos One, 8(8): e69469.

Neis P, Zielstra D. 2014. Recent developments and future trends in volunteered geographic information research: the case of OpenStreetMap. Future Internet, 6(1): 76-106.

Neis P, Zielstra D, Zipf A. 2011. The street network evolution of crowdsourceded maps: OpenStreetMap in Germany 2007-2011. Future Internet, 4(1): 1-21.

Neis P, Zipf A. 2012. Analyzing the contributor activity of a volunteered geographic information project- the case of OpenStreetMap. ISPRS International Journal of Geo-Information, 1(2): 146-165.

Newman M E J. 2001. The structure of scientific collaboration networks. Proceedings of the National Academy of Sciences, 98(2): 404-409.

Okamoto K, Chen W, Li X Y. 2008. Ranking of Closeness Centrality for Large-scale Social Networks// Frontiers in Algorithmics. Berlin: Springer: 186-195.

Pagani G A, Aiello M, 2013. The power grid as a complex network: a survey. Physica A: Statistical Mechanics and its Applications, 392(11): 2688-2700.

Pastor-Satorras R, Vázquez A, Vespignani A. 2004. Topology, Hierarchy, and Correlations in Internet Graphs//Complex Networks. Berlin: Springer: 425-440.

Porta S, Crucitti P, Latora V. 2006a. The network analysis of urban streets: a dual approach. Physica A: Statistical Mechanics and its Applications, 369(2): 853-866.

Porta S, Crucitti P, Latora V. 2006b. The network analysis of urban streets: a primal approach. Environment and Planning B: Planning and Design, 33(5): 705-725.

Sabidussi G. 1966. The centrality index of a graph. Psychometrika, 31(4): 581-603.

Soh H, Lim S, Zhang T, et al. 2010. Weighted complex network analysis of travel routes on the Singapore public transportation system. Physica A: Statistical Mechanics and its Applications, 389(24): 5852-5863.

Strano E, Nicosia V, Latora V, et al. 2012. Elementary processes governing the evolution of road networks. Scientific Reports(2): 296.

Vespignani A. 2005. Evolution and structure of the Internet: a statistical physics approach//2005 APS March Meeting. [S. l. : s. n.].

Wang J, Jin F, Mo H, et al. 2009. Spatiotemporal evolution of China's railway network in the 20th century: an accessibility approach. Transportation Research Part A Policy and Practice, 43(8): 765-778.

Watts D J, Strogatz S H. 1998. Collective dynamics of 'small-world' networks. Nature, 393(6684): 440-442.

Zhang J, Xu X, Hong L, et al. 2011. Networked analysis of the Shanghai subway network, in China. Physica A: Statistical Mechanics and its Applications, 390(23-24): 4562-4570.

Zhao P, Jia T, Qin K, et al. 2015. Statistical analysis on the evolution of OpenStreetMap road networks in Beijing. Physica A: Statistical Mechanics and its Applications, 420: 59-72.

Zielstra D, Zipf A. 2010. A comparative study of proprietary geodata and Volunteered Geographic Information for Germany//13th AGILE International Conference on Geographic Information Science[2016-05-31]http://agile2010.dsi.uminho.pt/pen/ShortPapers_PDF/142_DOC.pdf.

第 5 章

OpenStreetMap 辅助的影像道路提取

道路是地理信息系统应用的基础数据,其识别和精确定位对于影像理解、GIS 数据库更新、目标检测等都有重要意义。利用地理信息系统的道路信息数据库来辅助道路提取具有明显的优势,它能够集成不同类型的数据进行分析,适用面广,可以提高道路提取的自动化程度、检测结果的准确性及可靠性。高分辨率影像的不断涌现及众源地理数据的迅速发展,为道路提取提供了新的思路和方法,本章结合 OpenStreetMap 道路矢量数据及高分辨率影像提取道路,充分利用矢量数据和栅格数据的特点,介绍道路提取的两种方法:种子点追踪法的道路提取与更新及基于机器学习方法的道路提取,探讨 OpenStreetMap 在信息提取中的可用性及实用性。

5.1 高分辨率影像道路提取概述

5.1.1 道路采集的意义与传统方法

道路作为基础地理信息,具有明显的定位特征,其识别提取和精确定位在影像理解、制图、汽车导航、国土资源调查、土地利用变化检测及地理数据库更新等方面有着广泛的应用,对 GIS 数据库更新、影像匹配、目标检测、数字测图自动化等具有重要意义(Mayer et al.,1997;唐伟等,2011)。城市道路作为城区的骨架,在城市用地、经济活动中占有举足轻重的地位,高精度、及时更新的道路网信息对交通管理、城市规划、自动车辆导航、应急事务处理都有非常重要的作用。

随着我国城镇化及社会经济的快速发展,城市基础设施特别是道路建设日新月异。国家统计局发布的中国城市建设统计年报显示,我国在 1978~2006 年城市及其道路的面积和长度均有着显著的增长。其中,仅 2001~2004 年全国新增加的城区面积就由 2.4 万 km^2 扩大到 3.03 万 km^2,平均每年的新增交通道路里程达 1.5 万 km 左右。

现有电子地图中道路信息的不准确和不完整已成为越来越突出的问题。因此,快速构建城市道路网,更新道路数据信息成了当务之急。数字道路信息的快速测定也已经成为我国基础地理信息更新的一项重要任务(马力,2011)。

目前,我国采集道路网信息的方式主要有三种:第一种是利用全站仪或 GPS 进行人工外业量测;第二种是基于车载移动测量技术;第三种是基于遥感影像的方法。

人工外业量测是指利用全站仪或 GPS 方式进行外业量测的矢量道路网获取方式,该方法得到的道路网精度高,可同时获取其平面信息和高程信息。但这种方法人工成本高,工作量大,而且更新周期长,不利于道路网信息的快速更新。

车载移动测量技术(mobile mapping system,MMS)是当今测绘界最为前沿的科技之一,代表着未来道路电子地图测制领域的发展主流(李德仁,2006)。MMS 是指在机动车上装配成像系统(包括 CCD 相机、激光扫描仪等)、全球定位系统(GPS)、惯性导航系统(inertial navigation system,INS)等设备,在车辆行进过程中快速采集道路信息的同时,也能够获得其两旁地物的空间位置数据和属性数据。该技术采集道路信息具有精度高、速度快,在得到道路信息的同时也可以获取道路两侧建筑等地物的信息等优点。但该方法也存在测量车成本较高,数据采集需要的人力较多,而且测区面积较大时,更新速度也会受到限制等问题。

而基于遥感影像提取道路的方法仍存在人工成本高,更新周期较长,自动化程度低等问题。为了减少人工干预,很多学者在研究利用遥感影像进行道路自动或参与少量人工干预的半自动提取的技术(Gilles et al.,2010;Movaghati et al.,2010;朱长青等,2009;雷小奇等,2009;胡翔云等,2002),目前也取得了很多成果。但由于遥感影像中地物的复杂性及受阴影、遮挡、"同物异谱,同谱异物"等的影响,从遥感影像中自动或半自动提取道路信息是近年来国际研究的热点也是难点(Baltsavias,2004;Park et al.,2002)。

就以上情况分析,目前国内外道路信息获取方式基本上都存在人工成本较高,现势性不强的特点。

5.1.2 基于高分辨率影像的道路提取

高分辨率遥感影像提供了丰富的地表细节信息、突出的结构纹理信息,使得在较小的空间尺度上观察地表细节变化及大比例尺遥感制图成为可能。随着国家系列资源卫星和高分辨率卫星的相继成功发射,高分辨率的遥感影像将不断涌现,它为交通路网提取与更新提供了一种新的途径。特别是在地理环境恶劣或短期内经济不允许的情况下,如在偏远地区等不具备大范围的视频等检测设备安装或人力资源投入的条件下,就更难满足交通监测、交通管理与交通规划的要求,因此人们希望能够远离目标获取更大范围、更高应用价值的最新道路网数据,为科学合理地交通规划提供决策参考。

道路在高分辨率遥感影像中的表现形式比较复杂,主要表现为:主干道路和次干道路的宽度不一;城区城市道路中存在部分与道路光谱特征相似的地物;路面上存在噪声,包括建筑物和树木的阴影及路面上的轨道线、汽车站、收费站。

影像特征是地物的物理与几何特性使影像中局部区域的色彩灰度产生明显变化而形成的(张连均等,2010)。要想提取较好的道路特征信息,就必须明确道路的定义和特征。道路的基本特征主要有以下几种。

(1) 几何特征:道路的几何形状,道路呈长条状,长度远大于宽度,道路的宽度一般变化比较小,曲率有一定的限制。

(2) 辐射特征:道路有一对明显平行线边缘,其内部区域灰度与其外相邻区域灰度反差比较大。

(3) 拓扑特征:道路一般是交叉相连的,并形成路网;主要道路是相互连通的,且一幅图像覆盖的区域是有限的,因此每一道路段的两端只有两种情况:与另一道路段相交或延伸至图像的边界外。

(4) 上下文特征:与道路相关的特征,如道路旁的建筑物或行道树、立交桥等阴影,路面上的汽车、绿化带等能在高分影像上看到的特征都可以作为判断道路存在的依据。

(5) 纹理方向特征:道路纹理类型包括斑马线、绿化带、道路边界、车辆,一般呈现较强的同一方向性;道路纹理呈现出较强的方向,即主要方向往往就是道路的切线方向。

(6) 功能特征:连接村庄和城镇。

通常,研究者在提取道路时需要根据一个或几个道路特征提出相应的道路模型,从而进行道路提取。张连均等(2010)提出了经典道路模型;Mayer 等(1997)根据遥感图像中道路的表现形式,针对航空遥感影像提出的经典道路模型,把道路对象分成真实世界层、几何和材质层及图像层三个层次,如图 5.1 所示。

道路提取实质是识别道路的某个或某些特征并定位。从遥感影像中自动或者半自动提取道路特征的主要思路是:首先提取道路像素点或者道路图块;然后根据道路在影像上

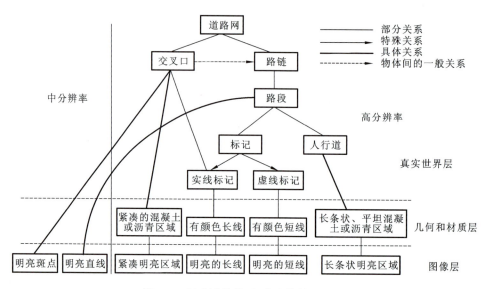

图 5.1　经典道路模型（张连均等，2010）

的特征提取道路段；最后将道路段拼接成道路网。

传统的道路半自动提取的做法是先对道路做增强、分割等图像处理，增强道路特征；然后人工给出初始种子、初始方向，由计算机进行识别处理，人机交互相结合；最后实现道路提取。半自动道路提取主要利用人机交互方式进行道路识别和提取，发展相对比较成熟，提取过程中涉及的常用技术方法主要有基于道路与背景分割模型的道路提取（张桂峰等，2010）、基于模板匹配的道路提取（朱长青等，2008）、基于多特征融合的道路提取（闫冬梅，2003）等，这些现有的技术方法使得半自动提取可以取得较好的提取效果。

5.1.3　OpenStreetMap 辅助道路提取的潜力

充分利用地理信息系统的道路信息数据库提取道路相比传统方法有明显的优势，它能够集成不同类型的数据进行分析，适用面广，可以提高道路提取的自动化程度和可靠性。基于矢量辅助的特征提取、变化检测在国内外有颇多研究。Zhang(2004)使用地图矢量数据与遥感影像结合，利用道路边缘特征及路标斑马线特征，提取道路并更新矢量数据；Baltsavias(2004)进一步对由矢量引导提取的道路结果进行优化，取得较好结果；徐阳等(2011)融合地震前道路网矢量数据与地震后遥感影像，提出一种自适应模板的道路损毁检测方法；吴晓燕等(2010)用新的小比例尺遥感影像和已有的道路矢量数据自动或半自动地进行道路网提取及变化检测；张剑清等(2007)根据矢量的拓扑结构及遥感影像，提出水系变换检测方法。

大多数研究利用的地图矢量数据来自人工勾画或者影像提取，具有以下三个特点：①矢量数据的结构紧凑，冗余度低；②有利于网络和检索分析；③图形显示精度高（李建松，

2006)。但这种矢量地图数据的生产获取较困难,更新效率慢。近年来,众源地理数据的快速发展带来很多可用数据。目前在世界的很多地方,OpenStreetMap 数据已比由地图提供商提供的数据更详细丰富(Lu et al.,2009)。OpenStreetMap 若能被成功用于地物特征提取及变化检测上,将会极大地提高效率,为特征提取提供新思路、新方法。2.2 节对 OpenStreetMap 项目做了详细介绍,3.3 节对 OpenStreetMap 道路的质量做了论述和分析,这里不再赘述相关信息。

将 OpenStreetMap 数据作为辅助数据的研究并不多,直到 2012 年 8 月召开的国际摄影测量与遥感学会(ISPRS)会议,中国区的 OpenStreetMap 数据才开始逐渐作为研究对象。Samsonov 等(2014)研究了 OpenStreetMap 中地物类型数据评估,用于城市气候模型的计算。Over 等(2010)结合 OpenStreetMap 数据及 DEM,并依据细节层次算法生成城市三维模型。陈舒燕(2010)利用 OpenStreetMap 数据实现了基于在线位置信息服务方式的出行可达性分析,并提出 OpenStreetMap 数据有多种下载格式并且 OpenStreetMap 数据存有一些拓扑错误。

本章旨在利用中国地区的众源 OpenStreetMap 数据辅助提取遥感影像中的道路信息,5.2 节及 5.3 节分别介绍两种 OpenStreetMap 辅助道路提取的方法,分别是种子点追踪法的道路提取与更新及基于机器学习方法的道路提取。

5.2 基于种子点追踪的道路提取与更新

5.2.1 概述

矢量引导下的高分遥感影像路网提取与更新由矢量引导及自动检测两大主线组成,如图 5.2 所示。

待提取的影像道路面一般存在于道路矢量周围一定范围的缓冲带。因此,充分利用路网矢量作为先验信息,可避免在遥感影像大范围搜索准确的道路面,减少道路轮廓提取过程中的干扰,有助于准确提取道路的高精度地图。算法的输入为高分辨率遥感卫星影像和既有路网矢量,输出为更新过的路网专题图,算法接收 OpenStreetMap 道路网的矢量数据作为输入信息,获取道路位置的先验信息。

矢量引导可以精细地重点分析路域及其上的各种目标,基于道路纹理或轮廓线进行目标增强。矢量引导部分包括确定路域缓冲带、矢量与影像配准两部分。

基于路域增强的结果,自动检测算法根据路域纹理或轮廓线特征,在更大范围内自动检测道路,实现对初始 OpenStreetMap 路网矢量的补充与更新。

道路的自动检测包含两个阶段:道路定位和车道定位。道路定位旨在找出高分影像中所有道路平面所在的位置。在用户输入的道路网矢量数据的基础上,针对高分影像中道路矢量附近的缓冲区域,分析其边缘或纹理特征,定位出影像中道路面所在区域。车道定位则是在道路面上下文环境中,分析道路面的边线,减少路边树木、植被、建筑物等对道

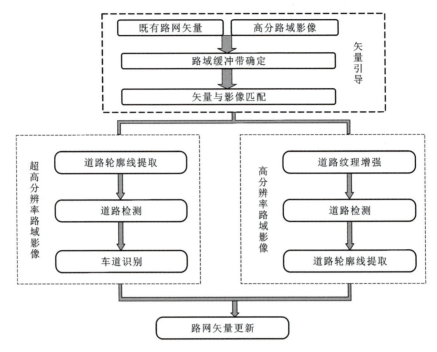

图 5.2　矢量引导下的高分遥感影像路网提取与更新

路边线矢量的干扰,对于超高分辨率影像,将进一步提取车道分隔线,获取准确的车道级道路轮廓矢量。

针对高分辨率(优于 2 m)和超高分辨率(优于 1 m)遥感影像,虽然输出结果均为基于影像纹理更新过的路网矢量,但本节使用的路网自动提取方法不同。对于超高分辨率遥感影像,由于其像素分辨率较高,道路边线、分隔线等边缘特征清晰,可以直接在路域轮廓线的基础上检测出道路面,精细识别车道及其标线等信息;对于一般高分辨率遥感影像,边缘特征模糊,但道路面的纹理特征基本一致,因而考虑首先进行路域的纹理增强,接着分析道路面的纹理特征,找寻道路面纹理边缘所构成的轮廓线信息。

本节的主要思想是充分利用矢量和栅格数据的特点,进行有效的融合处理,提高路网自动检测结果的准确性。

5.2.2　矢量引导下的路域缓冲带生成

1. 曲线平移

根据得到的矢量文件,为了缩小影像中道路面的搜索区域,需要生成一个包含道路的缓冲面。由于道路矢量是相互连接在一起的,简单的对每个矢量生成一个矩形区域,再将重叠部分合并到一起的处理方式会使得到的缓冲区域有锯齿或者缺口,尤其是对于影像上道路拐弯的地方。因此,这里采用曲线平移算法,将矢量视为一条曲线,通过向两侧平移该矢量曲线得到缓冲面的范围。

曲线平移的算法就是找到曲线的平行线。平行线不只存在于直线中,同样存在于曲线中,实际上直线间的平行可以认为是曲线间平行的特例。最好理解的曲线平行就是同心圆,而将圆的半径无限变大时,一段圆弧就越来越近似于直线,而同心圆之间的平行就变成了直线间的平行。

曲线的平行可以定义为某一曲线的每个点与给定曲线上的每个点的距离固定不变。假设这个距离为 d,对于给定的曲线上的任意一个点,做该点的法线,在法线上与该点相距 d 的点就是该曲线的平行线上的一点。将给定曲线上的每个点都这样处理之后得到的曲线就是这条平行线(Devadoss et al.,2011;文贡坚等,2000)。

曲线平行线生成的过程可以由图 5.3 表示。在曲线上取足够多的点,依次对每个点做法线,分别在两边取平移值就可以得到两边平行的曲线。所得到的平行曲线结果如图 5.4 所示。

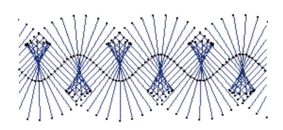

图 5.3 曲线生成平行线方式

资料来源:http://xahlee.org/Special Plane Curves_dir/Parallel_dir/Parallel.html

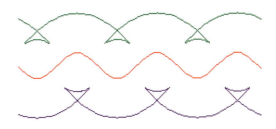

图 5.4 曲线生成平行线结果

资料来源:http://xahlee.org/Special Plane Curves_dir/Parallel_dir/Parallel.html

假设平移量为 d,曲面平移的具体算法为:在曲线上按一定间隔取多个点;从第一个点开始,做一条以此点为中点的长度为 $2d$ 的法线;对接下来每个点重复上一步的步骤;得到的每条法线的端点的轨迹就是该曲线的两边的平行线。

如果要平移的曲线的参数表达形式是 $\{x_t, y_t\}$,那么该曲线平移 d 后得到的两条曲线可以通过式(5.1)来表示。

$$\left\{x_t + \frac{dy'_t}{\sqrt{x'^2_t + y'^2_t}}, y_t - \frac{dx'_t}{\sqrt{x'^2_t + y'^2_t}}\right\} \tag{5.1}$$

通过式(5.1)就可以很容易地得到已知曲线平移 d 距离后的平行曲线了。

2. 路域缓冲带生成

基于上述曲线平移方法,就可以确定路域缓冲带。通过式(5.1)得到 OpenStreetMap 道路网矢量文件中每一段曲线平移后的边缘线段的表达式及其范围,对于在平移后不同矢量之间的重合或缺口处,采用画圆的方式来填补,即在两个矢量的交点处画一个以平移量为半径的圆弧来补全缺口,在重叠处直接用集合的并集。在矢量的末端,也采用生成半圆的方法来补全末端。

在处理大数据量遥感影像时,一个重要的需求就是基于矢量数据实现遥感影像的切割。在获取完矢量数据的信息后,要通过线段中各节点的位置信息和相互的拓扑连接关系,实现影像道路的自动化切割。缓冲区切割的主要思路如下。

(1) 对节点进行遍历,获取各个线段两端节点的坐标。

(2) 通过线段两端节点的坐标内插其他节点,将该线段平均分成若干段,内插节点数也称作截面数,截面数可以手动设定。

(3) 手动设定缓冲区的宽度,根据曲线平移方法,将线段上各节点按线段的垂直方向上双向平移缓冲区宽度的一半,得到平移后的内外节点,并将内外平移后的点存储起来。

(4) 利用前述曲线平移算法,构建局部道路缓冲带。

这样得到的缓冲面如图 5.5 所示,其中,缓冲带内的像素颜色为原始影像上相同位置对应的像素值,缓冲带外统一默认灰度值为 255。

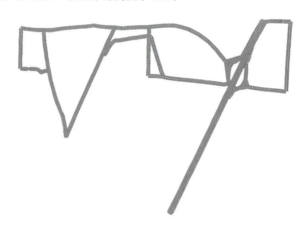

图 5.5 道路缓冲区

5.2.3 超高分辨率遥感影像的道路提取与更新

图 5.6 为低空无人机或者航空飞机拍摄的遥感影像,其分辨率为 0.2 m 左右。图上可以清晰地看出道路上的每一条车道及每条车道的标志标线。因此,基于超高分辨率遥感影像中路域的各种边缘特征,可以准确定位出道路面,以及每一条车道的位置和转向属性。

图 5.6　超高分辨率遥感影像实例

1. 基于中央分割线的道路检测

对于多于一条车道的道路,其中央一般都画有明显的白色道路分隔线。这种分隔线颜色一致(一般为白色)且长度相同,两条中央分隔线之间的间距也是固定的。从高空往下看,车道分隔线不易被遮挡,而车道两侧的车道线极易被道路两旁的树木、建筑物、桥梁、电力和交通等设施遮挡。因此,道路中央规律出现的白色短分隔线是道路区别于其他地物的显著特征,易于提取且可靠性极高,如图 5.7 所示。

图 5.7　道路检测用的车道分隔线特征示意图

从上图5.7还可以看出,车道分隔线不仅可以作为道路检测的重要依据,还可以作为一种长度的参照单位,因为其长度一般是固定的。

下面以图5.6为例说明基于典型道路标线的道路提取算法的过程。

要从图5.6中检测出道路平面,首先进行边缘检测,目的是剔除道路平面纹理一致的地方,保留道路边线、车道分隔线、道路标线及标识等边缘信息较强的信息。结果如图5.8所示(灰度值越低边缘信息越强)。

图5.8 原始遥感影像的边缘分割图

从图5.8不难看出,道路中央的车道分隔线及道路边线等均表现为两条距离一定的平行线。随后基于边缘检测过程中提取的逐像素的边缘方向信息,在图5.8中分析上述平行线特征,找出成对的平行线,结果如图5.9所示。

图5.9中,红色的点代表所检测出的道路平面上的平行线对的中心,括号中数字为其对应的属性,包括长、宽和方位角等,常见的计算公式如下。

$$\begin{cases} L = 2 \times \sqrt{2((\mu_{xx}+\mu_{yy})+\Delta)} \\ S = 2 \times \sqrt{2((\mu_{xx}+\mu_{yy})-\Delta)} \end{cases} \tag{5.2}$$

$$\mu_{xx} = \frac{\sum_{i=1}^{N} x_i^2}{N} \tag{5.3}$$

$$\mu_{yy} = \frac{\sum_{i=1}^{N} y_i^2}{N} \tag{5.4}$$

$$\mu_{xy} = \frac{\sum_{i=1}^{N} x_i y_i}{N} \tag{5.5}$$

$$\Delta = \sqrt{(\mu_{xx} - \mu_{yy})^2 + 4\mu_{xy}^2} \tag{5.6}$$

$$O = \begin{cases} \dfrac{180}{\pi} \times \tan^{-1}\left(\dfrac{\mu_{xx} + \mu_{yy} + \Delta}{2\mu_{xy}}\right), \mu_{xx} < \mu_{yy} \\ \dfrac{180}{\pi} \times \tan^{-1}\left(\dfrac{2\mu_{xy}}{\mu_{xx} + \mu_{yy} + \Delta}\right), \mu_{xx} \geqslant \mu_{yy} \end{cases} \tag{5.7}$$

式(5.2)～式(5.7)中，L、S、O 分别为车道分隔线的长、宽、方位角；N、x_i、y_i 分别为平行线对周围轮廓线的总点数及其对应的行列坐标；μ 为其二阶矩。从图 5.9 不难看出，道路平面即为车道线(包括车道边线及中央车道分隔线等)所围成的平面区域，该区域的局部纹理大致相同。

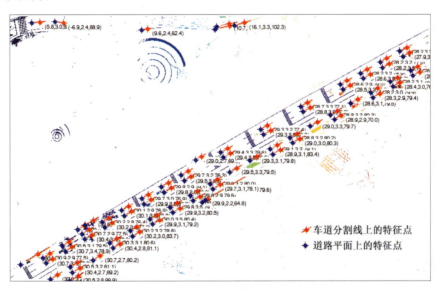

图 5.9　用于车辆检测的道路平面种子点的自动选取

基于道路中央显著的车道分隔线，选取距离该分隔线一定距离的局部道路平面点作为道路平面局部纹理种子点，在 RGB 颜色空间中，寻求局部范围内与该种子点纹理相近的道路平面像素点。所有在车道范围内，但不属于道路平面的像素点为车辆及其阴影区域。图 5.10 中蓝色点即为每条道路中央车道分隔线周围自动选取的种子点。基于种子点填充法提取的道路面的结果如图 5.11 所示(白色区域)。最后，为获取全部的路面区域位置，可以在此基础上进行适当的形态学闭合操作填充路面上的车辆及其阴影的干扰区。

2. 车道及道路标线识别

一般局部范围内,所有车道线的方向是一致的。因此,基于上述所提取的车道线的属性特征,进行方向直方图统计很容易得出局部的道路方向。

图 5.12 为经过方向筛选、平行性检查和线性检查后,边缘分割图 5.8 的局部放大图,从中看出,道路典型分隔线分析方法有效地剔除了分割图中的干扰,同时保留车道线,为后续识别车道及其属性创造了条件。

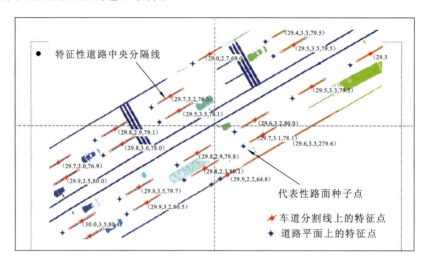

图 5.10 道路边线及中央车道分隔线提取结果

图 5.11 道路面提取结果(白色部分)

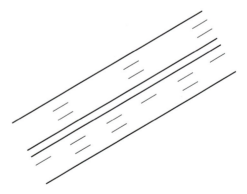

图 5.12 局部道路平面正视图

在图 5.12 的基础上,沿道路行驶方向进行投影,得到如图 5.13 所示的分布,从中找出局部的峰值点,即为各个车道线所在的位置,包括车道边线和中央车道分隔线。同时,针对每条车道上的道路标线,完成如图 5.14 所示的二维模式匹配,即可获得每条车道的具体属性。

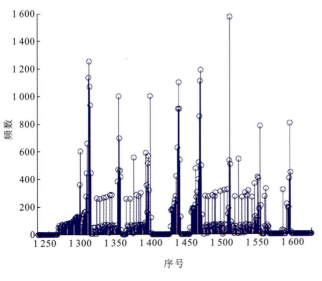

图 5.13 车道识别　　　　　　　　图 5.14 车道属性识别

5.2.4 高分辨率遥感影像的道路提取与更新

随机选取武汉市某一地区的高分辨率遥感影像,如图 5.15 所示,空间分辨率为 1 m 左右。

图 5.15 整体区域影像

1. 基于 TV-L1 模型的道路纹理增强

从图 5.15 可以看出,高分遥感影像中道路区域的影像纹理基本一致,变化不大。为刻画这种特征,将其分解为 u 和 v 两个部分,u 表示图像中缓慢变化的整体结构,即图像的主要特征;v 则表示图像中振荡的细节部分。一般来说,纹理提取就是将影像分解为结构分量和振荡分量,提取其中的振荡分量。

为实现上述图像的分解和纹理增强,卡通化算法将影像分为两个部分:第一部分是卡通部分(cartoon);第二部分是纹理部分(texture)(Guen,2014)。卡通部分即影像结构、平缓变化的部分,主要由物体的边界和色调组成。而纹理部分则是振荡的部分,主要表达影像的细节及噪声。将影像上的道路视为物体的结构部分,而道路上的车辆则是细节部分,因此影像分解后得到的纹理部分就是需要的增强了车辆与道路之间区别的部分。

卡通化算法采用 TV-L1 模型来将影像分解为卡通部分和纹理部分。TV-L1 模型是变分方法的一类。变分方法基本思想是在影像的连续数学模型下,建立关于影像函数的变分模型,再采用数值方法求解变分模型,得到影像处理结果(汪秀莉等,2012)。

TV-L1 模型由 TV-L2 模型改进而来。TV(total variation)即全变分,L2 表示二范数。这些模型的意义是用全变分来刻画图像的结构部分 u,用 L2 或 L1 范数空间来刻画影像的震荡部分 v。

$$\min \int_D |\nabla u| \mathrm{d}x + \lambda \int_D (u-f)^2 \mathrm{d}x \tag{5.8}$$

式(5.8)即 TV-L2 模型,u 为输出影像;f 为输入影像;x 为所有可能像元位置;前半部分 $\int_D |\nabla u| \mathrm{d}x$ 就是影像的全变分,取决于影像的差变幅度;后半部分是拟合项,也称作保真项,用来控制输入影像与输出影像的差异,保留原影像特性和降低影像失真度;λ 为拉格朗日乘子加权系数,用来平衡全变分项和拟合项(郑红,2009)。

由于振荡函数具有比较大的 L2 范数,所以有的时候 TV-L2 模型会将部分结构分量分解到振荡部分中,导致分解得不够彻底。为了解决这个问题,唐利明(2013)提出了 TV-L1 模型

$$\min \int_D |\nabla u| \mathrm{d}x + \lambda \int_D |u-f| \mathrm{d}x \tag{5.9}$$

式(5.9)即 TV-L1 模型。L1 范数具有在特征明显处聚集能量,抹平细小特征的特点,因此,TV-L1 模型的优点在于能很好地聚集能量,保留边缘。而随着参数 λ 的逐渐减小,小的结构也会慢慢被平滑掉,而振荡分量上的细节也就会越来越多。

Guen(2014)将这个问题改写为标准的 $\min_u F \cdot K(u) + G(u)$ 的形式,那么 $F(u) = \|u\|_1, G(u) = \lambda \|u-f\|_1$,$K$ 则表示影像各方向的梯度 ∇。又由于 F 和 G 都是凸的简单函数,所以可以引申为一个原始对偶算法。解决这个最优化问题,需要采用两个最邻

近算子$\text{Prox}_{\sigma F^*}$和$\text{Prox}_{\tau G}$(Chambolle et al.,2011)。根据推导,可以得到迭代式如下:

$$x_{k+1} = \text{Prox}_{\tau G}(x_k - \gamma \partial F(x_k))\tag{5.10}$$

具体的推导过程可以概括如下。

设置一个中间变量p,设输出影像(影像的结构分量)为u,输入影像为f。交替地对变量p和u进行不动点迭代得到x的最小值,迭代过程如下。

(1) 确定参数$\tau、\sigma、\theta$,其中,$\tau、\sigma > 0$,$\theta > 0$,$\theta \in [0,1]$。

(2) 导入影像f,并将f赋值给u_0,$\bar{u}_0$赋值为u_0,令p_0为0。

(3) 根据设定好的迭代次数进行以下的迭代。

$$p_{n+1} = \text{Prox}_{\sigma F^*}(p_n + \sigma \nabla \bar{u}_n)\tag{5.11}$$

$$u_{n+1} = \text{Prox}_{\tau G}(u_n + \tau \text{div} p_{n+1})\tag{5.12}$$

$$\bar{u}_{n+1} = u_{n+1} + \theta(u_{n+1} - u_n)\tag{5.13}$$

式中:∇为求梯度;div 为求散度;τ和σ为迭代算法的步距;θ为外推法的步距。参数σ和τ定义使用于迭代步骤中,θ参数使用于外推步骤中。Chambolle 等(2011)给出一个收敛性证明,即在条件$\theta=1$和$\tau\sigma L^2 \leqslant 1$下,$L^2 = \|\nabla\|^2 \leqslant 8$。其中,参数$\lambda$控制着保真度(与原图像的接近程度)和重整化的关系,λ越小,图像越平滑,其他所有参数是固定的。由于遥感影像中道路区域的纹理变化范围小,局部范围内波动不大,大量实验证明,针对这类突出的纹理一致区域分析,这样的取值可以得到较好的结果:令$\theta=1$,$\sigma=\tau=0.35$去满足约束条件;参数λ取$[0.01,2]$,当$\lambda=0.01$时,将得到明显的卡通重整效果,而当$\lambda=2$时,影像几乎没有改变。

(4) 迭代完成后得到的u_{n+1}即卡通分量,而纹理部分则由原始影像f和卡通分量作差值得到。由于差值有正负及范围的不确定性,还需要将其规划到$[0,255]$中显示出来。

实际中,对于道路影像来说,使用 TV-L1 模型的卡通化算法影像分解得到的纹理部分能够大大增强道路上车辆与道路面的反差,从而提升最后道路提取的效果。但是,由于卡通化算法的运算量比较大,如果直接对整幅影像进行处理将会耗费很多的时间,所以将结合既有的道路矢量,在路域缓冲带的局部范围内进行道路纹理的增强。

一般来说,卡通化处理的区域需要是矩形。因此对于所有矢量,需要得到矢量两个端点X、Y坐标中的最大值和最小值,分别表示为$X_{\max}$、$X_{\min}$、$Y_{\max}$、$Y_{\min}$,对于$Y_{\max}$的点需要向右取值,即加上一定的值,对于$X_{\min}$的点需要向左取值,即减去一定的值。对于Y值也是一样。

假设在路域缓冲带生成时左右平移的像素为a个,取$a>d$的值即可(d为生成道路缓冲面用到的曲线平移距离),如$2a$。那么对于一段矢量,其生成的区域为$X \in [X_{\min} - 2a, X_{\max} + 2a]$,$Y \in [Y_{\min} - 2a, Y_{\max} + 2a]$对应的矩形中。

显然,每段矢量是相连的,每段生成的矩形区域会不可避免的产生重合,一般情况采用后生成的纹理区域覆盖前一段的纹理区域的处理方式。

TV-L1 从纹理的角度增强了道路与非道路目标的差异,是道路区别于其他地物的显著特征,为后续道路提取奠定了很好的基础。道路影像图 5.15 经过 TV-L1 纹理增强后得到的整体卡通部分和纹理部分如图 5.16 所示。放大后的卡通部分及纹理部分的细节如图 5.17 所示。

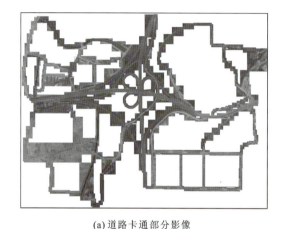 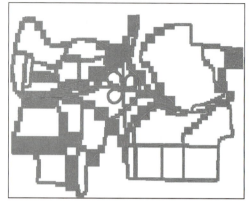

(a) 道路卡通部分影像　　　　　　　　　　　(b) 道路纹理部分影像

图 5.16　道路影像卡通化整体结果

 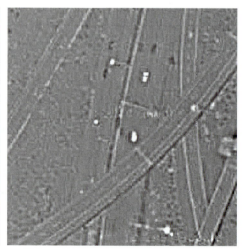

(a) 道路卡通部分细节影像　　　　　　　　　(b) 道路纹理部分细节影像

图 5.17　道路影像卡通化细节结果

从图 5.17(a)中可以看出,卡通部分与原图相比抹去了影像上的细节部分,只是有着物体的总体轮廓及色调。而相比之下图 5.17(b)中道路上的交通线、车辆都很明显地得到了增强,道路缓慢变化的成分被抑制,而反映其细节特征的纹理对比度被增强了。

2. 基于纹理的道路检测

在高分遥感影像中,道路路面颜色几乎相同,而缓冲区是手动设定宽度裁剪得到的,其中必然包含较多非路面要素,如路边的房屋、植物和农田等。由于地物特性不同,其光谱反射率也相对不一样。为了从路域缓冲带影像中准确提取出道路,结合种子填充算法,在道路纹理增强结果的基础上,从所有种子点出发找到所有道路纹理区域。相比于基于边缘的道路检测方法,增强后的道路纹理特征更加显著,鲁棒性强。

种子填充算法的基本思想是:从路域缓冲带区域内的一个或多个种子点开始,由内向外依次找到种子点周围与其纹理接近的点,直到道路边界为止。填充的条件是临近点而且纹理一致,如相邻点颜色的欧式距离小于一定的阈值。其核心其实就是一个递归算法,从指定的种子点开始,在各个方向上进行搜索,逐个像素判断纹理相似性,直到遇到边界或纹理突变,回溯到上一步重复另一次搜索。各种不同种子填充算法只是在处理颜色相似性的方式上有所不同。种子填充算法常用四连通域和八连通域来进行填充操作。

作为种子填充算法的关键,种子的选取至关重要。这里以道路缓冲带内的中心路网矢量为基准,在道路纹理影像的基础上,沿着其法线方向,每隔一定的间隔播散一些种子点,并检查种子点的合理性。若种子点周围一定范围内地物的纹理均匀,视为有效的种子点。一定范围内有效的种子点的灰度、颜色变化较小,据此进一步排除可能散落在道路车辆上的种子点。图 5.15 所对应的纹理种子点分布情况如图 5.18 所示,路面上的矩形框就是算法自动选取的种子点。

种子填充算法的结束条件是细节纹理发生了较大的变化,一般是遇到了道路车辆、标志标线、边缘、噪声等,表现为填充区域内的一些不同大小、形状的孔洞。其中,路面区域是主要部分,也是能够判读出车辆、标志标线等地物的参照。因此,需要利用形态学的膨胀、腐蚀操作,填充路面上孔洞,得到如图 5.19 所示的道路检测结果。

图 5.18 路域缓冲带纹理种子点

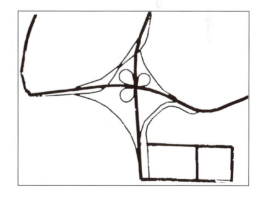

图 5.19 道路检测结果

3. 道路轮廓线提取

在道路检测结果的基础上,利用边缘检测算法,如 Canny 算法,便可以获得准确的道路轮廓边线。图 5.20 是道路边线精确提取的结果叠加到原始高分辨率遥感影像上的结果,可以看出,在路网矢量的引导下,通过前述纹理增强、种子填充等操作后,道路轮廓边线提取结果十分准确,为后续获取准确的路网矢量奠定了基础。

图 5.20 道路轮廓提取结果

接下来,基于成对的道路轮廓边缘,沿着边缘法线方向,得到矢量形式的道路轮廓中心线,获取路网矢量引导下的、基于高分辨率遥感影像的精确路网更新,如图 5.21 所示。将道路中心线叠加到原始遥感影像上,结果如图 5.22 所示。

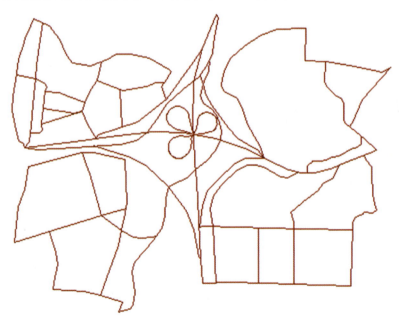

图 5.21 矢量引导下的路网更新

第 5 章 OpenStreetMap 辅助的影像道路提取

图 5.22 矢量引导下的路网更新结果

5.3 基于机器学习的道路提取

5.3.1 概述

本节主要介绍 OpenStreetMap 道路数据辅助引导提取高分影像上的道路。首先利用道路的梯度方向特征，基于机器学习的方法，提取道路信息，检测更新 OpenStreetMap 新增道路、增加 OpenStreetMap 矢量数据上没有的小路，同时生成道路样本库，训练其他高分影像，如不同时段、不同地区、不同分辨率的高分辨率遥感影像，提取道路信息。基于机器学习的道路提取方法也可进行道路灾害检测，如 2014 年 11 月四川省甘孜藏族自治州康定县发生的地震泥石流，基于即时获取的高分影像及地震前的 OpenStreetMap 道路矢量数据，检测疑似受灾道路。实际上 OpenStreetMap 数据在辅助遥感影像信息提取和变化检测上有很多用武之地，未来可发展的工作有许多。

本节的技术路线如图 5.23 所示，主要分为三个部分。

第一部分是影像与矢量的精配准。本方法中，道路正样本由矢量引导提取，故配准的准确性会在很大程度上影响引导得到的正样本的质量，并最终影响提取结果。所以，通常在纠正影像的系统误差（如传感器自身性能带来的几何形变）后，还需要进一步做精配准，可采用人工选取同名点或者计算机模板匹配等方法，该部分不作为本节重点内容叙述。

第二部分是矢量引导下的正负样本提取。考虑不同等级道路的道路特征不尽相同，首先对矢量道路进行分级。然后对道路矢量作缓冲区，在缓冲区内部影像中提取道路正样本，同时人工勾画选取道路负样本，由此得到道路样本库。其中，缓冲区半径和样本的

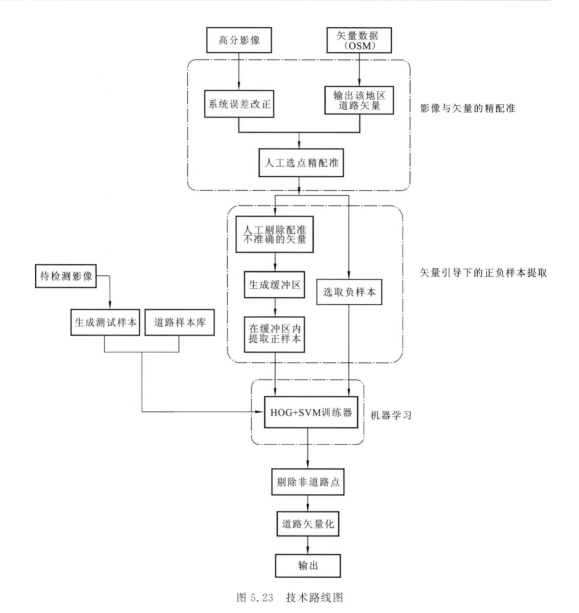

图 5.23　技术路线图

大小应当考虑对应道路级别的路宽。利用此样本库训练待测试影像,同时也可训练其他高分影像提取道路信息。

第三部分则是基于梯度方向特征算子(histograms of oriented gradients,HOG)结合机器学习的方法提取道路,最后对结果进行优化(滤波、形态学变换等),并矢量化道路。

5.3.2 节介绍了 OpenStreetMap 道路的分级及各级别道路的缓冲区半径设置、样本大小设置;5.3.3 节介绍了利用 OpenStreetMap 道路矢量数据辅助建立道路样本库;5.3.4 节介绍了道路样本库的 HOG 特征提取及这些特征输入支持向量机(support vector machine,SVM)中训练并提取道路;5.3.5 节是实验及分析。

5.3.2 道路分级

1. 道路分级的意义

道路分级在本方法中是较为重要的一个环节,这一方面是因为道路分级能提高后续提取样本的准确性;另一方面是因为这使得道路正样本在级别上可以有所区分,也因而使得提取结果在道路级别上有所区分。对于后一个方面,不同等级道路的道路特征不尽相同,如高速公路与住宅区道路,其道路宽度、性质功能均有不同,因此通过机器学习来分类出不同级别的道路是可能的。

道路分级之所以能提高后续提取样本的准确性,主要是不同等级的道路实际路宽不同,使得不同道路等级的样本在提取环节应当采纳的最优参数值不同。具体地,道路等级及宽度对样本提取的参数值产生的影响主要体现在以下两个方面。

(1) 在做道路缓冲区时,对待不同等级和路宽的道路应当采用不同的、对应的道路缓冲区半径。OpenStreetMap 数据实际是由人工根据真实情况上传和编辑的,考虑较小范围的数据偏移,其应落在真实道路附近一定半径的缓冲区内。不同城市、不同等级、不同功能的道路的宽度不尽相同,根据不同道路宽度设置合理缓冲区半径尤为重要。Liu 等(2015)基于自适应的方法找到带匹配数据的缓冲区半径,在武汉区域用 OpenStreetMap 道路数据对商业导航数据库进行匹配、更新;Zhang 等(2007)提出了非对称缓冲区增长法,同时设置沿道路方向和垂直道路方向的缓冲区半径,用于匹配两套异源道路矢量数据。缓冲区半径过大,缓冲区内会包含较多非道路特征,影响分类结果;缓冲区半径过小,道路梯度特征不完整。

(2) 在缓冲区内部影像中提取道路样本时,对不同等级的道路应当采用相应的不同大小的样本。道路样本块过大,超出道路所在范围,会造成非道路特征冗余。

例如,分辨率为 1 m 的影像中,道路宽度为 30 m,样本大小设置为 36 个像素、缓冲区半径设置为 20 m 较为合理。

进而,道路分级的合理性、缓冲区半径及道路样本大小设置的合理性,最终将在很大程度上影响提取结果。从机器学习的样本适宜度来说,缓冲区半径过大,样本大小过小,会产生过多正样本,发生过学习现象;反之样本数量过少,会产生欠学习现象;样本过小也无法较好地体现道路梯度方向特征;缓冲区半径过大会造成非道路信息冗余,对学习过程造成干扰,上述这些情况都会导致提取结果的准确度受到负面影响。

2. 道路分级的依据

道路包含众多种类,性质功能等均有不同,无法用唯一标准对所有道路进行等级划分,因此各国的现行做法一般都是先划分道路种类,后针对各类道路的技术标准划分等级。我国道路按照使用特点,可分为城市道路公路、厂矿道路、林区道路和乡村道路。城市道路等级分快速路、主干路、次干路、支路四级。快速路又称汽车专用道,是指设有中央分隔带，具有四条以上机动车道，全部或部分采用立体交叉与控制出入，供汽车以较高速度行驶的城市道路；主干路是指连接城市各分区、以交通功能为主的道路；次干路是承担主干路与各分区间的交通集散作用，兼有服务功能的城市道路；支路是连接次干路与街坊路（小区路），以服务功能为主的道路。道路红线是规划道路的路幅边界线，是划分城市道路用地和城市其他建设用地的分界控制线。各级道路红线宽度控制：快速路不小于 40 m，主干道为 30～40 m，次干道为 25～40 m，支路为 12～25 m 。《城市道路工程设计规范》（CJJ 37—2012 ），对于道路的红线宽度并没有作强制性要求，仅对道路的路幅要求、横断面组成及各功能带最小宽度进行了要求。根据《城市道路工程设计规范》的有关规定，道路还可划分为四级，如表 5.1 所示。

表 5.1　道路等级分类

级别	项目				
	设计车速/(km/h)	单向机动车道数/条	机动车道宽度/m	道路总宽/m	分割隔带设置
一级	60～80	≥4	3.75	40～70	必须设
二级	40～60	≥4	3.5	30～60	应设
三级	30～40	≥2	3.5	20～40	可设
四级	30	≥2	3.5	16～30	不设

OpenStreetMap 道路矢量数据中每条道路都包含属性信息（图 5.24），包括道路等级、道路名称、道路属性、是否为单行道、是否为高架桥、是否是隧道、道路限制速度等。经统计，其中道路类型共有 18 种，如表 5.2 所示，其中 service（服务区道路）、track（小路）、path（小路）、unclassified（未分类道路）无法准确定义其宽度，pedestrian（人行路）、footway（人行路）、road（小路）数据量较少，不足以提取正样本，且暂时不考虑 10 m 以下宽的道路，因此这些类型的道路不作讨论。高速公路连接线是将高速公路正线和城市建成区、乡镇、厂矿及国省干线或者距离较远的另一条高速公路等连接起来的专用公路，高速公路连接线一般是二级或二级以上公路，路基宽度一般不低于 12 m，二级道路连接线、三级公路连接线、干线道路连接线同理。

FID	Shape *	OBJECTID	osm_id	name	ref	type	oneway	bridge	tunnel	maxspeed	Shape_Leng
231	折线	232	137553365	进宁南街		residential	0	0	0	0	.001240
232	折线	233	137553366	富宁街		residential	0	0	0	0	.001249
233	折线	234	137553368	富宁街		residential	0	0	0	0	.001302
234	折线	235	137553369	富宁街		residential	0	0	0	0	.002131
235	折线	236	137553370	民族南街		residential	0	0	0	0	.001282
236	折线	237	137553371	凤凰南街		secondary	0	0	0	0	.001366
237	折线	238	137553373	新华西街		residential	0	0	0	0	.002545
238	折线	239	137553374	利民街		residential	0	0	0	0	.001099
239	折线	240	137553375	康乐巷		residential	0	0	0	0	.003098
240	折线	241	137553376	前进街		residential	0	0	0	0	.002477
241	折线	242	137553377	民族南街		residential	0	0	0	0	.001282
242	折线	243	137553378	宗睦巷		residential	0	0	0	0	.005466
243	折线	244	137553379	民族南街		residential	0	0	0	0	.001384
244	折线	245	137553380	前进街		residential	0	0	0	0	.005560
245	折线	246	137553381	宗睦巷		residential	0	0	0	0	.003665
246	折线	247	137553382	新华西街		residential	0	0	0	0	.005659
247	折线	248	137553383	进宁南街		residential	0	0	0	0	.001380

图 5.24　OpenStreetMap 道路属性信息

第 5 章　OpenStreetMap 辅助的影像道路提取

表 5.2　OpenStreetMap 道路类型

道路类型的值	对应含义	宽度/m
motorway	高速公路	40～50
motorway_link	高速公路连接线	30～35
primary	主干道	30～40
primary_link	主干道连接线	20～30
residential	住宅区道路	30～40
secondary	二级道路	30～40
secondary_link	二级道路连接线	30～40
tertiary	三级公路	30～35
tertiary_link	三级公路连接线	30～35
trunk	干线道路(高架桥)	20～30
trunk_link	干线道路连接线	20～30
service	服务区道路	不固定
track	小路	不固定
pedestrian	人行路	5～10
footway	人行路	5～10
road	小路	5～10
path	小路	5～10
unclassified	未分类	不固定

OpenStreetMap 道路在分级时应结合道路宽度、道路功能属性、提取区域的实际道路特点来综合考虑。这里将道路分成三类,并以道路宽度 20 m、30 m、40 m 为缓冲区半径分界点,对每个大类设置相应大小的缓冲区半径和样本大小(样本形状为正方形)。以 20～30 m 宽度的道路为例,缓冲区半径多设定为道路宽度一半,为了完整地获取道路方向,同时考虑部分 OpenStreetMap 道路有 3～6 m 的误差,将缓冲区半径候选范围设定为 14～21 m。经过实验分析,在缓冲区半径 14 m、15 m、16 m、17 m、18 m、19 m、20 m、21 m 中,20 m 缓冲区半径所含道路信息最佳。同理,30～40 m 宽度的最佳缓冲区半径确定为 26 m,40～50 m 的最佳缓冲区半径确定为 30 m。OpenStreetMap 道路分级和各级别道路的缓冲区半径及样本大小设定如表 5.3 所示。样本大小的设定应确保样本能包含在缓冲区中并使样本应尽量包含尽可能多的道路特征,所以大小应略小于缓冲区范围;样本大小不仅与缓冲区半径及道路宽度相关,还与 HOG 特征参数设置有关(具体见 5.3.4 节)。特别的,全国各地的道路宽度、特点各异,在实际应用时应考虑根据这些特点对 OpenStreetMap 的道路分级、缓冲区半径设置、样本大小作相应调整。

表 5.3　OpenStreetMap 道路分级设置

道路类型的值	对应含义	道路宽度/m	缓冲区半径/m	样本大小/(像素×像素)
motorway	高速公路	30～45	30	52×52
primary	主干道			
motorway_link	高速公路连接线			
residential	住宅区道路			
secondary	二级道路	30～40	26	48×48
secondary_link	二级道路连接线			
tertiary	三级公路			
tertiary_link	三级公路连接线			
trunk	干线道路(高架桥)			
trunk_link	干线道路连接线	20～30	20	36×36
primary_link	主干道连接线			

5.3.3　道路样本库建立

1. 矢量引导生成道路正样本

样本库是用来训练和构建分类器时由各种正负样本构成的数据集合。道路样本库中包含道路正样本和负样本,其中正样本可根据不同道路类型细分为高速公路、乡村小路等,负样本可细分为建筑区、农田等。样本的类型、大小、多少都是影响道路提取质量的因素,样本收集的全面性对分类器的训练结果有直接影响,因此,需要针对各种道路数据的特征构建全面的样本库。

将某地区对应的矢量数据叠加到影像中,可指导建立道路样本库。矢量与影像精配准后,根据 5.3.2 节中确定的不同等级道路的缓冲区半径,对矢量作缓冲区,缓冲区内为道路,即形成道路骨架图,如图 5.25 所示。再以 5.3.2 节中确定的不同等级道路的样本大小,从影像左上角第一行开始,逐行遍历裁出完整的道路样本块,输出道路正样本,生成众多的道路样本块,如图 5.26 所示。

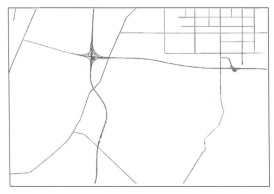

图 5.25　道路骨架图

第 5 章　OpenStreetMap 辅助的影像道路提取

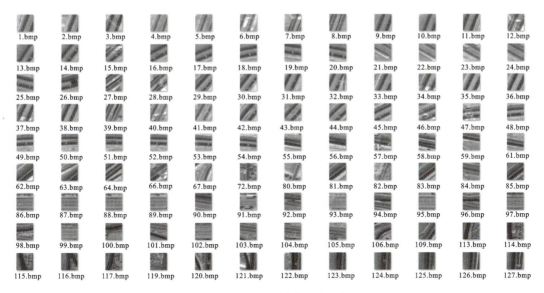

图 5.26　道路正样本块库示意

为保证各个道路方向的全面性,在生成的道路正样本中,每隔 10 个选取样本对其分别进行 90°、180°、270° 3 个方向的旋转,每个样本重新生成 3 个样本(图 5.27),加入样本库中,充实样本库。

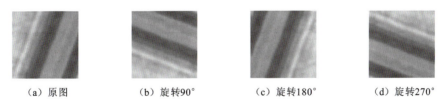

（a）原图　　　（b）旋转90°　　　（c）旋转180°　　　（d）旋转270°

图 5.27　旋转样本

2. 选取道路负样本

道路负样本指非道路特征地物,包括建筑用地、植被、农田、湖泊、居民区等。人工选取非道路区域时应尽量选择具有代表性的地物,其中建筑物、田埂的梯度方向特征与道路相近,是易于与道路混淆的地物,负样本中可增加这类地物,同时应保证样本地物类型的全面性,利于分类,如图 5.28 所示。对已选取的负样本分块,每行每列无间隙裁剪出与正样本大小相同的样本块,输出道路负样本,如图 5.29 所示。

同理,为保证负样本的全面性,在生成的负样本中,每隔 10 个选取样本对其进行 90°、180°、270° 3 个方向的旋转,每个样本重新生成 3 个样本,加入样本库中。

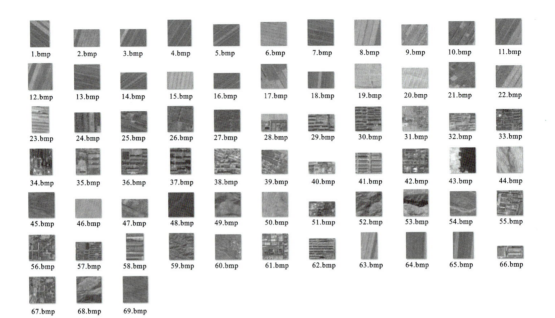

图 5.28　道路负样本的来源示例

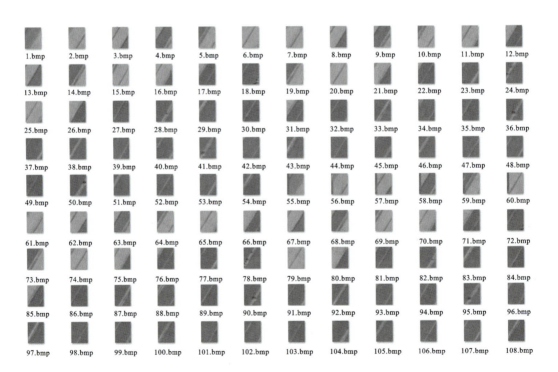

图 5.29　道路负样本块示例

3. 生成道路测试样本

训练器中需要测试样本和训练样本保持相同维度的特征向量,因此需要对待检测影像进行分块,从而得到与正负样本相同大小的测试样本,然后用训练好的训练器对这些测试样本分类,最终得到道路类别的样本。分块方法类似上文正样本的提取,但是为了减少道路漏检及错检,在影像横、纵方向设置为样本大小二分之一的重叠度。设置重叠度是为了减少道路漏检及错检。经实验证明,设置重叠度的提取效果较好,避免了一些道路块的漏检。生成的测试样本如图 5.30 所示。

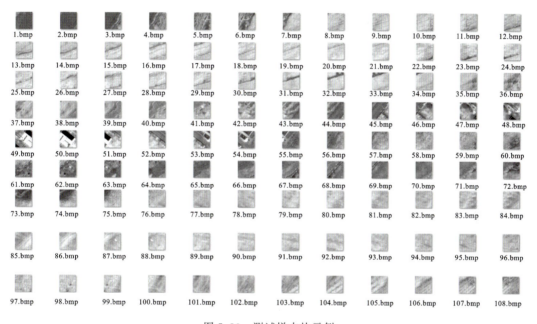

图 5.30　测试样本块示例

5.3.4　HOG+SVM 训练提取道路特征

支持向量机 SVM 由 Vanpik 领导的 AT&TBell 实验室研究小组在 1963 年提出,其在机器学习领域是一种非常有潜力的分类技术,是有监督的学习分类器,应用广泛,通常用来进行模式识别、分类,以及回归分析。其主要思想是对线性可分情况进行分析,对于线性不可分的情况,通过使用非线性映射算法将低维输入空间线性不可分的样本转化为高维特征空间使其线性可分。低维空间向量集通常难于划分,解决的方法是将它们映射到高维空间。但这个办法带来的问题就是计算复杂度的增加,而核函数正好巧妙地解决了这个问题。只要选用适当的核函数,就可以得到高维空间的分类函数。选择不同的核函数,可以生成不同的 SVM。常用的核函数有以下四种。

(1) 线性核函数 $K(x,y) = xy$;

(2) 多项式核函数 $K(x,y) = (xy+1)^d$；

(3) 径向基函数 $K(x,y) = \exp(-|x-y|^2/d^2)$；

(4) 二层神经网络核函数 $K(x,y) = \tanh(a(xy)+b)$。

线性核函数是一种常见的、简单的核函数，主要针对线性问题进行计算。多项式核函数中 d 为多项式的阶次，最终所得分类器是 d 阶多项式。径向基函数所得的 SVM 是径向基分类器，每一个基函数的中心对应一个支持向量，径向基形式的内积函数具有较为优良的性能，实现起来相对简单，实际应用比较广泛。二层神经网络核函数是一个包含隐层的多层感知器网络，算法可以自动确定权值、隐层节点数，而不是人工凭借经验确定，同时，该函数不存在神经网络中局部极小点的问题。除了上述 4 种常用的核函数外，还有小波核函数、指数径向基核函数等，但应用比较少。这些核函数中，最常用的是多项式核函数和径向基核函数。对于不同的数据库，不同的核函数有各自的优势。合理的核函数选择可以在很大程度上提高 SVM 分类器的性能，但遗憾的是，针对具体的问题，目前还没有很好的方法选择最佳核函数。

近几年，SVM 迅速发展和完善，在解决小样本、非线性及高维模式识别问题中表现出许多特有的优势，并能够推广应用到函数拟合等其他机器学习问题中。现在已经在许多领域，如生物信息学、文本和手写识别等，取得了成功的应用。沈照庆等（2012）提出了基于支持向量机的道路特征快速提取算法，研究表明，SVM 对线状道路模式判别能力比常规方法有更强的优势，对小样本的道路识别效果更加明显。

HOG 特征结合 SVM 分类器已经被广泛应用于行人检测中，并获得了极大的成功（Dalal et al.，2005）。对所有样本提取 HOG 特征，再将这些特征输入训练器进行训练和分类。高分辨率遥感影像上局部目标的表象（appearance）和形状（shape）能够被梯度或边缘的方向密度分布很好地描述，而梯度主要存在于边缘的地方，HOG 特征算子可以较好地描述边缘信息。HOG 特征描述算子，即局部归一化的梯度方向直方图，通过计算局部区域上的梯度方向直方图来构成特征向量，对光照变化和小量的偏移不敏感。

计算道路块的 HOG 特征算子，首先将图像分成小的连通区域，即细胞单元。然后，采集细胞单元中各像素点的梯度（或边缘）方向直方图。最后，把这些直方图组合起来就可以构成特征描述器。为提高训练器性能，有时候把这些局部直方图在图像的更大范围内进行对比度归一化。

具体过程描述如下。

(1) 归一化图像。为了减少光照因素的影响，需要将整个图像进行规范化（归一化）。在图像的纹理强度中，局部的表层曝光贡献的比重较大。所以，这种压缩处理能够有效地降低图像局部的阴影和光照变化。如果是彩色影像，考虑因为颜色信息作用不大，通常在归一化前先将影像转化为灰度图。

(2) 计算图像梯度。计算图像横坐标和纵坐标方向的梯度，并据此计算每个像素位置的梯度幅值及梯度方向值。图像中像素点(x,y)的梯度计算如式(5.14)和式(5.15)所示,像素点(x,y)处的梯度幅值和梯度方向如式(5.16)和式(5.17)所示。

$$G_x(x,y)=H(x+1,y)-H(x-1,y) \qquad (5.14)$$

$$G_y(x,y)=H(x,y+1)-H(x,y-1) \qquad (5.15)$$

$$G_y(x,y)=\sqrt{G_x(x,y)^2+G_y(x,y)^2} \qquad (5.16)$$

$$\alpha(x,y)=\tan^{-1}(G_y(x,y)/G_x(x,y)) \qquad (5.17)$$

(3) 为每个细胞单元构建梯度方向直方图。将图像分成若干个重复遍历的矩形细胞网格,由 $n \times n$ 个像素组成,将细胞网格梯度方向按照 z 个主方向统计,在固定大小局部窗口中,计算细胞内每个像素的梯度方向,梯度大小作为投影的权值,在直方图中进行加权投影(映射到固定的角度范围),统计这 z 个主方向的平均梯度强度,每个细胞产生 z 维的特征向量。例如,将细胞的梯度方向按照 9 个主方向统计,如图 5.31 所示,将 0°~360°分为 9 个主方向,依次为 Z1~Z9,每个主方向夹角为 20°,对角为同一方向。在固定大小局部窗口

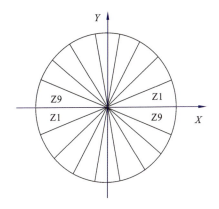

图 5.31 细胞单元梯度强度统计的 9 个主方向

中,若某一像素,梯度方向是 20°~40°,梯度大小为 3,则直方图第 2 个饼的计数就加 1,对细胞内每个像素进行加权投影,可得到这个细胞的梯度方向直方图,即该细胞对应的 9 维特征向量。

(4) 块内归一化梯度直方图。把细胞单元组合成大的块,块是由密集重复遍历的细胞网格组成的空间上连通的区间,一般每个块由 $m \times m$ 个细胞网格组成,一个块内所有细胞的特征向量串联起来便得到该块的 HOG 特征。这些区间是互有重叠的,所以每一个单元格的特征会以不同的结果多次出现在最后的特征向量中。将归一化后的块描述符(向量)称为 HOG 描述符。

(5) 收集 HOG 特征。将检测窗口中所有重叠的块进行 HOG 特征的收集,并将它们结合成最终的特征向量供分类使用。HOG 类似于 SIFT 特征描述子,但 HOG 是在图像的局部方格单元上操作,将图像均匀地分成相邻的小块,然后在所有的小块内统计梯度直方图,对图像几何的和光学的形变都能保持很好的不变性,本身不具有旋转不变性(较大的方向变化),其旋转不变性是通过采用不同旋转方向的训练样本来实现的。为使读者直观观察道路 HOG 特征算子的特征,将道路样本 HOG 可视化,图 5.32(a)~(d)分别表示弯路、水平道路、倾斜道路、垂直道路的道路图块及其 HOG 算子图,可见,HOG 特征描述算子可较好地表现道路方向特征。

样本大小与选取的 HOG 特征的细胞网格大小及块大小有关,以缓冲区半径设定为

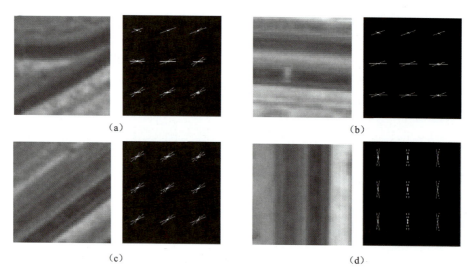

图 5.32 HOG 可视化

20 m 的道路为例，HOG 特征选取 16×16 细胞网格大小，2×2 的块，即处理 32×32 大小的样本块，考虑边缘线处理问题，样本大小要比 HOG 处理块大 2～4 个像素，所以样本大小设为 36。

5.3.5 实验及分析

道路矢量数据的基本元素是节点，节点可以给出矢量中各地点的位置信息。同时，道路的拓扑信息是由多个弧段连接来表示的，每条弧也都是用构成这条弧的节点序列来表示的，点和弧的信息反映了城市道路基本状况（杨凌等，2008）。OpenStreetMap 虽然数据精度较高，但由于用户缺少一定专业知识背景和足够的制图训练，OpenStreetMap 数据难以保证质量控制及规范性（栾学晨等，2014），有缺少节点、信息缺失等问题，反映在矢量文件中，总是存在一些拓扑错误和位置错误，从而不能够完全正确地反映实际的道路状况（图 5.33 和图 5.34）。图 5.33 中道路矢量某段上缺失节点，矢量与影像无法配准，这可能与用户的编辑错误有关；图 5.34 中水平道路线有部分在建筑区，道路过宽，可能是单行道、双行道定义不准确，或者测量时测量人员产生偏移。类似的种种问题使得 OpenStreetMap 数据质量难以得到保证。如果这些误差不能得到纠正或剔除，将会影响地图用户的使用，也会造成道路提取的众多错误。杨凌等（2008）基于城市道路设计规范和知识，对矢量地图中错误矢量数据进行修正，提出了问题点的判定规则和校正算法，能够有效提高矢量地图拓扑的准确性和完整性。本章实验的 OpenStreetMap 获取时间为 2015 年 9 月 20 日，采用其中道路信息，并用实验地区行政区划图裁剪出实验数据，人工去除 OpenStreetMap 道路偏移点。

高分辨率影像来源于我国"高分二号"卫星，该卫星的使用标志着中国遥感卫星进

第 5 章　OpenStreetMap 辅助的影像道路提取

图 5.33　缺少节点

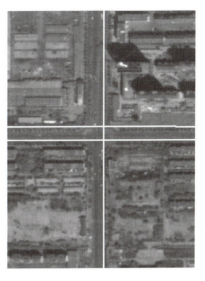
图 5.34　位置偏差

入亚米级"高分时代"。"高分二号"卫星是高分辨率对地观测系统重大专项首批启动立项的重要项目之一,是目前我国分辨率最高的光学对地观测卫星,具有米级空间分辨率、高辐射精度、高定位精度和快速姿态机动能力,主要用户为国土资源部、住房和城乡建设部、交通运输部、林业局,同时还为其他用户部门和有关区域提供示范应用服务。

实验影像数据获取于 2014 年 9 月,是第一批公开的"高分二号"数据,全色影像分辨率为 1 m,多光谱影像分辨率为 4 m;实验地区为宁夏回族自治区银川市及永宁县部分区域,用银川市和永宁县的行政区划图裁剪全国 OpenStreetMap 道路矢量数据,结果如图 5.35 所示。实验地区以平原、山丘为主,起伏微缓,有 6 条国道通往全国各地,境内有高速公路 125 km,109 国道、110 国道、青银高速公路、福银高速公路、京藏高速公路等穿境而过,银川市属于发展中城市,经济、人口等处于中等,是一座有潜力的城市。

遥感影像在获取时,由于传感器自身原因,产生系统误差,原始数据与 OpenStreetMap 道路矢量偏移 3 000 多米。因此,结合已有地理信息数据(如已知 DEM 或 GoogleEarth 地图)自动提取大量控制点,利用陶鹏杰等(2011)提出的内方位系统误差的定标方法,减小影像内部几何拼接畸变问题。经过系统误差纠正,影像的定位精度与用作地理参考的正射影像精度相当,内精度可达子像素级,道路矢量与影像能较好贴合,但配准误差仍可达 10 像素,不满足实验需求,需要进一步精配准。选择人工选同名点进行精配准,尽量在十字路口、道路拐点选取同名点,均匀分布在影像上,最终选取 27 个同名点,采用样条函数纠正,结果如图 5.36 所示。

为测试 HOG 特征结合 SVM 分类器方法的可行性,这里选取实验区域的一部分进行如下测试:按照本算法,使用一定的缓冲区半径和样本大小从测试区域中提取正负样本,

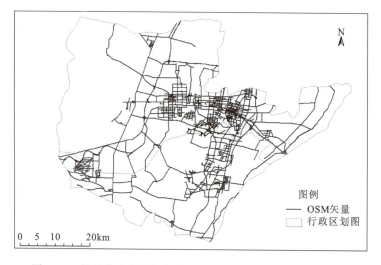

图 5.35 银川市和永宁县部分区域 OpenStreetMap 道路矢量图

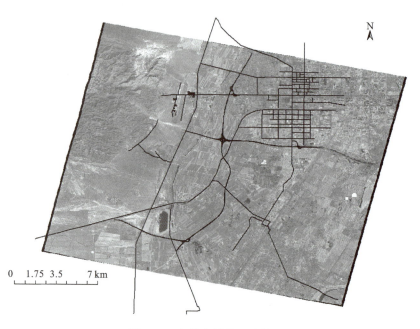

图 5.36 矢量与影像配准结果

抽取正负样本各十分之一作为训练样本,其余作为测试样本,随后进行训练和分类,统计分类的正确率。测试的缓冲区半径大小包括 32 m、35 m、38 m、48 m、52 m,样本大小包括 36×36、48×48、64×64,其中,选取缓冲区半径 32 m、样本大小 36×36 时效果最佳。在这样的条件下输出道路正样本 545 个,负样本 2 157 个,道路类中 490 个测试道路样本可准确分类 412 个(准确率 84.08%),包括负样本在内的整体分类准确率达 93.99%。整体准确率达到 90% 以上,说明该方法可用于道路信息提取。

图 5.37 为实验结果,图中微小矩形是提取出的道路块,其中存在漏检、误检的情况,对其进行优化,中值滤波后进行形态学变化,结果如图 5.38 所示。

图 5.37 道路点提取结果图

图 5.38 道路优化结果图

这里选取实验区的四个样例区域来示意和分析。对于样例区域一,原始影像如图 5.39(a)所示,图 5.39(b)是利用支持向量机分类器得到的结果,图 5.39(c)是中值滤波的结果(滤波窗口大小为 48×48),图 5.39(d)是经过数学形态学处理后的结果(先进行 5 次腐蚀运算,再进行 5 次膨胀运算),图 5.39(e)是利用 ArcGIS 将道路矢量化的结果。区域一有一条国道穿过,道路呈现曲线;有较多的耕地田埂,易与道路特征混淆。实验较好地将该条国道提取出来,但仍有部分错分现象,错分源于建筑物边缘及田埂等。对于样例区域二,其原始影像及各步骤处理结果如图 5.40 所示。

(a)原始影像

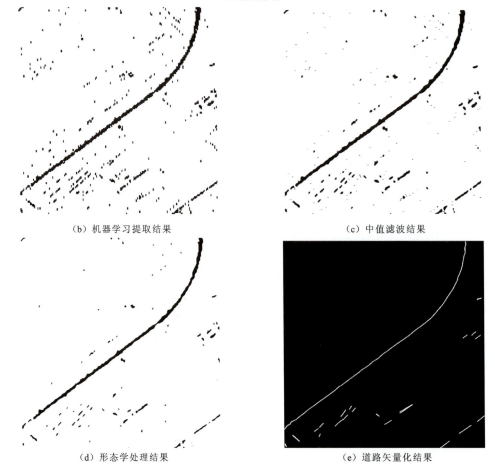

(b)机器学习提取结果　　　　　　　　(c)中值滤波结果

(d)形态学处理结果　　　　　　　　(e)道路矢量化结果

图 5.39　样例区域一道路提取结果

第 5 章　OpenStreetMap 辅助的影像道路提取

(a) 原始影像

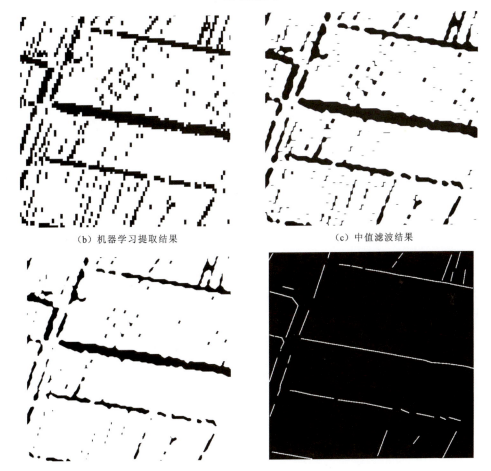

(b) 机器学习提取结果　　　　　　　　　(c) 中值滤波结果

(d) 形态学处理结果　　　　　　　　　(e) 道路矢量化结果

图 5.40　样例区域二道路提取结果

样例区域一及样例区域二的实验表明,算法可较好地提取主干路,但相近特征的地物(如梯度方向相近的耕地)容易导致错分的现象。

样例区域一及区域二道路结构相对较为简单,图5.41及图5.42为结构相对复杂的样例区域三和样例区域四的原始影像与提取结果的叠加图,样例区域三提取结果较好地避开了明显建筑并提取了交叉路口,但由于道路样本库不够全面,会出现漏分的情况。例如,对于不常见的十字路口,样本库中缺少该方向的十字路口,因而这些路口并没有被提取出来,可考虑在后处理中利用道路的拓扑结构将两者连接起来。样例区域四的结果表明,算法对弯曲道路的提取效果也比较好,总体上可以提取大部分道路特征。

 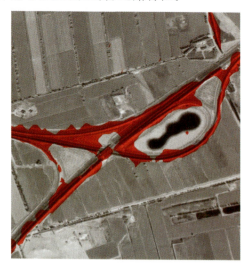

图5.41 样例区域三的原始影像及提取结果(红色)　　图5.42 样例区域四的原始影像及提取结果(红色)

5.4 本章小结

将矢量与影像结合进行特征提取,利用矢量和栅格数据的特点,可提高特征提取的自动化程度、检测结果的准确性及可靠性。本章主要介绍了OpenStreetMap辅助高分辨率影像的道路提取的两种方法:基于种子点追踪的道路提取与更新、基于机器学习的道路提取。在这样的应用场景中,OpenStreetMap道路数据作为引导信息,用来选取包含道路要素的影像片段,以便于提取道路模板或道路种子点。OpenStreetMap在高分辨率遥感影像提取中有较大的应用潜力和价值,希望能够继续深入研究,争取早日建立实用的生产系统。

参 考 文 献

陈舒燕.2010.基于OpenStreetMap的出行可达性分析与实现.上海:上海师范大学.

第5章 OpenStreetMap辅助的影像道路提取

胡翔云,张祖勋.2002.航空影像上线状地物的半自动提取.中国图象图形学报,7(2):137-140.
雷小奇,王卫星,赖均.2009.一种基于形状特征进行高分辨率遥感影像道路提取方法.测绘学报,38(5):457-465.
李德仁.2006.移动测量技术及其应用.地理空间信息,4(4):1-5.
李建松.2006.地理信息系统原理.武汉:武汉大学出版社.
栾学晨,范红超,杨必胜,等.2014.城市道路网主干道提取的形态分析方法.武汉大学学报:信息科学版,39(3):327-331.
马力.2011.基于整体优先性的遥感影像道路信息提取研究.武汉:武汉大学.
沈照庆,黄亮,陶建斌.2012.基于支持向量机的高光谱遥感影像道路提取.长安大学学报:自然科学版,32(5):34-38.
唐伟,赵书河.2011.基于GVF和Snake模型的高分辨率遥感图像四元数空间道路提取.遥感学报,15(5):1040-1052.
唐利明.2013.基于变分方法的图像分解与图像分割.重庆:重庆大学.
陶鹏杰,鲁盛平,张勇.2011.CBERS-02B影像基于已有地理信息数据的自动定位//第一届全国高分辨率遥感数据处理与应用研讨会论文集.西安.武汉:Scientific Research Publishing.
汪秀莉,沈剑,吴华丽,等.2012.基于TV-L1模型的多尺度遥感影像分解方法.海军航空工程学院学报(6):716-720.
文贡坚,王润生.2000.从航空遥感图像中自动提取主要道路.软件学报,11(7):957-964.
吴晓燕,车登科,戴芬.2010.影像与矢量结合的道路自动提取及变化检测.矿山测量(1):62-64.
徐阳,李清泉,唐炉亮.2011.基于道路网矢量数据的遥感影像道路损毁检测.测绘通报(4):14-16.
闫冬梅.2003.基于特征融合的遥感影像典型线状目标提取技术研究.北京:中国科学院遥感应用研究所.
杨凌,常江龙.2008.一种基于道路知识的矢量地图数据校正方法.计算机仿真,25(5):230-232.
张桂峰,巫兆聪,易俐娜.2010.改进的标记分水岭遥感影像分割方法倡.计算机应用研究,27(2):760-763.
张剑清,朱丽娜,潘励.2007.基于遥感影像和矢量数据的水系变化检测.武汉大学学报:信息科学版,32(8):663-666.
张连均,张晶,郭阳,等.2010.高分辨率遥感影像道路提取方法综述.测绘与空间地理信息,33(4):26-30.
郑红.2009.变分图像扩散TV_L1模型的分裂计算方法.青岛:青岛大学.
中华人民共和国国家统计局.国家数据[2016-02-09]http://data.stats.gov.cn/easyquery.htm?cn=C01&zb=A0B06&sj=2014.
中华人民共和国住房和城市建设部.2012.城市道路工程设计规范(CJJ 37—2012).北京:中国建筑工业出版社.
朱长青,杨云,邹芳,等.2008.高分辨率影像道路提取的整体矩形匹配方法.华中科技大学学报:自然科学版 36(2):74-77.
朱长青,邹芳,杨云.2009.基于结点扩展的高分辨率遥感影像道路提取.华中科技大学学报:自然科学版,37(1):27-29.
Baltsavias E P. 2004. Object extraction and revision by image analysis using existing geodata and knowledge: current status and steps towards operational systems. ISPRS Journal of Photogrammetry and Remote Sensing,58(3-4):129-151.
Chambolle A, Pock T. 2011. A first-order primal-dual algorithm for convex problems with applications to imaging. Journal of Mathematical Imaging and Vision,40(1):120-145.
Dalal N, Triggs B. 2005. Histograms of oriented gradients for human detection//IEEE Conference on Computer Vision and Pattern Recognition,2005. New York:IEEE,886-893.
Devadoss S L,O'rourke J. 2011. Discrete and Computational Geometry. Princeton:Princeton University Press.

Gilles J, Meyer Y. 2010. Properties of BV-G structures ＋ textures decomposition models. Application to road detection in satellite images. IEEE Transactions on Image Processing, 19(11): 2793-2800.

Guen V L. 2014. Cartoon ＋ Texture image decomposition by the TV-L1 model. Image Processing on Line, 4: 204-219.

Liu C, Xiong L, Hu X, et al. 2015. A progressive buffering method for road map update using OpenStreetMap data. ISPRS International Journal of Geo-Information, 4(3): 1246-1264.

Lu B, Ku Y, Wang H. 2009. Automatic road extraction method based on level set and shape analysis//Proceedings of the 2009 Second International Conference on Intelligent Computation Technology and Automation. New York: IEEE, 3: 511-514.

Mayer B H, Laptev I, Baumgartner A, et al. 1997. Automatic road extraction based on multi-scale modeling, context, and snakes. International Archives of Photogrammetry and Remote Sensing, 32(3): 106-113.

Movaghati S, Moghaddamjoo A, Tavakoli A. 2010. Road extraction from satellite images using particle filtering and extended kalman filtering. Geoscience and Remote Sensing IEEE Transactions on, 48(7): 2807-2817.

Over M, Schiling A, Neubauer S, et al. 2010. Generating web-based 3D city models from OpenStreetMap: The current situation in Germany. Computers Environment and Urban Systems, 34(6): 496-507.

Park J S, Saleh R A, Yeu Y. 2002. Comprehensive survey of extraction techniques of linear features from remote sensing imagery for updating road spatial databases//2002 ACSM-ASPRS Annual Conference and FIG XXII Congress. [S. l. : s. n.]: 21-26.

Samsonov T E, Konstantinov P. 2014. OpenStreetMap data assessment for extraction of urban land cover and geometry parameters required by urban climate Modeling//Extended Abstract Proceedings of GIScience. [S. l. : s. n.].

Zhang C. 2004. Towards an operational system for automated updating of road databases by integration of imagery and geodata. ISPRS Journal of Photogrammetry and Remote Sensing, 58(3): 166-186.

Zhang M, Meng L. 2007. An iterative road-matching approach for the integration of postal data. Computers, Environment and Urban Systems, 31(5): 597-615.

第 6 章

基于众源数据的路网提取与更新

　　第 5 章探讨了 OpenStreetMap 众源道路在影像道路提取中所能发挥的作用,本章将换个角度继续探讨众源背景下的道路提取与更新技术。如今越来越多的普通车辆装载了低成本的 GPS 接收装置,这些装置产生了大量高实时性、高精度的车辆位置数据(浮动车数据),相对于传统的道路提取方式,利用浮动车数据进行道路提取具有低成本和高实时性的优势。另外,这些提取出来的道路及 OpenStreetMap 道路等众源路网数据可以用来更新专业路网数据库,这可以提高后者的现势性,降低后者更新的成本。因此,本章将系统地阐述利用浮动车数据提取路网及众源路网数据更新专业路网数据的相关技术与方法。

6.1 引　　言

5.1节提到，传统的道路提取方法主要包括人工外业量测、车载移动测量技术、基于遥感影像的道路提取等，这些方法具有精度高的优点，但是人工成本高、更新周期长。用传统方法提取道路现势性不强，以众源地理数据作为数据源的道路提取与更新，具有低成本和高时效的优势。

一方面，浮动车数据为道路提取提供了新的数据基础。随着GPS和无线通信技术的成熟，如今越来越多的普通车辆也装载了低成本的GPS接收装置。OpenStreetMap等提供轨迹分享功能的网站上，大量用户和志愿者上传了自己的车辆行驶轨迹。另外，2010年中国交通部提出的国家商用车辆平台（NCVMP），可用于监测特殊类型的商用车辆。因为这些车辆大部分时间都在路上行驶，因此它们的GPS轨迹点与道路的几何信息是一致的。基于众源GPS数据提取道路信息可以作为传统道路信息提取方法的重要补充，在特定情况下可以发挥不可替代的作用。本章6.2节将对如何从浮动车GPS数据中提取道路进行论述。

另一方面，在道路数据的更新上，结合众源道路对本地专业道路数据进行更新值得研究。地图匹配是完成道路数据库更新的基础，近30年来，针对矢量道路匹配的算法基本都是在适合线特征的缓冲区增长法和适合点特征的迭代最邻近点法的基础上做了一些拓展和细节上的改进。但这些拓展和改进并不能让地图匹配很好地适用于差异非常大的非专业人士生成的众源道路数据库和专业人士生成的基准道路数据库的匹配上。本章6.3节将就如何改良地图匹配算法，从而较好地匹配、融合这两种数据展开论述。

6.2 基于众源GPS数据的道路提取

6.2.1 主要方法

相对于传统的道路信息提取方式，从众源浮动车GPS数据中提取道路有以下优点。

（1）现势性好。车辆GPS轨迹数据的获取是实时的，对其进行处理可以获得现势性极好的道路信息。这对于道路网的及时更新是很重要的。

（2）数据量大。因为有大量的用户在上传，因此每时每刻都会获得大量的GPS轨迹信息，同一段时间内往往有多个用户上传行驶在同一条道路上的轨迹数据，因此每条道路形成了大量的相应GPS数据，保证了从中提取道路信息的可靠性。

（3）成本低。浮动车GPS数据是用户或者出租车公司上传的，因此数据采集的成本很低，如果能从这些数据中自动或者半自动地提取道路信息，所需的成本相比专业道路采集也将大大降低。因此，从GPS浮动车数据中提取道路信息是可行而且有着明显优势的，对其进行研究也是十分有意义的。

众源GPS浮动车数据目前很大一部分是普通市民用户、商业车辆（公交车，出租车等）用户上传到同一网络平台上的数据。近年来从浮动车GPS数据中提取道路信息开始成为国际地理信息界研究的热点,许多学者进行了这方面的研究,并提出了一些方法。这些方法可以分为两类:一类是基于矢量化的方法;一类是基于栅格化的方法。

GPS 具有轨迹信息,其轨迹本身就与道路的几何信息比较一致,同时 GPS 点也以矢量的形式存储,基于此产生了很多基于矢量的方法。Schroedl 等(2004)研究了一种从车辆的行驶轨迹中得到高精度道路地图的方法,其研究采用的车辆配备了差分 GPS 接收器,能获得高精度的 GPS 数据,该研究将轨迹点划分为道路段轨迹和十字路口两种类型,从而得到道路中心线;Brüntrup 等(2005)提出的方法是首先将得到的 GPS 轨迹与道路网数据匹配,递增地更新道路地图,然后将所有轨迹先后合并到现有的道路地图中;Worrall 等(2007)将各个 GPS 点根据位置信息进行聚类得到一连串的聚类点,然后将这些聚类点连接生成一个连续的链,并用最小二乘拟合为线和弧段形成道路网;Ekpenyong 等(2009)使用神经网络的方法处理 GPS 点,将 GPS 点信息输入人工神经网络以自动决定这些"不确定道路"是否可以添加进道路网中;Cao 等(2009)提出了一种新颖的方法,他们将每天的原始 GPS 轨迹转换为一个可变的道路网,将不同的轨迹根据吸引力和排斥力,按照同向相吸、异向相斥的原则,划分到新的道路模型中,然后合并跟踪点来生成一个道路网络;Zhang 等(2010)首先按照方向和距离信息将 GPS 轨迹进行预处理,然后利用原有道路网矢量数据做一个缓冲区,得到落入此缓冲区内的 GPS 轨迹,将其按照一定的模型合并为道路网;Boucher 等(2012)提出了一种概率地图方法用于管理路网数据库,其使用车载 GPS 数据通过计算马哈拉诺比斯距离探测数字地图的拓扑变化;Liu 等(2012)首先将 GPS 点进行分类,然后利用这些类别将每个轨迹点合并到候选道路网中;Li 等(2012)综合利用了 GPS 数据的空间及语义信息从浮动车数据中提取道路。

栅格化方法方面,由于众源浮动车 GPS 数据量大,因此将其投影到影像上提取道路信息再矢量化得到道路网的方法也是可行的。Ayers 等(2005)将实验区域分为 25 m×25 m 的网格,然后在各个网格内综合利用包括 GPS 点数量、轨迹数、时间和方向等信息判断潜在的新增道路;Davics 等(2006)认为落入其所划分的网格中的 GPS 点越多,这个网格成为道路点的概率就越大,并利用此提取道路信息;Wu 等(2007)提出了一种多目标识别方法用来确定潜在的道路,并展示了其可以用来识别车辆运动模式,分析 GPS 车辆跟踪性能的能力;李宇光等(2010)在栅格化矢量路线图的过程中添加了缓冲区和道路属性信息用来快速提取道路网络和道路行驶限速;Zhao 等(2011)使用 GPS 点密度分析方法得到道路中心线以更新道路网数据;王振华等(2015)结合中心线提取的方法从浮动车数据中提取不同等级的道路。

下面选取具有代表性的、实验结果相对较好的三种方法进行介绍。

1. 基于矢量化的方法Ⅰ

Li 等(2012)提出了一种结合空间和语义关系的基于浮动车辆数据的道路网提取方法。该方法主要包括 5 个步骤:数据预处理、轨迹生成、轨迹处理、轨迹后处理和道路连接。其所用数据为国家商用车辆平台从三种交通工具中接收的数据,这三种交通工具为危险品运输车辆、教练车辆和旅游车辆。其数据的采样间隔大于 30 s。

(1) 数据预处理。剔除速度为 0、方位角大于 360°、没有地理坐标、人为造成的异常车牌号码等异常数据。

(2) 轨迹生成。满足下列要求时生成轨迹：所有的轨迹点必须来自同一辆车；每个轨迹点的速度必须大于等于一定阈值 v；两个轨迹点间的直线距离必须在特定范围，并且两个轨迹点间的定位时间差不得大于一定阈值 t。

(3) 轨迹处理。对轨迹进行处理，采用增量式的方法将每条轨迹都加入初始值为空的候选道路网中，即将第一条轨迹作为第一条候选道路，然后依次遍历其他的轨迹，这个过程中利用空间和语义信息将每个轨迹点进行分类，分为匹配点和不匹配点，匹配点指的是与候选道路距离比较近的点，对于匹配点，利用它的位置信息修改与之匹配的候选道路，对于不匹配点，就将其作为一个道路节点创建一条新的候选道路，然后利用距离权值将每个轨迹点合并得到精确的道路中心线。

(4) 轨迹后处理。利用节点数、节点权值、候选道路距离方向等信息对候选道路进行剔除、同类道路合并等操作，并使用一种基于弯曲角的自适应性的平滑算法对道路网进行平滑得到最终的结果。

(5) 道路连接。以上步骤所提取的道路网是破碎的，因此规定当两条道路间的角度不大于一定值、两条道路的两个端点间距离不小于一定值时，就将两条道路相连接。

图 6.1 为 Li 等（2012）提取的道路网结果，实验区域为中国的北部地区，基本覆盖了北京市、河北省、陕西省、山西省和内蒙古自治区。

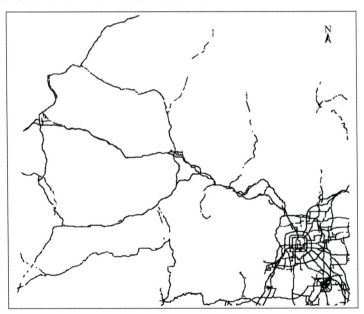

图 6.1　基于矢量化方法 I 所提取的道路网 (Li et al., 2012)

可以看出，该方法能够适用于大范围数据；在某些情况下能够将同向相近车道分离，但所提道路网完整度低，且连续性不强；因为每个 GPS 点都要计算并且和"候选道路"进行比较，所以时间效率不高。

2. 基于矢量化的方法 Ⅱ

Cao 等(2009)提出了一种基于"引力斥力"模型,即同向 GPS 轨迹互相吸引,异向 GPS 轨迹互相排斥,基于此原则可以得到道路网。该方法主要包括三个步骤:构建引力斥力模型"分清"轨迹、区分同向相近道路、合并节点构建道路网。该方法的实验所用的数据采样间隔为 1 秒。

(1) 构建引力斥力模型"分清"轨迹。首先不考虑轨迹方向,构建"引力模型"将同一道路上的各条轨迹都吸引到一个比较相近的位置,模型中的"引力"包括两部分:第一部分是其他的轨迹点的引力,规定距离越近引力越大;第二部分是轨迹的原始点位置,规定距离原始位置越远引力越大,如此就将相对较偏离真实道路的轨迹吸引到道路上。然后考虑轨迹方向,将异向的轨迹作为"斥力",逐渐地分离同一道路不同方向上的轨迹。

(2) 区分同向相近道路。同向相近道路的区分问题是第一步中引力斥力模型参数的问题,分为两种情况:一种是一条道路在某个点上分为两条道路;另外一种是两条平行的相近道路。通过数学验证推导出在"引力斥力"模型中能够将同向相近道路分开的参数值,从而区分出同向相近道路。

(3) 合并节点构建道路网。采用增量式的方式构建,首先道路网是空的,然后依次处理每一条已经经过"分清"处理的轨迹,对于一条轨迹上的每一个节点按照时间的先后顺序处理,遍历正在构建的道路网,根据距离判断该节点是否应该合并到已经存在的道路网节点上,如果可以,那么将其合并到现有节点,如果不能,则将其作为一个新的道路网节点,直到所有的轨迹节点都处理完毕。

该方法的实验结果如图 6.2 和图 6.3 所示(Cao et al.,2009)。

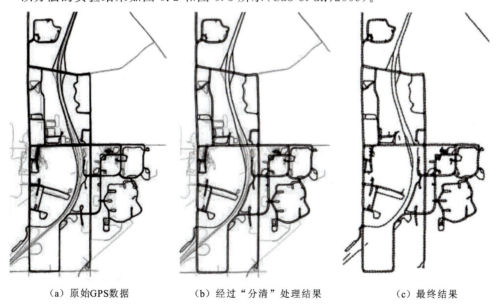

(a) 原始GPS数据　　　　(b) 经过"分清"处理结果　　　　(c) 最终结果

图 6.2　基于矢量化方法 Ⅱ 的结果图

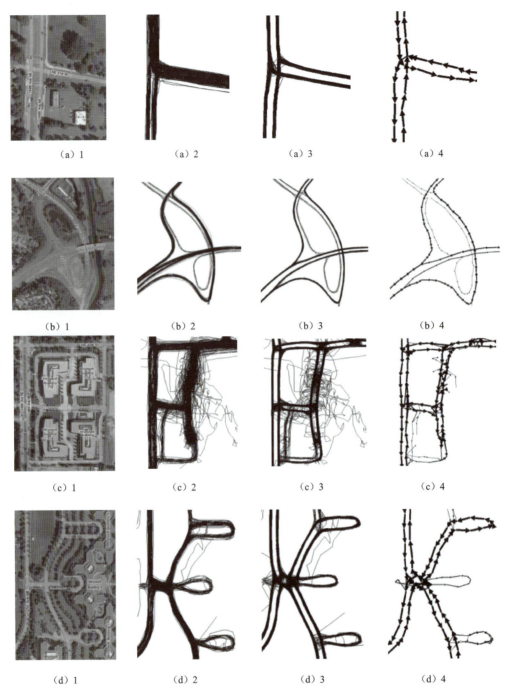

图 6.3 基于矢量化方法 II 结果细节分步展示

(a)1~(d)1 为卫星影像;(a)2~(d)2 为 RAW 格式 GPS 轨迹;(a)3~(d)3 为"分清"之后;(a)4~(d)4 为图生成后

该方法数学模型精确,能够将同向相近道路或车道分离并能得到道路的行驶方向信息,也能处理交叉路口的转向问题,所提道路网的完整度较高,但对于轨迹较复杂凌乱的区域提取效果不是太好,且基于每个点的增量计算使得计算效率较低,该方法对于采样间隔短的数据较适用。

3. 基于栅格化的方法

Davics 等(2006)提出了基于栅格化从众源 GPS 数据中提取道路的方法。该方法主要包括四个步骤:生成二维统计图、推断道路边缘、确定道路中心线、确定道路方向。该实验所用轨迹数据采样间隔为 1 s。

(1) 生成二维统计图。将实验区域分成一个个小的、完全嵌合的、正方形的单元格,即像素,按照 Nyquist-Shannon 采样理论其所定单元格长宽为最窄道路的常见宽度,大概是几米。如果落入某个单元格的 GPS 点较多,那其更可能是在道路上,因此单元格的值成为道路像素的可能性是按照落入其中的 GPS 点的数量确定的,但生成这样一幅二维统计图后有值单元格之间可能存在小的缝隙。因此,该研究又利用一种模糊算法将这些缝隙填充使其较为连续。

(2) 推断道路边缘。根据一个给定的阈值将各个单元格分为两种类型即可以生成一幅二值影像,单元格的值大于该阈值的设为 true,小于该阈值的设为 false,然后遍历整幅图得到单元格的轮廓,这样就得到了道路的边缘。这些边缘可能与真实道路边缘不符,有一定的误差,但如果这些误差是对称的,那么对于确定道路中心线影响不大。

(3) 确定道路中心线。因为泰森多边形内的点到相应离散点的距离最近,且位于多边形边上的点到其两边的离散点的距离相等,所以利用所得到的道路轮廓生成泰森多边形来得到道路中心线。此时生成的道路网会有很多"毛刺",不能反映道路的真实情况,因此又将长度小于一定阈值的道路作为"毛刺"剔除掉,得到较为"干净"的道路网线段。

(4) 确定道路方向。将道路中心线附近的 GPS 点按照时间先后顺序排列,根据 GPS 轨迹的行进方向确定该条道路是属于单行道还是双行道。

该方法的实验结果如图 6.4 所示(Davics et al.,2006)。

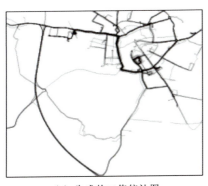 

(a) 生成的二值统计图　　　　　　　(b) 模糊滤波后结果

图 6.4　基于栅格化方法的分步实验结果

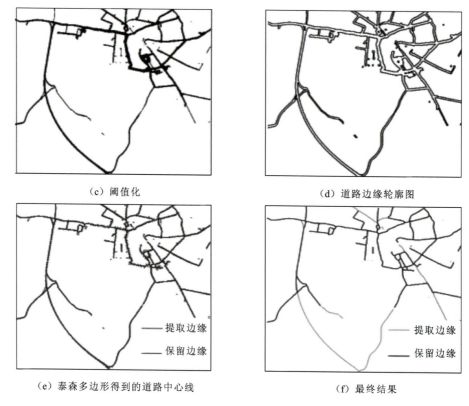

(c)阈值化　　　　　　　　　　(d)道路边缘轮廓图

(e)泰森多边形得到的道路中心线　　(f)最终结果

图6.4　基于栅格化方法的分步实验结果(续)

由于该方法基于单元格计算,因此时间效率较高,获得的道路网也比较连续,但不能提取GPS点密度低的道路,且在某些较复杂的地方会出现提取错误。

综合这些方法的效果并结合国内的众源GPS数据特点,这些方法存在着如下一些问题。

(1)上述方法的研究绝大部分都是基于较小范围(几十平方千米)进行研究,也有的实验区域较大,但从区域较大的实验结果来看提取出的道路网完整度不高,而实际上道路网的区域面积一般都比较大。因此,如何采用一种较好的方法得到完整度高并且适用于大面积区域值得进行研究。

(2)目前,国内的主要众源浮动车GPS数据存在采样频率都比较低、采样间隔长的特点。我国目前浮动车GPS数据的采样间隔一般为30 s以上,而以上绝大部分的研究是基于采样间隔短(一般为1 s)的数据。采样频率低导致了同一GPS轨迹上的相邻两个点之间的前后距离较长,这种情况下如果用基于GPS轨迹的矢量方法直接进行处理则会出现GPS轨迹与实际道路不符的情况,特别是在转弯处或者较复杂道路区域。

(3)众源数据的一个特点就是数据量大,因此应该考虑处理的时间效率,得到高效率的研究算法处理大数据值得人们关注。

(4)不同的道路"受驾驶者欢迎"的程度是不一样的,因此就会出现在某些道路上

GPS 数据点很多,而在另外一些道路上 GPS 数据点过少的情况。GPS 数据的分布是很不均匀的,将 GPS 点密度较高和较低的道路都提取出来也是一个值得注意的问题。

6.2.2 一种基于栅格图的道路中心线提取方法

下面介绍一种能够从大数据量、分布不均匀、采样频率低的众源浮动车 GPS 数据中提取完整度高、适用于大面积区域的道路网提取方法。

1. 原理与算法

考虑到国内 GPS 浮动车数据采样频率较低的特点,在道路转角等地方很可能没有足够的数据还原道路,直接基于 GPS 轨迹的方法可能会导致在某些地方出现与实际道路不符的情况,因此采用基于 GPS 点的方法。基本思想是将矢量 GPS 轨迹栅格化,这样就能大大减少处理单元,提高方法效率。利用图像处理的方法提取栅格化结果中的道路中心线,然后将栅格道路中心线再矢量化得到矢量道路网。这主要包括以下几个方面。

1) 矢量 GPS 点数据的栅格化

根据数据区域的大小及欲建立影像的分辨率创建一个空影像,然后利用式(6.1)找到 GPS 点的经纬度对应于影像上的像素点坐标。

$$\begin{cases} x = \dfrac{\text{lon\_f} - \text{lon\_l}}{\text{lon\_r} - \text{lon\_l}} \cdot \dfrac{\text{width}}{\text{resolution}} \\ y = \dfrac{\text{lat\_f} - \text{lat\_b}}{\text{lat\_u} - \text{lat\_b}} \cdot \dfrac{\text{height}}{\text{resolution}} \end{cases} \quad (6.1)$$

式中:x、y 为影像像素坐标;lon_f、lat_f 分别为 GPS 点的经纬度;lon_l、lon_r、lat_b、lat_u 分别为数据区域的最小经度值、最大经度值、最小纬度值、最大纬度值;width 和 height 为数据区域的实际宽和高;resolution 为生成影像的分辨率。

在计算过程中,如果有一个或多个 GPS 点落入某个像素中,那么该像素的像素值就设为 true,否则就设为 false,这样当把所有的 GPS 点都投影到影像上之后,就获得了一幅二值影像。这幅影像是后续工作进行的基础。

2) 高、低等级道路中心线提取

从生成的二值影像可以看出,不同道路上的影像点的密度是不同的,造成这一情况的主要原因是不同道路的车流量有差异:处于城市中繁华地段的车流量一般较多,另外某些道路如环线、郊区的主干道,这些道路虽不处于城市中心地带,但由于其特殊性,车流量也较多,这些道路上的 GPS 数据都比较多,这里称之为"高等级道路";而那些处于较偏僻地区的非主干道的道路或者是一些车辆不能驶入的道路上 GPS 数据则会很少甚至是没有,这里称之为"低等级道路"。两种不同等级的道路对提取造成了一定的困难,由于两种道路密度不同,而影像处理的方法大多是针对较为一致的数据,因此需要将二者分开,利用不同的方法提取各自中心线,再进行连接,最终构建完整的栅格道路网。

(1) 高等级道路中心线提取。"高等级"道路的中心线提取,采用的是形态学运算中的基本变换——开运算。开运算可以将低等级道路上的影像点去掉从而保留高等级道路影像点，并且将高等级道路影像点平滑，之后用基于距离变化的骨架提取方法初步提取道路中心线并去除毛刺。

(2) 低等级道路中心线提取。低等级道路中心线的提取不同于高等级道路，低等级道路点本身就不是连接在一起的，中间会有很多小洞或者断断续续的地方，开运算会将噪声和部分低等级道路点都去除掉，因此不能用开运算来提取低等级道路中心线。本节低等级道路中心线提取的方法是：获得高等级道路中心线之后，用其做缓冲区，与原灰度影像做减运算，得到低等级道路栅格点；综合利用 GPS 点的密度和方向信息将噪声点去除；去掉噪声之后利用闭运算使低等级道路点连续，然后提取低等级道路的中心线并去毛刺。

3) 高、低等级道路中心线连接

分别提取高、低等级道路中心线使得二者没有连接在一起，在高低等级道路交叉点处会出现断开的情况，这大大影响了道路网的连通性及完整性。因此，需要将二者连接起来以形成拓扑结构完整的栅格道路网。

因为道路网中的高等级道路一般是比较平直的，高等级道路将区域划分开来，低等级道路分布在其中。连接从低等级道路的端点入手，如果手工连接，那么就会选择从端点连接出一根经过 GPS 点最多的到达高等级道路点的线。利用这个原则及就近原则，可以从低等级道路的端点出发寻找其所应该连接的道路中心线点。

高、低等级道路连接后就得到了长度及拓扑结构都相对完整的栅格道路网。

4) 栅格道路中心线的简化和矢量化

道路地图一般采用矢量方式存储，而从以上步骤提取出来的道路网仍是栅格的方式。因此，最后需要将栅格道路矢量化得到最终的结果。本书选择 Douglas-Peucker 算法对栅格道路网进行简化，然后进行矢量化得到最终的完整矢量道路网。

2. 实验及分析

1) 实验数据和结果

实验采用的是湖北省武汉市 2009 年 6 月中连续 6 天的出租车 GPS 数据，共包含 27 811 907 个 GPS 点，面积为 675 km^2。该数据中每个 GPS 点都包含了 6 个字段信息：时间（timestamp）、出租车编号（CarID）、经度（longitude）、纬度（latitude）、速度（speed）、方位角（angle）。其中，时间是指从 1970 年 1 月 1 日凌晨 0 点（格林尼治标准时间）起到记录该 GPS 点的秒数。数据格式及示例如表 6.1 所示。

表 6.1 实验数据格式及示例

时间/s	出租车编号	经度/(°)	纬度/(°)	速度/(m/s)	方位角/(°)
1236441610	020264	114.403 606	30.507 740	14.718 000	81.150 000
1236441630	023770	114.284 463	30.610 310	8.587 000	271.140 000
1236441670	018372	114.276 778	30.612 063	0.000 00	0.000 000

实验的总体提取结果如图 6.5 所示。

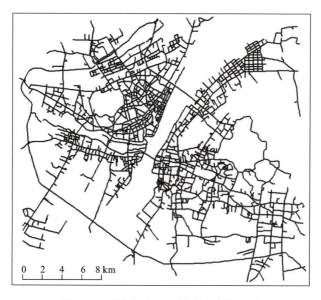

图 6.5　提取的武汉市部分区域道路网

为了使目视效果更明显,同时选取了武汉市的 3 个小区域做实验,并将结果叠加到高分辨率遥感影像中以提高目视判读结果的准确度及完整度。所选取的 3 个小区域的基本信息如表 6.2 所示,实验结果如图 6.6 所示。

表 6.2　小区域实验区域信息

	点数/个	面积/km²	道路长度/m	程序运行时间/s	位置
区域 1	2 495 727	3.75	20 518	39	洪山广场
区域 2	2 960 365	3.29	19 867	24	解放公园
区域 3	1 660 474	2.92	17 681	28	光谷广场

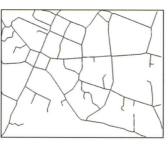

(a) GPS 点影像　　　　　(b) 道路中心线　　　　(c) 道路中心线与高分辨率遥感影像

图 6.6　区域 1 实验结果

精度分析方面,实验采用 2009 年武汉市道路导航数据作为参考数据分析其精度。缓冲区分析是地理信息系统重要的空间分析功能之一,使用缓冲区分析的方法以参考数据为底做缓冲区,计算落入其内的所提取的矢量道路网的长度,得到最后的精度。

计算相交部分矢量道路网长度和原矢量道路网长度,取其比值得到正确率。正确率如表 6.3 所示。

表 6.3 实验正确率

缓冲区宽度/m	10	15	20	25	30
相交道路长度/m	589 744	788 388	944 371	1 048 054	1 091 089
正确率/%	53.44	71.44	85.58	94.97	98.87

2)方法优缺点评估

本方法的优点概括如下。

(1)完整度高。因为 GPS 点分布不均,提出了"分级"处理的设想,即将 GPS 点对应的影像点按照密度分为高、低两个等级,用不同的方式处理得到这两个等级的道路中心线,因此此方法对于一些 GPS 密度较低的地方也适用。在连接性方面,此方法能将所提取出来的所有道路线段连在一起,这保证了道路的连接完整性。因此,该方法所提取的道路完整度较高,这从与高分辨率遥感影像和所提取矢量道路网的叠加图上也可以看出。

(2)时间效率好。众源 GPS 数据的一个特点就是数据量大,将矢量 GPS 点进行栅格化处理能大大减少处理的时间,且本方法的处理时间大部分耗费在"二值影像生成"和"去噪"这两个步骤上。如果能够获得更多的 GPS 点,数目足以使所生成的二值影像上的影像点的密度都很高,只需使用该方法中的高等级道路提取方法就能获得道路网,这样本方法所用的时间也将会明显减少。

本方法的缺点概括如下。

(1)本方法目前只能提取道路中心线,且不能将同向相近的道路分离开来。必须有较多的数据量才能得到较理想的结果,因为 GPS 数据本身存在一定误差,所以当数据量少时,一条道路上的点就会少,提取的结果与实际路网相差就较大。当遇到某些道路,如步行街、滨江大道等车辆不能通行的道路时,这些区域就没有 GPS 数据产生,因此也就不能提取出这些道路的道路网。本方法只用了车辆的 GPS 数据,但众源 GPS 数据还包括人的智能手机定位点、社交网络用户的签到点等,可以利用这些数据提取某些比较特殊的道路。

(2)准确度不是很高。国内众源 GPS 浮动车数据的采样间隔比较大,造成了同一车辆相邻两个 GPS 点之间的距离较长,这样 GPS 轨迹就不能与真实的道路相匹配,特别是在转弯处或者复杂的地方。影响道路准确度的因素有以下三点:①栅格数据中的像素点是一个范围而不是一个真正的点,因此栅格化本身就带来了一定的误差;②在道路网较复杂的区域,如环形立交桥,本方法可能会将其作为一个交叉路口处理造成错误;③GPS 点本身误差的影响,GPS 点密度较低的地方更为敏感。

6.3 基于 OpenStreetMap 的城市道路数据库更新

6.3.1 研究背景

1. 地图合并技术及其发展

地图合并技术(conflation)是将两套来源不同的数据库进行合并而获得更加完整地图的主要技术,每套地图数据都有其优缺点,将不同的数据库进行融合能够得到人们所需要的地图。地图融合过程中关键性的技术是矢量数据匹配(Liu et al.,2015;Song et al.,2011;Walter et al.,1999)。矢量数据匹配的依据包括距离量度、几何形状、拓扑关系、图形结构、属性,分为基于结点、线特征的几何匹配、拓扑匹配和语义匹配。虽然,"地图合并"的概念多年前已提出,但真正在实践上提出需求的是 1983 年美国人口调查局的 TIGER 数据库与地质测量局最新的 DLG 数据库合并的项目,该项目的实现方法是根据结点坐标信息,利用局部 Rubber-sheeting 算法迭代获得最终同名结点实现匹配(Saalfeld,1985;Rosen et al.,1985)。之后,国内外开始不断提出改进矢量数据匹配的新算法。

Walter 等(1999)依据缓冲区增长法(buffer growing),采用综合了道路角度、长度、距离差的相似测度,并用概率统计结果确定阈值以实现匹配,同时完成属性信息的传递,该算法被证明适用于几何差异较大的两套数据库;von Gösseln(2005)和 Volz(2006)提出迭代最邻近点(ICP)算子,将线段对象转为点云对象,在点周围寻找符合距离和角度测度的匹配点后,判断出若某一道路段的首尾两点均是匹配点则该道路段上所有结点为同名点;Zhang 等(2007)提出非对称的缓冲区增长法可减少道路匹配对的错误率;后来 Zhang(2009)又引入了 Delimited-Stroke-Oriented (DSO)算法能更好地实现语义匹配;Song 等(2011)提出用松弛法迭代修正由数据的相似性测度组成的概率矩阵的系数并最终确定点矢量数据匹配对,以提高匹配精度。另外,国外现在已经有四个成形的道路匹配软件系统:Conflex、JCS Conflation Suite、MapMerger、TotalFit,但它们都还不适用于差异过大的大量道路矢量数据的匹配。

国内地图合并技术起步较晚,2004 年李德仁院士曾提出国内地图合并技术应向语义问题、可视化问题等方向发展。崔晓东等(2006)提出基于距离准则的点匹配到线的算法;赵东保等(2010)通过综合利用道路结点和道路弧段的特征信息,建立道路网匹配的最优化模型,并利用概率松弛法求解最优解,从而获得道路结点的匹配关系,以此为基础再获得道路弧段之间的匹配关系。

路网数据在地理数据中扮演着重要的作用,本节主要研究两套来源不同的路网数据的合并。

2. 路网更新的典型方法

虽然,目前异源道路更新的方法有很多,但基本都是由典型方法演变而来的。异源道路更新典型的方法一般分为以下三个步骤。

(1) 数据预处理。目标数据和参考数据来自于不同的数据模型,不同的地图生产者对同一客观实体的表达形式(几何、拓扑和语义等)有不同的标准和方式,会造成两套数据的同一客观实体表达形式差异比较大,为了得到比较好的匹配结果,需将两套数据库的几何、拓扑、语义表达形式进行统一。

(2) 基于矢量数据匹配算法确定新增道路。路网匹配是将来自于不同路网数据库的同一客观实体建立联系,因此目标数据库中未能找到匹配对的道路实体及道路实体中没有被匹配的部分路段被认为是新增道路。

(3) 新增道路合并到参考路网数据库中生成新数据库。经过第(2)个步骤,发现的新增道路需要合并到参考路网数据库中,新增道路合并到参考路网数据库时,需要将新增道路的几何、拓扑、语义等信息与参考数据库进行合并,以上三种信息合并之后还需要进行一致性检查、纠正。

3. OpenStreetMap 在矢量道路更新中的潜力

目前在世界的一些区域,OpenStreetMap 数据已比由地图提供商提供的数据更为详细和丰富,并具有较好的精度。陈舒燕于 2010 年用统计数据证明全球范围内 OpenStreetMap 数据的道路覆盖率指数为 2.64,高于谷歌/TeleAtlas 的 2.50;在英国伦敦,OpenStreetMap 数据有着比 Ordnance Survey 数据库更好的位置精度(Ather,2009);在希腊雅典,OpenStreetMap 数据的精度、完整度等能直接用于各类专题图的制作,与希腊军事测绘机构参考数据库相比,它有着较好的主题精度和位置精度(Kounadi,2009);在德国,73% 的 OpenStreetMap 道路落入 Navteq(美国主要的电子地图数据供应商)道路所形成的 5 m 缓冲区范围内,两者在地理位置上有较强的相似性(Ludwig et al.,2011)。

如何利用高现势性 GIS 数据完成旧数据库的更新,已成为近年来国际地理信息科学领域的研究热点和难点。考虑 OpenStreetMap 数据成本低、数据量大、现势性高、信息丰富的特点和优势,OpenStreetMap 数据若能被成功用于旧矢量数据库的更新,这将会有效减少各个国家在基础地理信息数据库更新工作中投入的大量人力、物力、财力。为了方便描述,将旧的城市路网数据库称为参考路网数据库。

另外,中国区的 OpenStreetMap 数据直到 2012 年 8 月召开的国际摄影测量与遥感学会(ISPRS)上才有将其作为研究对象的报道。在矢量地理数据匹配和更新方面,Zhang 等(2012)用改进的概率松弛法完成了 OpenStreetMap 数据与导航公司提供的商用数据库的特征匹配;Liu 等(2015)将武汉(中国)区域的 OpenStreetMap 数据与导航公司提供的商用数据库,用自适应的方法找到待匹配数据的缓冲区半径,然后进行匹配、更新,在试验区域内前者可为后者提供的新道路长度占后者总长度的 11.96%。由此，可以看到 OpenStreetMap 未来在中国的应用潜力不容小觑。

本节利用高实时性的 OpenStreetMap 数据更新参考路网数据库，将两套矢量道路数据进行匹配，最终实现了道路的几何、拓扑及属性信息的融合。特别是那些在 OpenStreetMap 道路数据库中没有而在参考路网数据库中有的道路，在现阶段还没有足够理由能证明它们是实际中不存在的道路，更大的可能性是 OpenStreetMap 数据库中暂时还没有记录到那些道路。因此，为了充分利用 OpenStreetMap 数据实现城市道路数据库的更新，现阶段只能确定 OpenStreetMap 数据库中存有而参考路网数据库中没有的那些道路（在本节中称为"新增道路"），即发现 OpenStreetMap 中可以补充到参考路网数据库中的新增道路并且将这些道路合并到参考路网数据库中。

路网数据主要包含线特征、点特征，6.3.2 节的研究主要围绕 OpenStreetMap 道路数据预处理、基于矢量数据匹配算法的新增道路的确定、新增道路的合并和更新结果评价等展开，该节的处理基于线特征。6.3.3 节提出了一种基于自适应概率松弛法的点匹配方法，研究了用该方法匹配两套路网数据的特征点，该节的处理基于点特征。

6.3.2 路网匹配的自适应缓冲区增长法

OpenStreetMap 路网数据由非专业人员采集，没有统一的作图规范，与专业路网数据差异比较大，目前的方法还不能很好地匹配差异较大的矢量数据。对此，本节提出了可行的方法：在完成 OpenStreetMap 道路的拓扑纠错处理后，先用仿射变换增近两套数据库中同一实体道路的几何位置；然后采用综合考虑了道路长度、方向、形状、拓扑、道路名的相似性约束条件的缓冲区增长算法及自适应地确定最佳缓冲区半径的算法来确定新增道路；最后归纳出新增道路呈现的六种不同情形，并针对性地给出不同的方法以便在几何、拓扑、语义上均能使获取的新增道路合并到参考路网数据库中。总体技术路线如图 6.7 所示。

1. OpenStreetMap 道路数据预处理

OpenStreetMap 数据的采集与制作主要是由业余者完成，这些数据生产者往往很少接受到数据生产质量控制的有关培训，在完成对原始 OpenStreetMap 数据中道路数据的提取之后，需要对这些数据存在的问题进行分析，为数据预处理做准备。实验发现，OpenStreetMap 道路数据的拓扑错误会直接影响后续的匹配过程，下面对这种错误进行分析。

要对 OpenStreetMap 道路数据做预处理，首先应该对其数据的组织结构有清楚的了解，4.1 节对 OpenStreetMap 道路的存储方式和组织结构有详细的介绍，这里不再赘述。

对道路数据的拓扑错误进行分析并相应地实现拓扑错误纠正处理至关重要。数字城市建设过程中，城市道路数据库是城市地理空间基础框架的核心，是被用作地理信息相关产业如城市规划、市政工程、导航等的基础和参考标准，是不允许出现错误的。

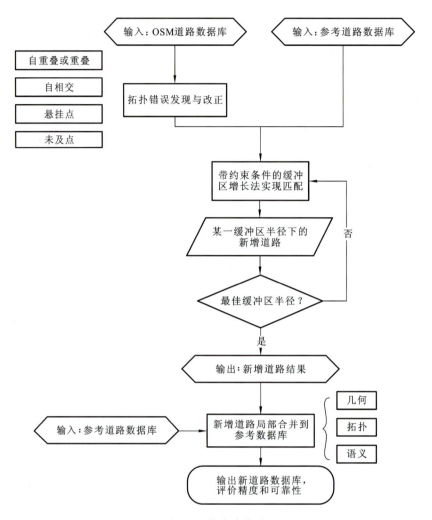

图 6.7　技术路线图

虽然 OpenStreetMap 采取的是基于拓扑的数据结构，但由于疏忽与错误总是存在于原始数据生产与制作过程中，加上众源地理数据本身有着较强的异源性，拓扑错误（如路网中的线要素中未及、悬挂、自覆盖等）的出现难以避免。而本算法需要将 OpenStreetMap 的新增路网数据添加到参考路网数据库中，故需先对 OpenStreetMap 路网数据中的错误进行处理。

生成 OpenStreetMap 的拓扑关系是数据错误信息数字化检测和纠正的有效办法，也是能将 OpenStreetMap 道路数据用于城市道路数据库更新的先决条件。OpenStreetMap 数据的路线要素数据中，如下的拓扑错误会对城市道路数据库更新的实现造成影响：①自重叠或重叠；②自相交；③结点悬挂；④结点未及。如图 6.8 所示，图中数字的圈号（如①）代表道路结点，结点之间的线则表示 OpenStreetMap 道路数据库中的一项道路记录，结点的排列顺序为正序，如①—②—③—④—⑤。

第 6 章 基于众源数据的路网提取与更新

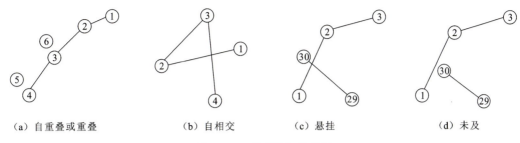

(a) 自重叠或重叠　　　　(b) 自相交　　　　(c) 悬挂　　　　(d) 未及

图 6.8　四种道路拓扑错误

(1) 自重叠或重叠,如图 6.8(a)所示,由结点 3 和 4 构成的道路线与缺点 5 和 6 构成的道路线重叠。此时,为了剔除多余的道路线并同时保证道路的连接性,需要删除由结点 5 和 6 构成的道路线。

(2) 自相交,如图 6.8(b)所示,结点 1~4 构成一个路线要素,但是该路线自身却出现了相交。此时,需要在相交处打断路线,并生成新的路线要素,(b)所示情形在打断后至少需生成 3 个新的路线要素才能避免自相交的拓扑错误。

(3) 结点悬挂,如图 6.8(c)所示,一道路线的首尾结点与另一道路线距离非常近,但在数据中两条道路线却未连接。此时,需要在容差范围内,将结点 30 处多余的道路线删除,使得结点 30 刚好位于由结点 1、2 构成的道路线上。

(4) 结点未及,如图 6.8(d)所示,与悬挂的情形类似。此时,需要在容差范围内,在结点 30 处延长由 29、30 构成的道路线,使得结点 30 刚好位于由结点 1 和 2 构成的道路线上。

2. 新增道路的确定

该步骤在地图融合的过程中是最为关键的一步,它直接影响更新过程的成功与否。这里首先基于迭代法确定最佳缓冲区,然后利用带有约束条件的缓冲区法将两套数据进行匹配,进而利用以上匹配结果确定新增道路。在详述匹配算法之前,首先定义方法中所用到的相关概念。

1) 相关概念与匹配策略

为了设计合适的道路实体匹配算法,必须先对道路实体组成及同名道路实体的对应关系有较好的认识。

道路网由结点和线构成,其结点为拓扑点,它既可能是两条或两条以上道路的交叉点,也可能是端点。道路实体是现实世界中真实存在同名道路的实体,在地图上通常表示为一条或多条线段组成的连续路线,同时具备空间和非空间信息,空间信息包括经纬度、长度、形状、拓扑,非空间信息包括 ID、道路名、车流方向、车道数、道路等级、时速限制等。两套空间道路数据库在几何、拓扑、语义等方面可能存在很多不同的表示形式,这主要是制图规范不同或应用目的不同导致的。例如,某个道路实体存在于某一道路数据库中却在另一道路数据库中缺失。又如,同一个道路实体在某一数据库中用一条线表示而在另一数据库用一组线表示等。因此,准确把握不同道路实体的对应关系非常重要。这种对应关系通常共有四种:一对空、一对一、一对多和多对多(赵东保等,2010;Zhang et al.,

2007;Parent et al.,2000;Walter et al.,1999),如图 6.9 所示的道路数据库 A 和 B 中道路实体的对应关系。

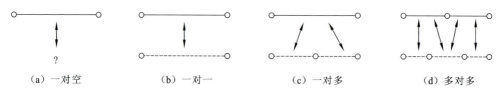

图 6.9　同名道路匹配对的对应关系

实线表示参考数据中的道路;虚线表示目标数据库中的道路

匹配策略的选取,原则上取决于待匹配数据库里的数据特征,矢量数据共有三个基本特征。相应的,矢量道路的匹配策略也可分为三种,即几何匹配、拓扑匹配和语义匹配(Stigmar,2006)。

几何匹配是指通过比较不同数据库中数据的几何特征来确定同名实体匹配对的方法。二维空间数据库中有三种数据类型,分别是点、线、面,它们拥有不同的数据匹配机制。几何量度虽有很多种,但对于道路数据库来说,几何匹配要求来自两个矢量数据库的道路实体,在距离、方向、形状、长度等方面有一定的相似性。

拓扑不变性是指在图形被弯曲、拉大、缩小或任意的几何变换下也不会发生改变的性质。在地理信息领域,拓扑被认为是相接或相邻的实体之间的空间关系,如道路的连通性。拓扑匹配就是利用待匹配实体与周围实体之间的拓扑关系来确定同名实体。一般情况下,用几何相似性测度获得的实体匹配结果只是初始结果,需加上拓扑约束条件才能得到更为准确的结果。例如,在图 6.10 所示的情形中,虚线标注出来的范围若不使用拓扑信息将很难将其中的线(点)相匹配,这里需要分析实体周围与其连接的其他实体的关系。

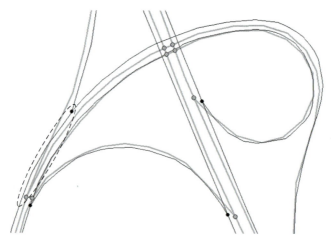

图 6.10　拓扑匹配策略的重要性例图

灰色表示参考数据库;黑色表示目标数据库

语义匹配是指通过判断不同道路数据库实体的属性信息的语义相似性来实现实体的匹配。道路名是最常用的语义信息,对于道路名的语义匹配,编辑距离(Levenshtein距离)(Levenshtein,1966)能较好地用数字来表达道路字符串的差异。实际情况通常是,两个要匹配的道路数据库的道路语义信息多有缺失或者表达方式差异过大。所以,道路实体匹配模型多是由几何和拓扑相似性测度组合起来,同时用语义匹配作为附属条件以提高匹配效果。

2) 总体思路

为了确定 OpenStreetMap 数据库存有的而参考路网数据库却没有的道路,即 OpenStreetMap 中可供并入参考数据库中的新增道路,首先要将两个数据库进行线与线之间的匹配。OpenStreetMap 中未能成功匹配的道路就被认为是新增道路,就是需要补充到参考道路数据库中的道路。但是,两套数据库在制图标准和道路表达规范上存在较大的差异,一些典型的差异如图 6.11 所示。图 6.11(a)表明,路口的表示形式差别比较大;图 6.11(b)表明两个数据库表示同一道路实体时使用的线的数量不同;图 6.11(c)表明对于同一道路交叉口,两套数据的拓扑结构不同。

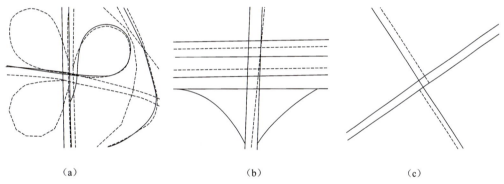

图 6.11 OpenStreetMap 路网数据和参考路网数据的差异对比

点线表示 OpenStreetMap 路网数据;实线表示参考路网数据

道路实体匹配中多对多对应的实现,采用缓冲区增长法能有效地找出可能的匹配对,从而在一定程度上减小由数据库的差异导致的用简单匹配策略难以完成两套道路数据库的整体匹配。在确定可能的匹配对后,加以几何、拓扑及语义条件的约束,得到更为准确的匹配对结果,而未能在参考路网数据库中发现相应的同名匹配对的 OpenStreetMap 道路就是新增道路数据。所以,确定新增道路算法的总体思路如下:第一步,用仿射变换使得两套数据库的同名道路的位置更加邻近;第二步,用缓冲区增长法并结合道路长度、方向、形状、拓扑、道路名等相似性约束来确定新增道路结果;第三步,分析不同缓冲区半径下的新增道路结果,从而计算出最佳缓冲区半径并得到该缓冲半径下的新增道路结果,该结果被认为是最终结果。

3) 仿射变换

缓冲区分析是利用了同名道路的几何位置邻近这一特点,为了使后续算法精度更高,可以通过仿射变换使得在同一地理坐标系统下的两套数据库在几何位置上更加邻近。具体操作是，采取类似迭代最邻近点法的前两个步骤，先提取折线上的折点，在点的周围构建缓冲区并结合点与点之间的欧氏距离、关联边的数量、点所在源道路线的角度差来确定不同数据库的同名点，同时辅助以人工标点，保证同名点数量足够且分布尽量均匀。利用如式(6.2)所示的仿射变换，模型参数有 6 个。

$$\begin{cases} x = a_1 x_0 + a_2 y_0 + a_3 \\ y = b_1 x_0 + b_2 y_0 + b_3 \end{cases} \tag{6.2}$$

已知同名点的(x,y)信息，可以列出误差方程式

$$V = AX - L \tag{6.3}$$

式中：V 为误差；A 为设计矩阵；L 为观测值。根据最小二乘原理，法方程解的表达式为

$$X = (A^\mathrm{T} A)^{-1} A^\mathrm{T} L \tag{6.4}$$

然后，根据解算得到的 OpenStreetMap 数据到城市参考道路数据库的仿射变换模型来整体调整 OpenStreetMap 数据库的位置。经过上述处理，OpenStreetMap 数据库与城市参考道路数据库变得更为邻近。

4) 带约束条件的缓冲区分析

用缓冲区分析来确定道路匹配对的前提是两个不同道路数据库中的同名道路在地理位置上比较邻近。设置一定的缓冲区半径，在每一个道路对象周围的指定距离内创建双侧对称的缓冲区多边形，如式(6.5)所示。

$$\mathrm{Buffer}(i) = \{x \mid d(x, O_i) \leqslant R\} \tag{6.5}$$

式中：$\mathrm{Buffer}(i)$ 为道路对象 O_i 的半径为 R 的缓冲区；x 为距 O_i 的距离 d 小于等于 R 的全部点对象的集合；d 采用最小欧氏距离。在实际实现中，缓冲区多边形由端点处的半圆和非端点处的多个矩形组成，单从多边形的双边来看 d 采用的即是线与线之间的豪斯多夫距离。

缓冲区法确定可能的道路匹配对的实质是依据几何匹配策略中的距离量度，未能成功匹配的道路即为新增道路。一个简单的示例如图 6.12 所示，其中，图 6.12(a)是参考路网数据库，而图 6.12(b)是它的缓冲区增长结果；OpenStreetMap 道路与参考路网数据库叠加情况如图 6.12(c)所示，若 OpenStreetMap 道路完全落入缓冲区内，则该道路与缓冲区多边形相应的参考道路为匹配对；若 OpenStreetMap 道路未能完全落入缓冲区内，则该道路为新增道路，图 6.12(d)标示出了获取的新增道路结果。

图 6.12 缓冲区分析来确定新增道路的一个简单示例

实线表示参考路网数据库道路；虚线表示 OpenStreetMap 道路；灰色缓冲区表示参考路网数据库道路缓冲区

然而，在复杂的道路交叉口特别是环岛处执行缓冲区分析时能发现，缓冲区多边形中间会形成一个"孔"，如图 6.13(a)所示，穿过"孔"的 OpenStreetMap 道路会被误认为是新增道路，因为它们并不是完全落入在参考道路里的缓冲区多边形内，这主要是道路表达方式不同所造成的。为了消除"孔"的影响，简单用聚类面的方式，使得在一定孔面积、一定距离范围内的几个多边形聚类而将"孔"填满，如图 6.13(b)所示。然而，该处理方式只可以消除对新增道路结果的影响，若要完成复杂道路口的匹配问题，还要进一步完善，考虑 6.3 节的目的以获取新增道路为主，所以此处不对复杂道路口的匹配问题作更深入的探讨。

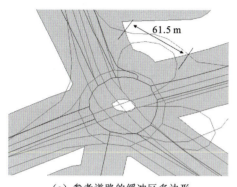 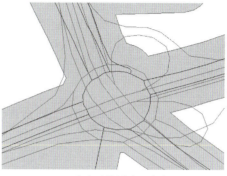

（a）参考道路的缓冲区多边形　　　　　　（b）聚合后的缓冲区多边形

图 6.13　复杂交叉口处缓冲区多边形的聚合处理

黑线表示 OpenStreetMap 路网数据；灰线表示参考路网数据

如前面所提到的，只做缓冲区分析相当于只考虑了矢量数据匹配中距离相似性量度这一个匹配策略，实际还需要用更多的约束条件去提高结果的准确性，包括长度、方向、形状、拓扑、道路名的相似性量度。

5）确定最佳缓冲区半径

用结合了道路长度、方向、形状、拓扑、道路名的相似性约束条件的缓冲区增长法分析，可以得到新增道路结果，但在实验中发现缓冲区半径对结果的影响较大。因此，这里提出一种确定最佳缓冲区半径的方法。

首先，确定最佳缓冲区半径的取值范围。因为 OpenStreetMap 数据是由人工根据真实情况上传和编辑的道路，所以其在一定误差范围内落在以参考道路的实际最大宽度为缓冲区半径的多边形内，且同方向的车道被认为是同一道路。不同城市的最大道路宽度不尽相同。正确地估计道路宽度就能确定缓冲区半径的取值范围，其确定取值范围的方法如下：以武汉市道路为例，较宽的道路大概由 4 个宽度约为 3.75 m 的车道和 1 个宽度大概为 3 m 的非机动车道组成，假设参考道路的平面中误差为 5 m，如此算出道路宽度的取值范围为 $3.75 \times 4 + 3 \pm 5$ m，即 13～23 m。另外，以本节后文实验中的专业导航道路和对应 OpenStreetMap 数据为例，在人工选择了 800 多对同名道路后发现，同名道路的距离差值主要分布在 0～24 m，且道路距离差落在 11 m 和 11 m 以上的道路数目逐渐减少。

结合这两种因素,在展开武汉市区域数据带约束条件的缓冲区分析时,最佳缓冲区半径的取值范围可设定在 11~24 m。

其次,根据在不同缓冲区半径下的新增道路结果来自适应性地计算最佳缓冲区半径。已知 OpenStreetMap 道路的总数 T_n 和道路总长度 T_l,先确定在缓冲区半径为 R_i 新增道路的情况,可用新增道路的两个表征即数量 $n(i)$ 和长度 $l(i)$ 来构建数学表达式 descriptor(i),其计算式为

$$\text{descriptor}(i) = n(i)/T_n + l(i)/T_l \tag{6.6}$$

构造这样的算式来表达新增道路结果,主要是因为在数据库中表示的道路只是道路段而并非真实情况的道路,单用长度或数量表示结果不够全面。观察 descriptor(i) 的数学曲线(图 6.14)可发现,新增道路结果在某个缓冲区半径的取值区间内表现出稳定的趋势,通过相关的统计实验发现该取值区间最接近于最佳取值区间,最佳缓冲区半径即落在该取值区间内。

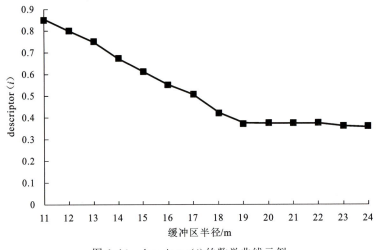

图 6.14 descriptor(i) 的数学曲线示例
(武汉某地区实验结果)

由此,计算最佳缓冲区半径的方法如下。

(1) 对每一数据区域,在不同缓冲区半径下有多个 descriptor,如对于 11~24 m 的取值而言就有 14 个 descriptor。这些 descriptor 被分为多组,每组被认为是一个缓冲区取值区间。假设 m 个 descriptor 为一组,则分组的第一组包括了 descriptor(1)~descriptor(m),第二组包括 descriptor(2)~descriptor$(m+1)$,以此类推。对于 14 个 descriptor 而言,分组数为 $15-m$。

(2) 对每一组的 descriptor(i) 计算一阶差分

$$\text{diff}(k) = \text{descriptor}(i+1) - \text{descriptor}(i) \tag{6.7}$$

这里,$k = 1,2,\cdots,m-1$。

(3) 计算每组内部的 diff(k) 中的最大值 max(diff)。

(4) 不同组都有 max(diff),获得这些 max(diff)中的最小值 min(max(diff))。最小的最大值所在的缓冲区半径取值区间即为最佳取值区间,因为该区间内的最大差值比其他区间的小,说明该区间内的新增道路结果处于最稳定的趋势。

(5) 确定了最佳缓冲区半径取值区间后,假设该区间内的第一个缓冲半径为 R_j,最佳缓冲区半径可简单地用平均值来表示

$$R_{\text{optimal}} = \sum_{i=j}^{j+m} \frac{R_i}{m} \tag{6.8}$$

然后,利用带多个约束条件的缓冲区分析可以获得新增道路结果,而根据不同缓冲半径下的新增道路结果可以自适应地计算最佳缓冲区半径。以最佳缓冲区半径下的带约束条件的缓冲区分析的结果为最终结果,如此更为准确。

3. 新增道路与参考路网数据库的合并

这一步需要在新增道路周围已匹配好道路的基础上,从几何、拓扑、语义信息三方面实现数据的合并。

将新增道路并入参考路网数据库之前,需要先弄清楚新增道路和在地理位置上与其邻近的参考道路之间的关系,较为方便和直接的方法是在新增道路周围执行局部的缓冲区分析。先归纳并分类出参考道路落入局部缓冲区多边形的不同情形,以及与新增道路拓扑连接的已完成整体匹配的道路实体对的几何、拓扑等关系,再根据不同情况提出将新增道路合并到参考数据库的方法。在几何上,新增道路可能需要根据周围已匹配道路的几何关系做小幅度的坐标调整;在拓扑上,新增道路也需根据实际情况在一定容差范围内做适当的拓扑变化,包括延长相交或者裁剪处理等;在语义上,新增道路加入参考数据库时,其语义信息也需按照参考数据库的属性信息规范做相应的补充和完善,还要包括属性信息的传递、判断后取舍等。由此,新增道路可在几何、拓扑、属性上都并入参考数据库中,从而达到更新城市道路数据库的目的。

1) 新增道路并入参考路网数据库的情形

按照上述的方法概述,首先将新增道路局部合并到参考路网数据库的具体操作过程分为不同的情形,以方便后面的合并过程。实现数据合并工作的前提是,首先针对每个新增道路实体展开局部的缓冲区分析,这里缓冲区半径采用经验值。参考道路落入缓冲区多边形的状况可分为未有参考道路落入、有参考道路部分落入、参考道路完全落入这三种。然后,判断在 OpenStreetMap 数据库中是否有与参考数据已匹配好的 OpenStreetMap 道路且它与新增道路拓扑相连,会产生两种结果。因此,对于新增道路结果而言,在考虑参考道路落入局部缓冲区多边形及与新增道路拓扑连接的道路实体匹配对这两种状态的基础上,总共将出现 6 种不同的情形,根据不同的情形采用不同的合并方式。例如,第一种情形是:未有参考道路落入新增道路的缓冲区多边形内,在 OpenStreetMap 数据库中未有与新增道路拓扑连接的同时已与参考道路匹配好的 OpenStreetMap 道路。为了后面叙述方便,将第一种情形简单地表达为:未落入、未有已

匹配的道路对,其他情形的描述也会做类似的简化。于是,6 种不同情形的分类简述如下:①未落入、未有已匹配的道路对;②未落入、有已匹配的道路对;③部分落入、未有已匹配的道路对;④部分落入、有已匹配的道路对;⑤完全落入、未有已匹配的道路对;⑥完全落入、有已匹配的道路对。

2) 几何、拓扑合并

对于情形①,如图 6.15(a)所示,该新增道路(图中已标注)没有与之拓扑连接的已匹配道路对因而缺乏相应的参考标准,而其周围也没有在一定距离范围内与之邻近的参考道路。所以,该道路在几何上只需要直接加入数据库中即可;在拓扑上可以在一定容差范围内适当地做一下延长处理,使其与参考道路相交,但因为之前已确定周围没有与之邻近的参考道路,所以延长相交处理的结果极可能是不成功的。对于情形②、④,分别对应图 6.15(b)、图 6.15(c),该新增道路具有几何及拓扑更新的参考标准,所以其在几何合并上也需要在地理位置上进行小幅调整。拓扑上也是在容差范围内展开延长相交或裁剪相交,以保存道路的原始拓扑连接性,情形②通常需要做延长相交处理,而情形④通常需要做裁剪相交处理。对于情形⑥,如图 6.15(d)所示,有参考道路完全落入到了新增道路的缓冲区内,则该新增道路也可能是参考道路的实体匹配对,再考虑其周围已匹配好的道路,于是该新增道路被认为与"完全落入"的参考路网数据库中的道路是同名道路匹配对。因此,新增道路应该加入参考路网数据库中,并且是否需要同时删除"完全落入"的参考路网数据库中的道路,还需要根据相似性约束条件进行判断。拓扑上也类似的需在容差范围内保留原始的拓扑连接性。其余情况与此类似,这里不再赘述。

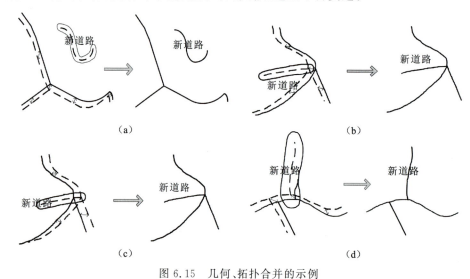

图 6.15 几何、拓扑合并的示例

虚线表示 OpenStreetMap 路网数据;实线表示参考路网数据

3) 语义合并

除了几何与拓扑合并,属性信息的合并也需同步实现,这样才能被认为是完整的道路合并工作。语义合并主要是先提取新增道路在 OpenStreetMap 数据库中的属性信息,然后按照参考数据库中的属性信息的属性字段与入库规范,做好相应的补充和完善。其中,可能涉及属性传递、属性取舍等问题。

由于两条数据库的属性字段差异较大,先人工对属性字段预设一一对应关系。例如,OpenStreetMap 数据库中的"Shape""NAME"和"TYPE"字段,分别对应于本节实验使用的参考路网数据库中的"Shape""PATHNAME"和"KIND"字段。再如,OpenStreetMap 数据库中有"ONEWAY"属性字段且其属性值是"yes"或者"no"或者空,而在参考路网数据库中可能没有这个字段但有"LANNUM"(车道数)字段,所以在需要做属性传递时假如在 OpenStreetMap 中的某道路的"ONEWAY"字段的属性值为"yes",则其合并后在"LANNUM"字段的属性值应为"1"。

呈现情形①~④的新增道路实体从空间信息角度上看,它们虽然在几何和拓扑上都做了一定的调整,但都以独立的道路实体并入了参考数据库中。因而,对于情形①~④及情形⑤中不需要删除参考路网数据库中的新增道路实体的道路,在非空间信息处理也就是属性信息合并时只采取简单的属性传递。具体处理是,当这些新增道路在空间上并入数据库的同时,在属性表上会增加一条记录,该条记录在有一一对应关系的属性字段上会相应地沿用在 OpenStreetMap 数据库中的属性,在 OpenStreetMap 数据结构中不存在的属性字段上则尽可能地填充(如计算长度)。但对于情形⑤中需要删除参考路网数据库中道路和情形⑥的新增道路而言,因为这两种情形下都会将参考路网数据库中的道路数据删除,所以需要对比两者的某些属性信息并判断新入库的道路应该采用哪个属性信息。具体方法是,假如两条道路的一一对应关系的属性信息均不缺失,则利用两者对应的属性信息的编辑距离来选取(Levenshtein,1966),若编辑距离小于容差经验值则仍然用参考路网数据库中道路的属性,反之用新增道路的属性;假如两条道路属性有一方缺失,则并入数据库的道路会使用未缺失的那条属性信息。

4. 实验与结果分析

1)实验数据

分区域的 OpenStreetMap 道路可以方便地在 Geofabrik 等网站免费下载,本实验所选用的数据来自 Geofabrik。该网站 OpenStreetMap 道路的更新频率可以达到每天一次,实验中选用的 OpenStreetMap 道路的时间为 2014 年 9 月数据。实验中的参考路网数据库是 2008 年的商业导航数据。该导航数据的生产基于测绘部门提供的 1:1 万数字线划图(digital line graphic,DLG)基准数据库,后期通过进一步的外业测绘及内业编辑工作,在数据库中增添了更多细节性的道路并且完善了道路间的拓扑关系,以使之满足导航服务的目的。

在有关众源道路数据的相关研究中,中国区内的 OpenStreetMap 道路数据极少被采用,所以实验将全部采用中国区域内的 OpenStreetMap 道路数据,以期在一定程度上说明中国区域的 OpenStreetMap 数据具有重大的应用潜力。由此,实验选取了两组数据。

第一组数据为武汉市内 5 个 5 km×5 km 区域大小的实验数据。为了探究地域差异性特征与实验结果的关系,特别选取来自蔡甸区、江汉区和武昌区等多个区域的 5 个区域,图 6.16 是 5 个区域的参考道路数据库的道路数据。其中,区域 1 是蔡甸区,是有少量新工业园的远郊区;区域 2 是江汉区,是旧商业中心;区域 3、4 是武昌区和洪山区一带,涵盖了武汉大学和华中科技大学等一系列高校中心、新商业中心等;区域 5 是东湖新技术开发区,离市区较远,主要是高校创业园所在地附近。第一组实验数据对应区域的参考道路数据库道路总长度与 OpenStreetMap 数据库道路总长度的统计结果如图 6.17 所示。

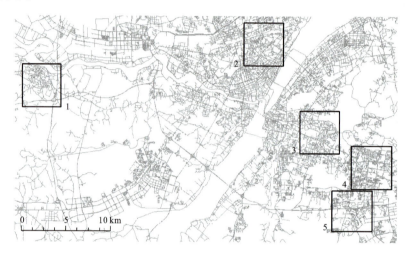

图 6.16 武汉市 5 个 5 km×5 km 区域大小的实验数据空间分布图

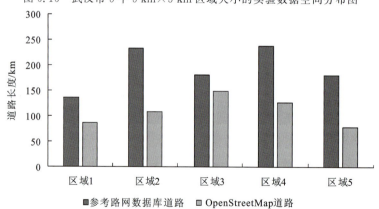

图 6.17 武汉市 5 个区域的参考路网数据库道路总长度与 OpenStreetMap 道路总长度统计

第二组数据为整个武汉市的实验数据,其区域大小约为 8 494 km^2,选取该组数据一方面是为了证明算法也适用于较大面积的实验区域;另一方面是为了验证该算法在处理比较复杂的区域时是否有效。

2) 数据预处理结果

根据以上关于方法的介绍,本实验的流程主要包括 OpenStreetMap 数据的拓扑纠正处理、不同缓冲区半径下的带约束条件的缓冲区分析、最佳缓冲区半径下获取新增道路、新增道路合并到参考路网数据库。每一步相应的结果及分析如下。

如 6.3.2 节提及的一样,在预处理阶段,需要先对 OpenStreetMap 的拓扑错误进行纠正,不同实验区域的拓扑错误统计结果如表 6.4 所示。

表 6.4 OpenStreetMap 数据预处理统计结果

拓扑错误	区域 1	区域 2	区域 3	区域 4	区域 5	武汉市
重叠或自重叠	0	3	5	0	0	86
自相交	0	2	1	0	1	47
悬挂	0	1	9	6	2	56
未及	2	2	10	2	4	72

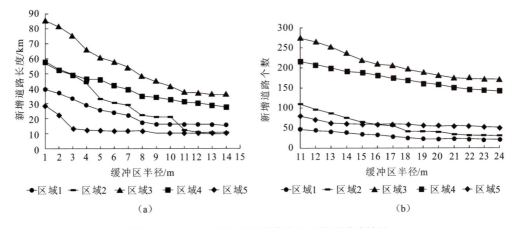

图 6.18 5 个区域中不同缓冲半径下新增道路结果

3) 不同半径下带约束条件的缓冲区分析的结果与讨论

武汉市内的 5 个区域,根据 6.3.2 节分析的武汉市的道路宽度情况,该组数据的缓冲半径的取值确定为 11~24 m,在不同缓冲区半径下的新增道路的个数与长度的结果如图 6.18 所示。

武汉市的 5 个区域确定的最佳缓冲区半径结果分别是:区域 1 为 20.5 m、区域 2 为 22.5 m、区域 3 为 22.5 m、区域 4 为 22.5 m、区域 5 为 16.5 m。可以看出,同样是商业中心集中地的区域 2、3、4,相应的它们的最佳缓冲区半径值也是相同的,都比较大。经分析,这种结果的原因之一是最佳缓冲区半径的取值与道路宽度紧密联系,区域 2、3、4 的道路宽度整体上要比离市区较远的区域 1、5 的宽。

对于整个武汉市,按照以上 5 个小区域及人工测量数据,综合给出缓冲区半径的取值范围可设定在 12～28 m。武汉市新增道路个数与长度的结果如表 6.5 所示。可以看出，其中新增道路长度在缓冲区半径为 21～24 m(表中粗体部分)趋于稳定，结合 6.3.2 节提出的 descriptor 相关计算，可以得出武汉市的最佳缓冲区半径是 22.5 m，整个武汉市的最佳缓冲区半径结果与 5 个分区实验数据的结果基本保持一致。

表 6.5 武汉市在不同缓冲半径下新增道路结果

缓冲半径/m	12	13	14	15	16	17	18	19
新增道路个数	3 952	3 775	3 606	3 443	3 340	3 254	3 163	3 083
新增道路长度/km	4 907.719	4 712.372	4 510.343	4 314.247	4 167.13	4 062.265	3 964.534	3 884.255
20	21	22	23	24	25	26	27	28
2 977	2 930	2 912	2 896	2 880	2 801	2 752	2 701	2 660
3 756.779	3 669.13	3 658.213	3 634.571	3 626.378	3 577.627	3 501.608	3 465.773	3 418.236

4）新增道路结果与讨论

计算出最佳缓冲区半径后，再运行一次带约束条件的缓冲区分析就可以得到实验区域的新增道路结果。分区实验数据的区域 1 和 3 在各自最佳缓冲区半径下的处理结果如图 6.19 所示，图 6.19(a)和(c)是 OpenStreetMap 道路(红线)与参考路网数据库(绿线)的叠加图，图 6.19(b)和(d)是本节方法发现的待合并的 OpenStreetMap 中的新增道路(蓝线)叠加到参考路网数据库中的效果图。可以看到，(a)、(c)中那些红线独有的道路在(b)、(d)中基本都用蓝线标注出来了，这说明该方法是有效的。

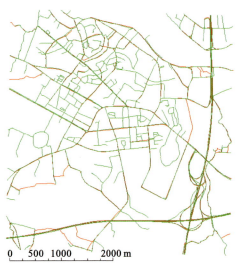 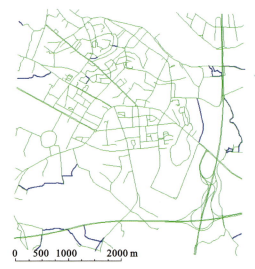

（a）区域1：城市参考道路（绿）和 OpenStreetMap道路（红）相叠加

（b）区域1：城市参考道路（绿）和OpenStreetMap 中检测到的新增道路(蓝)相叠加

图 6.19 基于路网匹配算法的新增道路检测

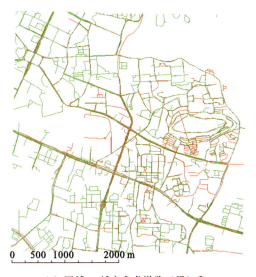
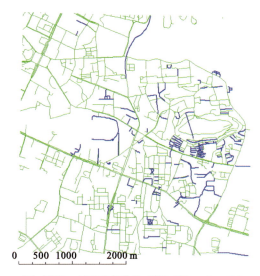

（c）区域3：城市参考道路（绿）和
OpenStreetMap道路（红）相叠加

（d）区域3：城市参考道路（绿）和OpenStreetMap
中检测到的新增道路（蓝）相叠加

图 6.19 基于路网匹配算法的新增道路检测（续）

整个武汉市的新增道路结果如图 6.20 所示，通过观察可以发现，OpenStreetMap 相对于参考路网数据中的新增道路基本都被检测出来。由于区域空间范围较大而插图大小有限，在道路比较集中的中心地带难以明显看出结果的有效性。

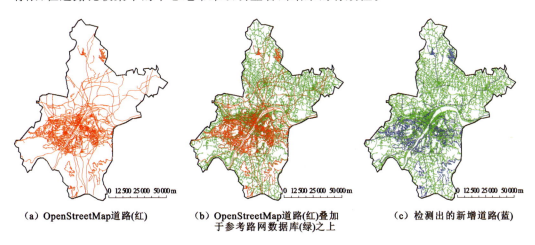

（a）OpenStreetMap道路（红）　　（b）OpenStreetMap道路（红）叠加　　（c）检测出的新增道路（蓝）
　　　　　　　　　　　　　　　　　于参考路网数据库（绿）之上

图 6.20 武汉市的新增道路

为了定量地分析所获取的新增道路结果的正确性，两组实验都与人工结果进行了对比。这里使用两个评价指数：参数精度（Precision）和召回率（Recall）。

$$\text{Precision}=\frac{\text{TPL}}{\text{TPL}+\text{FPL}} \tag{6.9}$$

$$\text{Recall} = \frac{\text{TPL}}{\text{TPL} + \text{FNL}} \tag{6.10}$$

式中：TPL 为正确检测路网的长度；FPL 为错误检测路网的长度；FNL 为遗漏的检测路网的长度。

对于武汉市 5 个区域的第一组实验数据，对所有新增道路结果都进行人工判读，并且统计经人工判读后正确获取的新增道路长度与新增道路总长度的比值，其结果如表 6.6 所示。对于武汉市实验数据，因为数据量较大，所以采用随机抽取均匀分布的 100 条新增道路结果，同样也与人工判读的结果进行了对比和统计。统计结果如表 6.6 所示。

表 6.6　检测的新增道路结果的统计表

区域编号	1	2	3	4	5	武汉市
最优缓冲区/m	20.5	22.5	22.5	22.5	16.5	22.5
正确检测到的道路长度/km	7.587	5.984	35.012	21.980	10.371	52.803
错误检测到的道路长度/km	0.022	0.297	1.581	1.406	0.134	2.456
漏掉的路网长度/km	0.135	0.090	0.589	1.117	0.322	0.808
精度/%	99.71	95.27	95.68	93.99	98.72	95.56
召回率/%	98.25	98.52	98.35	95.16	96.99	98.49

注：其中武汉市为随机选取 100 条道路的统计结果。

从以上实验的正确率统计表可以看出，本方法发现的 OpenStreetMap 中存有的应该合并到参考道路数据库中的新增道路结果的正确率都较高（均超过 90%），这在一定程度上证明了本方法的可行性。

5）道路合并结果与讨论

新增道路合并到城市数据库时，需要在几何、拓扑、语义上均实现合并，按照 6.3.2 节的算法可以完成合并的工作。以 5 个小区域中的区域 3 和区域 5 的数据为例，合并的结果如图 6.21 所示，其他区域的合并结果类似。

（a）区域 3

图 6.21　道路合并结果

紫线表示合并后的道路；蓝线表示新增道路；绿线表示城市参考道路；灰色虚线表示原始的 OpenStreetMap 道路

第6章 基于众源数据的路网提取与更新

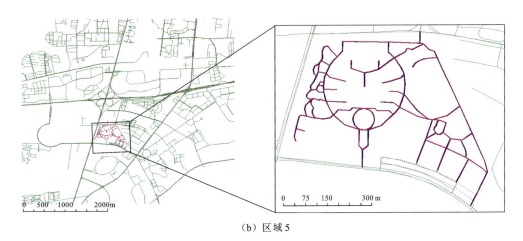

(b) 区域5

图 6.21 道路合并结果(续)

紫线表示合并后的道路；蓝线表示新增道路；绿线表示城市参考道路；灰色虚线表示原始的 OpenStreetMap 道路

从图 6.21 可以看出，几何信息上有的紫线与对应的蓝线存有小幅度的位移，即部分新增道路根据周围已匹配好的参考道路与 OpenStreetMap 道路匹配对做了小幅度的调整。拓扑上，在容差范围内与周围道路完成了连接性处理。同时，正如 6.3.2 节中的第⑤、⑥种情形所述，对于新增道路周围若有原始道路完全落在缓冲多边形内的情况，需在合并的结果中把那些原始道路删除。所以图中有些绿线(城市参考道路)并未包括在合并后的紫线(合并处理后的城市参考道路)中。

除了几何、拓扑合并外，还包括属性信息的合并。图 6.22 是属性合并结果示意图，可以看到新增道路的道路名、长度等属性信息都能较好地合并到城市参考道路数据库的相应属性字段。

FID	Shape *	MAPID	ID	KIND	PATHNAME	RoadLength
1795	折线(polyline)	455463	45546305762	0814		.131720
1796	折线(polyline)	455463	45546306309	0601	卓刀泉北路	.194793
1797	折线(polyline)	455463	45546306310	0601	卓刀泉北路	.217992
1798	折线(polyline)	455463	45546306314	0814		.103144
1799	折线(polyline)	455463	45546306316	0814		.14217
1800	折线(polyline)	455463	45546306317	0814		.065620
1801	折线(polyline)	455463	45546306886	0801		.030310
1802	折线(polyline)	455463	45546306881	0814		.005245
1803	折线(polyline)	455463	45546307221	0b14		.069405
1804	折线(polyline)	455463	45546307222	0b14		.048815
1805	折线(polyline)	455463	45546307301	0814		.138737
1806	折线(polyline)	455463	45546307706	0801		.033478
1807	折线(polyline)	455462	45546220104	0601	东三路	.052984
1808	折线(polyline)	455462	45546222322	0801		.046719
1809	折线(polyline)			secondary	石牌岭路	1.15139
1810	折线(polyline)			tertiary		.519370
1811	折线(polyline)			steps		.057798
1812	折线(polyline)			footway		.043266

图 6.22 属性传递界面及属性合并结果示意图

最后，统计所有实验区域合并后的新增道路的总长度与参考路网数据库道路总长度的比值，结果如表6.7所示。该表统计的更新道路长度的结果不仅包括实际新修或变更的道路长度，还包括OpenStreetMap数据能补充的道路细节的长度。

表6.7　所有实验区域的更新道路长度统计表

实验区域	区域1	区域2	区域3	区域4	区域5	武汉市
更新道路长度/km	7.722	6.074	35.601	23.097	10.693	2 008.644
更新道路与参考路网长度比值/%	5.62	2.61	19.60	9.68	5.89	11.96

5. 小结

OpenStreetMap作为一种典型的众源地理数据，不仅实时性高、信息丰富，还在精度方面得到了较多研究人员的认可。在此背景下，本书将OpenStreetMap道路数据应用于参考路网数据库的更新，提出一种自适应方法确定最佳缓冲区半径值，并采用中国区域的OpenStreetMap数据完成了以下几个方面的实验并得出了一些研究结果。

（1）提出了获取新增道路时确定最佳缓冲区半径的算法。因为带约束条件的缓冲区增长算法的有效性在一定程度上取决于缓冲区半径的大小，经观察和推测本节提出最佳缓冲半径下的新增道路结果在数目和长度上都表现出稳定的趋势，并给出计算该最佳缓冲半径的算法。经实验对比分析，最佳缓冲半径的大小与实验区域的道路宽度和大众参与提供道路数据的活跃程度有关。

（2）给出了新增道路在几何、拓扑、语义上均并入参考路网数据库的方法。本节经细致的分析和探究所有实验区域的新增道路与参考道路的关系，认为新增道路要想较好地并入城市道路数据库，必须针对不同的情形运用不同的合并策略。本节归纳出新增道路的6种情形，然后根据不同的方法完成了实验区域的新增道路合并，并用实验结果验证了本节方法的有效性。

本节虽获得了一些实验结果并探索出了一些结论，但一些问题有待进一步完善和深入讨论。

（1）在研究内容上，一般意义上的道路数据库的更新应该分为增加、不变、减少三种形式。6.3.2节研究内容在增加和不变这两点上都得到了体现，但由于在现阶段还没有足够理由能证明那些在OpenStreetMap道路数据库中没有的道路是实际中不存在的道路，因此没有完成关于道路"减少"这一情形的研究，这一点会随着OpenStreetMap的覆盖率得到进一步的提升而具备更高的可行性。

（2）在研究方法上，还有很多地方值得进一步思考与改进。首先，在带多个约束条件的缓冲区增长算法中，如何最佳地确定多个约束条件的阈值是值得研究的。其次，对于道路更细节的地方可以做改进，如复杂交叉口、道路分不同车道等的匹配。最后，根据算法编写的程序在实验区域较大、实验数据量较多时运行得较为缓慢，还可以考虑采用分布式计算方法等来提高运行速度。

（3）路网特征点（交叉点、终结点）一方面可以用于路网线匹配，另一方面可以用于辅助两套数据的融合,6.3.2 节新增道路基于周围已经匹配的道路映射到参考路网数据库中,这样会造成新增道路映射到参考路网数据库中的位置、拓扑信息偏差较大,利用特征点信息辅助可以提高精度。因此,可以考虑将 6.3.3 节中匹配的路网特征点与 6.3.2 节研究内容相结合。

6.3.3 自适应概率松弛法路网特征点匹配

6.3.2 节详细讲述了路网更新中的线特征匹配及融合过程,路网特征点(道路交叉点、道路终结点)匹配在路网的更新过程中可以辅助路网线匹配、路网融合过程(Song et al.,2011;Tong et al.,2009),在线匹配的过程中结合点匹配能得到更好的匹配结果(赵东保等,2010)。如图 6.23 所示,若想把数据库 1 中新道路精确地更新到数据库 2 中,仅仅用已经匹配的线数据明显是不够的,若交叉点 A 和 A′已经正确地匹配,那么新道路便可以精确地更新到路网数据库 2 中。

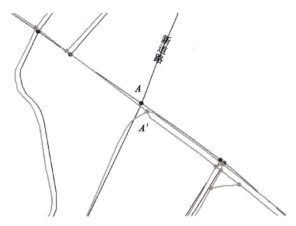

图 6.23　路网特征点在更新过程中的作用
黑色路网表示路网数据库 1;灰色路网表示路网数据库 2

Song 等(2011)将点匹配的方法分为聚类法、图方法、迭代最邻近方法、松弛方法,且运用松弛方法匹配了两套不同路网数据库的特征点数据,得到了比较好的结果。本节所讨论的路网数据来自不同的数据模型,且在地理位置上有一定的偏差,利用全局的信息来辅助匹配会得到比较好的结果,而松弛法正好能够有效处理偏移比较大的数据且能够得到全局优化的结果。另外,目前的一些匹配算法使用了大量的经验阈值(赵东保等,2010;Tong et al.,2009),这样算法的阈值只针对特定的数据有效且自动化程度不高。对此提出了自适应概率法,只需要输入极少量的经验阈值就可以自动地匹配两套数据,且结合松弛法以得到全局优化的结果。以下内容将会围绕该匹配算法展开。

1. 数据预处理

待匹配的两套数据来源不同,每套数据在几何、拓扑、语义上的表示方式都是为其方便使用而设定的。在路网特征点匹配的过程中,这些表示方式的差别会影响匹配结果,需要尽量将其消除以获得比较好的结果。本节处理了两套路网数据库中的冗余特征点及拓扑模糊,这样可以提高后面匹配的效率、精度。

1) 消除冗余的特征点

路网数据采集的过程中,有些情况根据应用需要在一段路网数据上添加点数据,例如图幅之间结合处,会插入相应的点数据。这样就在道路的中间多了一些特征点,这些特征点会给后期的点匹配带来干扰。因此,需要首先在预处理的过程中将这部分冗余的特征点进行消除。如果特征点连接了有且只有两条相同道路名字的道路,则将此特征点进行消除,否则不处理。

2) 去除拓扑模糊

待匹配的两套数据存在拓扑表达的差异性,有些路口如图 6.24 所示,其中数据库 1 用两个点(B 和 C)表示路口交叉特征点,数据库 2 用一个点(A')表示,本节所使用的算法进行 1∶1 的匹配特征点,这种差异会导致匹配过程中 B 或 C 中只有一个点能跟 A' 相匹配,从而导致错误。Zhang 等(2007)取两个点间线段的中点,然后将两个点及所对应的线段移到中点处。如图 6.24 所示,A 为线段 BC 的中点,将点 B、C 转移到 A 处,同时将道路 b_1 和 b_2 旋转到虚线的位置。本节使用了同样的方法处理其中的拓扑模糊。这样在后面的匹配过程中,算法会将 A 与 A' 进行匹配。

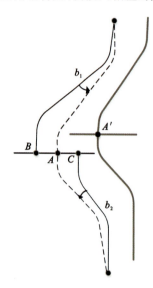

图 6.24　去除拓扑模糊

黑色道路表示路网数据库 1;
灰色道路表示路网数据库 2

2. 自适应概率松弛法点匹配

自适应概率松弛法点匹配可分为建立概率矩阵和对概率矩阵进行松弛两个主要步骤。建立概率矩阵是通过一定的方法将待匹配点之间的相似性匹配参数映射为待匹配点之间的匹配概率,如图 6.25 所示,根据所输入的待匹配数据,通过自适应的方式逐步建立概率矩阵,在该过程中只需要输入少量的参数即可完成概率矩阵的建立。由于其所使用的相似性概率参数都是局部的参数,所以建立的概率矩阵只是局部的匹配概率,松弛的过程是通过当前上下文信息对概率矩阵进行更新以获得全局优化的结果。

1) 建立概率矩阵

概率矩阵的建立是将两个待匹配点之间的相似性匹配参数映射为它们之间的匹配概率的过程。其中,相似性匹配参数包含几何(位置、角度、长度、形状等)、拓扑、语义等。由于路网特征点并不存在语义信息,所以只用了前两种相似性匹配参数。几何信息方面,考查待匹配点对两点的欧几里得距离(设为 M_Distance),以及待匹配点对的两点在各自路网数据库中与之连接的道路段(这里称为"连接线")的几何相似性信息(如线的角度、长度、形状等,这里用 M_Line 来整体表示该相似性匹配参数);待匹配点对的拓扑相似性用两点连接线的数量相似性来表示,两者之间的连接线的数量较小的值除以两者连接线数

第6章 基于众源数据的路网提取与更新

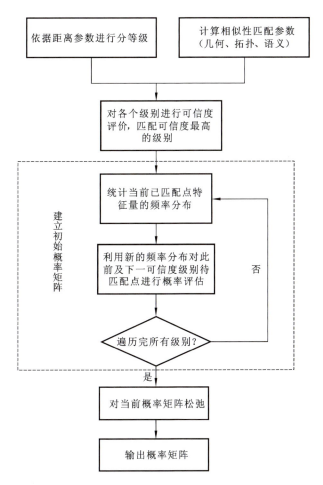

图 6.25 自适应概率松弛法点匹配流程图

量的较大值得到拓扑相似性 P_Topo,该值为 0～1,且能表示两个点在拓扑上的匹配程度,这个值也可近似表示为拓扑相似性概率。将上述匹配参数映射为匹配概率的过程如下。首先,基于特征点之间的距离将各个匹配点对划分到不同等级中,并计算每个等级的可信度。两套数据在地理位置上虽然会有偏移,但是同名点之间的距离也会在一定的范围,这里设定可能匹配的点相差最大距离为 30 m,即在目标数据库中任取一特征点,对于参考数据库中所有落入 30 m 范围内的特征点进行下一步计算,否则认为不匹配。距离是影响两个点匹配概率最直观的要素,一般情况下,距离越近匹配的可能性越大(即可信度高),距离越远匹配的概率越小(即可信度低)。如图 6.26 所示,按照相距的距离以 0.5 m 为单位把待匹配点划分为不同的等级,需要特别指出其中第一级的距离为 2 m。上文已提到,待匹配点对的拓扑相似性参数也可表示为拓扑相似性概率,计算每个等级的所有待匹配点对的拓扑相似性概率的均值,且选取其作为各个等级的可信度大小。

然后,从可信度高的级别到可信度低的级别逐个处理,通过统计匹配点对的各个相似性匹配参数的频率分布,迭代计算得到所有待匹配点对的匹配概率。具体地,①利用比较

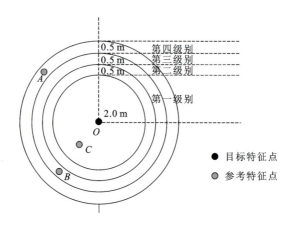

图 6.26 按照距离进行划分等级

严格的规则(如 P_Topo≥0.8)筛选最高可信度级别中的待匹配点,由于选取规则严格且待匹配点对处于最高可信度的级别,所以这些最初的匹配点对有很高的匹配可信度。对这些点对的各个相似性匹配参数进行频率分布统计。②借由这些分布来评估第一可信级别及第二可信级别所有待匹配点对的概率,即对于每一对待匹配点对(i,j)的每一个相似性匹配参数(M_Distance,M_Line),查找其值在池中出现的概率,并将该概率作为该对匹配点在该相似性匹配参数上匹配成功的概率(P_Distance,P_Line),并通过式(6.11)将各个相似性匹配参数匹配成功的概率进行加权平均,得到该点对的匹配概率 $P_{i,j}$。③将第一、二可信级的所有匹配点对重新统计各个相似性匹配参数的概率分布,再选取第三可信级的待匹配点对,用类似的方法计算出第三级的所有待匹配点对的匹配概率。依次向下一个可信度级别迭代计算,直至每对待匹配点对的匹配概率都计算得到。特别的,由于拓扑相似性匹配参数的值(P_Topo)本身已经具有表达拓扑相似性匹配参数上匹配成功的概率的含义,因此该值直接参与式(6.11)的计算。

$$P_{i,j} = \varepsilon_1 \text{P\_Distance} + \varepsilon_2 \text{P\_Line} + \varepsilon_3 \text{P\_Topo} \tag{6.11}$$

式中:ε_1、ε_2 和 ε_3 为大于零的经验权值系数,且相加为 1。

2) 松弛概率矩阵

当前所建立的概率矩阵是基于局部相似性匹配参数,有些情况仅仅依靠以上信息不能得到理想的匹配结果,如图 6.27 所示的例子中,如果不利用上下文的信息很难判断目标数据库中的特征点 i 是与参考路网数据库中特征点 j 匹配还是与 j' 相匹配,根据上下文信息,例如,向量 AA'、BB' 和 CC' 可以判断 i 的正确匹配点为 j。为了得到全局优化的结果,需要利用上下文信息对当前的概率矩阵进行更新。

利用周围已经匹配点的信息对当前待匹配点的概率进行更新,其中更新的公式如下。

$$P_{ij}^{(r+1)} = \frac{P_{ij}^{(r)} + ST_{ij}^{(r)}}{1 + \sum_{j=1}^{n} ST_{ij}^{(r)}} \tag{6.12}$$

第6章 基于众源数据的路网提取与更新

$$ST_{ij}^{(r)} = \frac{1}{n-1} \Big(\sum_{\substack{h \in Support(i) \\ h \neq i}} \underset{\substack{k \in R \\ k \neq j}}{\text{Max}} [C(i,j;h,k) p_{hk}^{(r)}] \Big) \quad (6.13)$$

式中：r 表示当前已经迭代的次数；P 为待匹配的两点的匹配概率；(i,j) 为概率待更新的待匹配点对；j' 为参考路网数据库中所有可能与 i 匹配的特征点；(h,k) 表示可能对 (i,j) 的概率更新有贡献的待匹配点对；R 为参考路网数据库中的所有特征点；$C(i,j;h,k)$ 表示点对 (h,k) 对 (i,j) 的兼容因子，通常借助先验知识来获取；$Support(i)$ 表示对点 (i,j) 的概率更新有贡献的目标数据库中的点集，$Support(i)$ 典型的确定方法是对 i 做缓冲区分析（半径可取为目标数据库道路平均长度），取落入其中的所有目标数据库特征点为 $Support(i)$；n 为 $Support(i)$ 中点的个数。

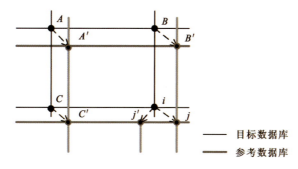

图 6.27 利用当前上下文信息对矩阵进行更新

3. 实验及结果

同样选取了 6.3.2 节中武汉市的 5 个小区域，各个区域中 OpenStreetMap 与参考数据特征点个数如表 6.8 所示，不难发现，区域 3 中两套数据的特征点数量最接近，可以推测该区域的数据重叠度最大。

表 6.8 实验区域路网特征点

特征点数量	区域 1	区域 2	区域 3	区域 4	区域 5
OpenStreetMap	279	596	1 057	691	356
参考数据	459	1 439	1 172	1 664	1 063

手工匹配 5 个小区域，并比较自适应概率松弛法与手工匹配的匹配结果。类似 6.3.2 节，这里也用精度、召回率来进行质量评价，前者表示当前已经匹配点对的正确率，后者为当前匹配点对的完整度，两个参数的定义如式(6.13)和式(6.14)。

$$\text{Precision} = \frac{TP}{TP+FP} \quad (6.14)$$

$$\text{Recall} = \frac{TP}{TP+FN} \quad (6.15)$$

式中：TP 为正确匹配的点对个数；FP 为错误匹配的点对个数；FN 为应当匹配而没有匹

配的点对个数。

表 6.9 统计了 5 个小区域的匹配的精度和召回率,不难发现,自适应概率松弛法的精度在 5 个小区域中均大于 90%,其中区域 1 和 5 略微高于其他区域。5 个小区域的召回率基本高于 95%,区域 3 的召回率最高,为 98%。可见自适应概率松弛法处理差异性较大的数据也能够得到比较好的结果,所以该算法具有一定的适应性。

表 6.9 自适应概率松弛法特征点匹配结果

实验区域	精度/%	召回率/%
区域 1	95.7	95.7
区域 2	92.4	97.9
区域 3	93.1	98.0
区域 4	94.5	96.6
区域 5	95.5	95.0
均值	94.2	96.6

6.4 本章小结

本章从两个方面论述了众源数据在道路提取与更新上的作用及相关技术方法:从浮动车数据中提取道路,利用 OpenStreetMap 道路数据更新城市本地道路数据库。对于前一个方面,本章总结和评析了以往的经典算法和思路,并在此基础上提出了一种基于栅格图中心线提取的方法,该方法对浮动车 GPS 点密度高和低的区域都有较好的适用性。对于后一个方面,本章总结了一般流程,对于其中的重要步骤缓冲区增长及其缓冲区半径的确定,本章还提出了改进的自适应缓冲区增长法,并取得了比较理想的结果。本章还讲述了基于自适应概率松弛法的路网特征点匹配,尝试用于辅助线、面匹配及路网融合。

参 考 文 献

陈舒燕. 2010. 基于 OpenStreetMap 的出行可达性分析与实现. 上海:上海师范大学.
崔晓东,郑玉华. 2006. 基于距离准则的地图匹配算法研究. 城市交通,4(3):53-57.
李德仁,龚健雅,张桥平. 2004. 论地图数据库合并技术. 测绘科学,29(1):1-4.
李宇光,李清泉. 2010. 基于矢量道路栅格化的海量浮动车数据快速处理. 公路交通科技,27(3):136-141.
王振华,胡翔云,单杰. 2015. 众源 GPS 浮动车数据中城市道路中心线分级提取的栅格化方法. 测绘通报(8):22-24.
张雷元,袁建华,赵永进. 2008. 基于 FCD 的交通流检测技术. 中国交通信息产业(2):133-135.
赵东保,盛业华. 2010. 全局寻优的矢量道路网自动匹配方法研究. 测绘学报,39(4):416-421.
Ather A. 2009. A quality analysis of OpenStreetMap data. London: University College London.
Ayers P D, Anderson A B, Wu C. 2005. Analysis of vehicle use patterns during field training exercises to identify potential roads. Journal of Terramechanics, 42(3):321-338.
Beeri C, Kanza Y, Safra E, et al. 2004. Object fusion in Geographic Information Systems//Proceedings of the 30th International Conference on Very Large Data Base (VLDB). San Fransisco: Morgan

Kaufmann(30):816-827.

Boucher C,Noyer J C. 2012. Automatic detection of topological changes for digital road map updating. IEEE Transactions on Instrumentation and Measurement,61(11):3094-3102.

Brüntrup R,Edelkamp S,Jabbar S,et al. 2005. Incremental map generation with GPS traces//Proceedings. 2005 Intelligent Transportation Systems. New York:IEEE:574-579.

Cao C,Sun Y. 2014. Automatic road centerline extraction from imagery using road GPS data. Remote Sensing,6(9):9014-9033.

Cao L,Krumm J. 2009. From GPS traces to a routable road map//Proceedings of the 17th ACM SIGSPATIAL International Conference on Advances in Geographic Information Systems. New York:ACM:3-12.

Davics J J,Beresford A R,Hopper A. 2006. Scalable,distributed,real-time map generation. Pervasive Computing,IEEE,5(4):47-54.

Ekpenyong F,Palmer-Brown D,Brimicombe A. 2009. Extracting road information from recorded GPS data using snap-drift neural network. Neurocomputing,73(1):24-36.

Gilles J,Meyer Y. 2010. Properties of BV-G structures + textures decomposition models. Application to road detection in satellite images. IEEE Transactions on Image Processing,19(11):2793-2800.

Karagiorgou S,Pfoser D. 2012. On vehicle tracking data-based road network generation//Proceedings of the 20th ACM SIGSPATIAL International Conference on Advances in Geographic Information Systems. New York:ACM:89-98.

Kounadi O. 2009. Assessing the quality of OpenStreetMap data. London:University College London.

Levenshtein V I. 1966. Binary codes capable of correcting deletions,insertions,and reversals. Soviet Physics Doklady,10(8):707-710.

Li J,Qin Q,Xie C,et al. 2012. Integrated use of spatial and semantic relationships for extracting road networks from floating car data. International Journal of Applied Earth Observation and Geoinformation,19:238-247.

Liu C,Xiong L,Hu X,et al. 2015. A progressive buffering method for road map update using OpenStreetMap data. ISPRS International Journal of Geo-Information,4(3):1246-1264.

Liu X,Zhu Y,Wang Y,et al. 2012. Road recognition using coarse-grained vehicular traces (HPL-2012-26). [S. l.]:HP Labs.

Ludwig I,Voss A,Krause-Traudes M. 2011. A Comparison of the Street Networks of Navteq and OSM in Germany//Advancing Geoinformation Science for a Changing World. Berlin:Springer:65-84.

Movaghati S,Moghaddamjoo A,Tavakoli A. 2010. Road extraction from satellite images using particle filtering and extended Kalman filtering. Geoscience and Remote Sensing,IEEE Transactions on,48(7):2807-2817.

Parent C,Spaccapietra S. 2000. Database Integration:the Key to Data Interoperability Advances in Object-Oriented Data Modeling//Advances in Object-Oriented Data Modeling. Cambridge:MIT Press:221-253.

Rosen B,Saalfeld A. 1985. Match criteria for automatic alignment//Proceedings of 7th International Symposium on Computer-Assisted Cartography (Auto-Carto 7). [S. l.:s. n.]:456-462.

Saalfeld A. 1985. A fast rubber-sheeting transformation using simplicial coordinates. The American Cartographer,12(2):169-173.

Schroedl S, Wagstaff K, Rogers S, et al. 2004. Mining GPS traces for map refinement. Data Mining and Knowledge Discovery, 9(1):59-87.

Song W, Keller J M, Halthcoat T L, et al. 2011. Relaxation-based point feature matching for vector map conflation. Transactions in GIS, 15(1):43-60.

Stigmar H. 2006. Some aspects of mobile map services. Lund: Lund University.

Tong X, Shi W, Deng S. 2009. A probability-based multi-measure feature matching method in map conflation. International Journal of Remote Sensing, 30(20):5453-5472.

Volz S. 2006. An iterative approach for matching multiple representations of street data//Joint ISPRS Workshop, Multiple Representation and Interoperability of Spatial Data. [S. l.]: ISPRS, 36(2/W40): 101-110.

von Gösseln G. 2005. A matching approach for the integration, change detection and adaptation of heterogeneous vector data sets. //The 22nd International Cartographic Conference. [S. l.: s. n.].

Walter V, Fritsch D. 1999. Matching spatial data sets: a statistical approach. International Journal of Geographical Information Science, 13(5):445-473.

Wang J, Rui X, Song X, et al. 2015. A novel approach for generating routable road maps from vehicle GPS traces. International Journal of Geographical Information Science, 29(1):69-91.

Worrall S, Netbot E. 2007. Automated process for generating digitised maps through GPS data compression// Australasian Conference on Robotics and Automation. [S. l.: s. n.].

Wu C, Ayers P D, Anderson A B. 2007. Validating a GIS-based multi-criteria method for potential road identification. Journal of Terramechanics, 44(3):255-263.

Zhang L, Thiemann F, Sester M. 2010. Integration of GPS traces with road map//Proceedings of the Second International Workshop on Computatianal Transportation Science. New York: ACM: 17-22.

Zhang M. 2009. Methods and implementations of road-network matching. Munich: Technical University of Munich.

Zhang M, Meng L. 2007. An iterative road-matching approach for the integration of postal data. Computers, Environment and Urban Systems, 31(5):597-615.

Zhang Y, Yang B, Luan X. 2012. Automated matching crowdsourcing road networks using probabilistic relaxation//ISPRS Annals of Photogrammetry Remote Sensing and Spatial Information Sciences. [S. l.]: ISPRS, 1/4(6):281-286.

Zhao Y, Liu J, Chen R, et al. 2011. A new method of road network updating based on floating car data// Geoscience and Remote Sensing Symposium (IGARSS), 2011 IEEE International. New York: IEEE, 1878-1881.

第 7 章
基于众源轨迹的交通出行信息提取与分析

众源地理数据特别是众源 GPS 轨迹数据的快速发展极大地扩充了时空地理数据的内容。表面上，GPS 轨迹数据由一系列时间先后排序的经纬度点组成，只具备低层次的时空坐标信息，然而，大量的群体、个体 GPS 轨迹数据却可以反映城市居民的出行特点，当结合城市道路、城市功能区、携带者本人属性等信息时，GPS 轨迹还将具备更丰富的与城市及交通相关的语义信息，这可以为城市管理、居民出行提供参考。本章介绍将众源轨迹应用于城市及交通信息提取分析、出行行为分析的多项研究，涉及的轨迹类型来源广、种类多，包括浮动车数据、网络共享轨迹、腕表及智能手机采集的轨迹。希望以此来探索和拓展众源地理数据在城市及交通信息提取和居民出行分析方面的研究思路及方法。

7.1 概　　述

近年来,随着全球定位技术、网络通信等技术的飞速发展,用户可以方便地获取个体的位置信息,并将其以轨迹的形式记录下来,于是涌现了大量的轨迹数据。

轨迹是指一系列带有时间信息的空间点形成的图形及其属性信息,轨迹的空间信息多为二维,时间和空间信息是轨迹最基本、必需的特征信息。这些轨迹的基本特征信息,可以看作二维的时间序列,表示为

$$\{(t_i, x_i, y_i), 1 \leqslant i \leqslant n\} \tag{7.1}$$

式中:指标 i 为第 i 个观测;t_i 为相应的时间;x_i 为经度;y_i 为纬度。

GPS 数据是轨迹的最常见来源之一,而常见的数据量较大的 GPS 轨迹是浮动车数据。一些公司或部门(如出租车公司或交通管理部门)会按照特定的采样频率(如 60 s)记录一次其下管理的每辆车辆的行驶信息(典型信息包括位置、速度、方向、是否载客、引擎状态等),这些数据即浮动车数据。浮动车轨迹数据是经济、可靠的数据来源之一(de Fabritiis et al.,2008),它可以反映区域内道路网的交通状况,图 7.1 呈现了武汉市某一天的出租车轨迹点的分布。出租车轨迹在反映城市道路交通状态的同时,某种程度上也记录了人们的日常出行活动。

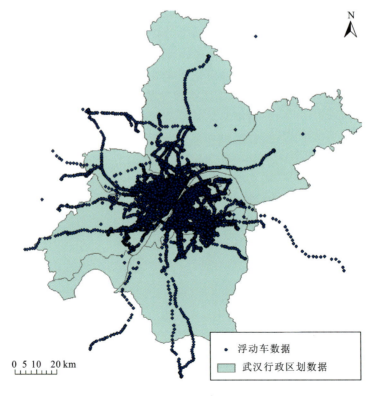

图 7.1　武汉市出租车轨迹点分布

此外,近年来以智能手机为典型代表的移动终端普遍地具备了包括 GPS 在内的多种定位功能,再加上移动网络的广泛普及,用户可以随时产生大量轨迹数据并上传和分享至网络,这降低了数据采集成本,为 GIS 时空数据库提供了大量可用资源。

2.3 节论述了基于智能手机的志愿者位置数据(轨迹)的采集技术,3.5 节论述了 GPS 轨迹预处理的相关理论与方法,6.2 节论述了从浮动车数据提取道路的技术与方法,感兴趣的可阅读相关章节。

众源轨迹数据同时包含空间信息和时间信息,能够客观真实地反映持有者的活动轨迹,具有数据量大、更新周期短、覆盖范围广、自动化程度高等优点,因而能够产生大量时空地理信息。GIS 时空挖掘技术可用于获取道路交通流量、道路更新、城市热点探索、城市小区分布、居民活动规律等信息。

1. 众源轨迹与城市热点信息提取

城市热点区域通常是指商业较发达、居民出行次数较多、交通流量较大的区域 (Chang et al.,2010;Zheng et al.,2009)。城市热点探测对于城市基础设施建设、城市交通规划和管理,以及基于位置的服务等应用具有十分重要的意义。传统的城市热点区域分析通常通过分析土地利用数据、人流量等进行度量(李清泉等,2012)。例如,Jenerette 等(2001)利用一系列空间分析方法对美国菲尼克斯区域 1912~1995 年的土地利用模式进行分析,并结合城市经济发展的相关数据,分析了城市繁华区域的时空变化。Luck 等(2002)结合梯度分析和景观指标,对美国亚利桑那州菲尼克斯城市化的中心和空间模式进行了量化分析和描述,并分析了不同类型的城市功能区的客流量分布情况。

目前,出租车轨迹已被广泛应用于城市热点区域的提取。近年来,已有一些利用出租车轨迹数据进行热点区域提取的研究。Lee 等(2008)利用 K 均值方法对出租车的上下车点进行分析,从而为空出租车提供位置推荐;Yue 等(2009)利用 Single-Linkage 聚类算法对不同时段内出租车轨迹的上下车点进行分析,从而发掘依赖于时间的兴趣区域和移动模式;Chang 等(2010)提出了一种基于语境的方法对出租车需求的热点区域进行预测,在预测过程中同时对 K 均值聚类、凝聚层次聚类、DBSCAN 三种聚类算法的性能进行了比较和分析;桂智明等(2012)基于出租车轨迹提出了一种 MapReduce 支持下的提取交通热点区域的分布式并行算法,通过对按时间段分块的停留点并行运行 DBSCAN 算法,实现了对不同时间段内热点区域的发现;Zhao 等(2015)基于决策图和数据场的原理提出了一种轨迹聚类方法,并应用到出租车轨迹中进行城市热点区域的提取。

7.2 节提出了一种基于决策图和数据场的轨迹聚类方法,利用该方法,从出租车轨迹数据中提取了武汉市城市热点并进行了分析。

2. 众源轨迹与交通信息分析与提取

随着人们生活水平的提高,城市私家车的保有量逐年提高,人们出行遇到开车难、停车难等种种困难。尤其是老城区部分,道路狭窄并且难以扩宽,同时又是商业区、办公区密集区域。在非中心城区,城市的部分道路拥堵状况呈现周期性、区域性特征。例如,武汉市二环线上周一早高峰和周五晚高峰时段,车流量远超其他工作日同时段车流量,因此相对其他工作日,拥堵现象更严重。

一方面,利用众源轨迹数据结合道路网数据进行道路流速及拥堵状况的分析,便于交通管理部门了解城市交通总体情况,及时制定应急措施,也可作为城市规划部门规划城市道路建设的辅助信息。建立城市道路流速模型,有助于民众提前制定出行计划,尽量规避交通拥堵时间,为出行带来方便,为出行车节约时间,同时节约有限的能源。这方面研究众多,如道路交通流、速度、占用率等交通指标的计算和估计(de Fabritiis et al.,2008);地图匹配作为后续分析的基础,可以为道路发现和道路恢复提供支持(Kerner et al.,2005);Xu 等(2013)利用历史浮动车数据识别交通拥堵模式。

另一方面,利用众源轨迹数据对典型交通目标的获取,具有现势性强、高时效、低成本的特点,可以为智能交通系统提供数据更新的依据,还可用于导航地图为人类出行提供便利。

以停车场提取为例,通过轨迹数据对停车场进行识别,不仅能为人们出行提供便捷指导,其分布状况也能为交通管理部门及城市规划部门的停车场选址提供参考。近年来,城市汽车保有量迅速增加,但停车场的建设明显滞后,停车场地不足已经成为严重的城市问题。人们往往对大型购物中心、超市、公园等较大的地面停车场较为熟悉,容易忽略一些小型停车场或背街的临时停车场。轨迹的起始和终止点都具有特殊的意义,一般车载 GPS 设备在汽车启动后开启,接收信号并记录;在汽车熄火时,停止接收信号,记录终止。停车场作为车辆临时停放的场地,是车辆轨迹起始点和终止点密集型区域,利用 GPS 轨迹的起始点和终止点的聚集度及分布情况即可获得停车场粗略分布状况。

7.3 节基于浮动车数据提取了拥堵区域并分析了其随时间变化的分布模式,7.4 节基于 OpenStreetMap 轨迹数据提取了收费站和停车场并分时段对道路流速信息进行了建模。

3. 众源轨迹与人类行为学分析

1960 年,瑞典地理学家 Hägerstraand 及其领导的隆德学派(Lund School)提出时空地理学概念,它强调人类行为学分析应当围绕人们活动的各种具体制约条件,在时空轴上动态地描述和解释各种人类活动,关心生活质量问题,强调为市民提供公平的服务设施配置方案,从微观个体的角度去认识人的行动及其过程先后继承性,把握不同个体行为活动在不间断的时空中的同一性(Hägerstraand,1970)。时空行为的研究与应用,能够弥补基于土地利用的静态城市规划对人类日常活动考虑不足的弊端,促进城市规划及管理更加关注人的行为的制约及能动因素,深入了解居民个性化的服务需求,从而使城市规划更加精细、社会管理更加智慧、居民服务更加个性(柴彦威等,2012)。

然而,一直以来,对城市地理学者来说,个体水平上的时空行为数据缺乏成为时空地理学、社会学和城市学等研究的主要局限。时空地理学研究中通常采用的方法是通过跟

第7章 基于众源轨迹的交通出行信息提取与分析

踪一个群体中每个人的日常活动路径,获取居民出行活动日志,研究发生在日常活动路径上的活动的顺序及时空特征,得出个人或群体活动行为系统与个人或群体属性之间的匹配关系,从而找到不同类型人群的活动规律,并利用这种规律进行合理的设施配置。这样的活动日志调查的局限非常明显。一方面,作业难度大、耗时长,调查结果可视性差,说服力不足,调查结果依赖于被调查者的回忆和配合。例如,被调查者容易忽略短时间出行或者回忆不起当天的非工作活动等,导致问卷精度和有效性不可避免地存在一定误差。另一方面,人类行为太过复杂,不可能将其以解构的方式进行研究,而且人类的害羞本性使得他们的行为总是无法被正确的观察,这些局限使得观察到的居民行为规律与实际有出入(柴彦威等,2013)。

大量客观的个体水平时空地理数据与丰富的城市背景信息、日益成熟的GIS分析方法与工具,为人类时空行为分析的发展提供了契机(Kwan,2000),为时空地理学研究提供了新的数据获取思路(柴彦威等,2013;柴彦威等,2012),也大大促进了时空行为研究的主题多样化和应用工具化,使众源地理数据在当代城市理论和方法中享有更大的声望和影响力。

随着移动端技术的发展,人们正在使用以智能手机为典型代表的移动端记录和分享越来越多的GPS轨迹。GPS轨迹数据能够客观真实地反映用户的行为轨迹,同时具有空间信息和时间信息,弥补了传统数据挖掘结果存在的空间属性缺失的缺陷,为各种移动对象和地理位置服务提供史无前例的大量信息,用于不同领域(Zheng et al.,2011)。因此,GPS轨迹数据正在成为国内外城市地理学者和社会学者研究居民行为和人地关系的重要数据源。

应用GPS轨迹数据进行城市居民时空行为分析已在国内外有多项研究。Kawasaki等(2009)使用个体GPS轨迹数据识别居民的购物行为、提取购物场所,识别和提取结果与出行调查问卷结果具有极高的吻合性;Jiang等(2009)利用探索性空间数据方法分析出租车GPS轨迹数据,研究人类出行行为与道路结构之间的关系,得出了人类出行模式主要由道路结构决定的结论;Turner(2009)利用伦敦个人机动车GPS移动路线研究人们选择路线的偏好,得出了在路线选取时,人们考虑更多的是拐弯更少的路线而非拥堵最少的路线;Rhee等(2011)通过GPS数据获取人类移动轨迹,对人类移动行为进行研究,验证了Levy-Walk移动模式,对人类移动特性进行了客观解释。其他学者如Jia等(2012)、Pluvinet等(2012)、Zheng等(2009)也使用GPS轨迹作为数据源进行了人类移动行为方面的研究。国内,吕玉强等(2010)通过抽取出租车载客过程中乘客上下车的GPS位置坐标,利用K均值聚类算法获得乘客上下车密集区域,结合交通小区与出租车乘客上下车点位的关系,利用交通小区的相似性进行交通小区划分,取得了良好结果;张治华(2010)将GPS轨迹应用于出行调查,变传统的人工记录为仪器记录,尝试在无须借助任何辅助数据的情形下,单纯依靠GPS轨迹的时空特征,自动获取居民常规出行信息;Yue等(2012)利用一天中出租车GPS轨迹数据在商业区的停靠情况和起始点位置,研究GPS轨迹的长度和时间,对商业区人的空间交互模型进行校准和验证,说明了GPS轨迹在居民出行行为分析中的应用稳定性;黄潇婷等(2011)使用GPS数据用于旅游景区分析,发动游客在游览参观时携带 GPS 记录装备,记录游览路线和过程,通过研究旅游者在景区空间尺度内的活动过程,为旅游者行为质量评价、旅游者行为修正与优化和旅游景区动态管理等提供理论指导。Li 等(2015)和 Wang 等(2015)分别收集大学生 GPS 轨迹数据,从个体、群体层面分析大学生的日常生活活动特点。

随着智能手机、GPS 腕表等便携式 GPS 定位装置的快速发展,GPS 轨迹数据的采集也越发便捷,吸引全世界学者基于 GPS 轨迹数据研究人类行为预测、移动模式挖掘(Li et al.,2011;Giannotti et al.,2007)。

7.5 节以大学生群体作为研究对象,通过智能手机及 GPS 腕表获取一定区域范围内大学生日常出行轨迹数据,探索利用 GPS 轨迹路线挖掘大学生时空行为规律的方法。

7.2 利用出租车轨迹提取城市热点区域

7.2.1 空间聚类的主要方法

聚类已被广泛地应用于基于轨迹数据的热点区域提取中,空间聚类方法主要分为如下几类(邓敏等,2011)。

(1) 基于划分的方法(partition-based methods)。核心思想是对于包含了 n 个对象的数据集合,给定聚类数目 $k(k \leqslant n)$,按照特定的目标划分准则不断地优化迭代,直到将整个数据集划分为 k 个子集,每个子集即为一个类。划分式聚类方法是最早出现的一种聚类方法,也是目前应用比较广泛的聚类方法之一。代表性的方法有 K 均值(K-Means,Macqueen,1967)、K-Medoids(Kaufman et al.,1987)、K-Modes(Huang,1998)等。

(2) 层次方法(hierarchical methods)。其主要思想是将数据对象构成一棵聚类树,通过反复的层次分解来获得满足一定条件的空间聚类结果。根据层次分解的方式,可以分为凝聚法和分裂法。其中,凝聚法是通过由下而上的策略,首先将每个对象看作是一个类簇;然后不断合并,直到获得满足一定条件的类簇。分裂法是通过自上而下的方法,首先将所有对象视为一个类簇;然后逐次分裂迭代,直至将每个对象分为一个类或者满足终止条件。代表性方法有单连接算法(Single-Linkage,Gower et al.,1969)、BIRCH 算法(Zhang et al.,1996)、CURE 算法(Guha et al.,1998)、CHAMELEON 算法(Karypis et al.,1999)、AMOEBA 算法(Estivill-Castro et al.,2002)等。

(3) 基于密度的方法(density-based methods)。其主要思想是将空间类簇视为一系列被低密度区域分割出来的高密度对象的区域。以 DBSCAN 算法(Ester et al.,1996)为例,通过采用一定邻域范围内包含空间对象的最小数目来定义空间密度,并通过不断延伸高密度区域进行空间聚类的操作。该聚类方法能够发现任意形状的类簇,其代表性的算法有 OPTICS(Ankerst et al.,1999)、DENCLUE(Hinneburg et al.,1998)等。

(4) 基于网格的方法(grid-based methods)。其主要思想是将对象空间量化为有限数目的网格单元,基于网格结构进行聚类,在某种程度上类似于基于密度的聚类方法。由于其处理时间仅仅依赖于格网单元的数目,因此运行速度较快。代表性的方法有 STING

(Wang et al.,1997)、WaveCluster(Sheikholeslami et al.,1998)。

(5) 基于模型的方法(model-based methods)。其主要思想是给定特定的数学模型,并将该数据对象与模型进行拟合。代表性的算法有 EM 算法(Dempster et al.,1977)、SOM 算法(Kohonen,2000)等。

7.2.2 基于决策图和数据场的轨迹聚类方法

本节提出一种基于决策图和数据场的轨迹聚类方法(Zhao et al.,2015)。该方法利用数据场来描述轨迹点的空间分布,利用决策图来选取聚类中心。

1. 决策图理论与方法

Rodriguez 等(2014)提出了一种利用决策图(decision graph)快速搜索聚类中心从而实现聚类的方法。他们认为聚类中心同时具备以下两个特点:①自身的密度较大,即该对象被密度均不超过它的邻近对象所包围;②与其他密度更大的数据对象之间的距离也相对更大一些。

决策图可以对聚类中心的上述两种特征进行定量描述。决策图包含了两个定量指标,即局部密度 ρ_i 和与密度较大对象之间的最小距离 δ_i。对于有着相对较大的 ρ_i 和较大 δ_i 的对象可认为是聚类中心。对于数据对象 i,其局部密度可定义为

$$\rho_i = \sum_j \chi(d_{ij} - d_c) \tag{7.2}$$

式中:$\chi(x) = \begin{cases} 1 & (x<0) \\ 0 & (x \geqslant 0) \end{cases}$;$d_c$ 为截断距离;d_{ij} 为对象 i 和对象 j 之间的距离。

距离 δ_i 表示对象 i 与任意密度比其大的对象之间的最小距离,对于密度最大的点,将其 δ_i 定义为该对象与任意其他对象之间的最大距离。其计算公式可表示为

$$\delta_i = \begin{cases} \min\limits_{j:\rho_j>\rho_i}(d_{ij}) & \text{(其他点)} \\ \max\limits_j(d_{ij}) & \text{(密度最大点)} \end{cases} \tag{7.3}$$

2. 数据场理论与方法

场的概念最早由英国物理学家法拉第于1837年提出,他认为物体间的非接触相互作用的发生必须通过某种中间媒质的传递才能实现,这种媒质就是场。Li 等(2007)借鉴物理学中场的思想,将场的概念及描述方法引入数域空间,将每个数据对象看作一个带有质量的粒子,利用数据场来描述数据对象之间的关系,从而将物理场引申到了数据场。目前,数据场已逐步应用于人脸识别(王树良等,2012;2010)、影像分割和特征提取(Wu et al.,2012a;2012b;2012c)等领域。

此处,将数据场的理论与方法运用到轨迹数据中,并用于城市热点区域的提取,进一步将数据场拓展到了轨迹数据场。对于由 n 个轨迹点组成的数据集 $P = \{P_1, P_2, \cdots, P_n\}$,将每个轨迹点看作一个带有质量的粒子,每个轨迹点周围存在一个作用场,位于场中的任何轨迹点都将受到其他轨迹点的联合作用,所有轨迹点间的作用在轨迹空间上所

构成的整体就形成了轨迹数据场。由于数据空间中的轨迹点往往不止一个,因此在计算某个轨迹点的势值时,需要考虑到其他数据对象的作用。对于数据集 P,任意轨迹点 P_i 的势值计算如下式:

$$\varphi(P_i) = \sum_{j=1}^{n}\left(m_j \exp\left(-\left(\frac{d_{ij}}{\sigma}\right)^k\right)\right) \tag{7.4}$$

式中:m_j 为轨迹点 $P_j(j=1,\cdots,n)$ 的质量;d_{ij} 为轨迹点 P_i 与 P_j 之间的距离;影响因子 σ 用于控制轨迹点间的相互作用力程;k 为距离指数。研究表明(Li et al.,2011;Li et al.,2007),数据场的空间分布主要取决于影响因子 σ 的取值,而与场函数的具体形态无关,因此,此处选取了 $k=2$。

3. 轨迹聚类方法

将 Rodriguez 等(2014)提出的利用决策图选取聚类中心的思想与数据场理论方法相结合,提出一种基于决策图和数据场的轨迹聚类方法。对比以往数据场聚类方法选取聚类中心的策略,该算法通过计算两个定量指标能够较快地确定聚类中心,从而实现对数据的聚类,具有自动确定聚类参数和对轨迹数据聚类更有效两大优点。整个方法的流程如图 7.2 所示。

输入:包含 n 个轨迹点的空间数据
输出:空间簇
第 1 步:随机选取几组 σ,并计算对应的势值
第 2 步:优化影响因子 σ
第 3 步:利用优化的 σ 计算势值
第 4 步:利用步骤 3 中获得的势值计算距离 δ
第 5 步:选取聚类中心
第 6 步:去除噪声点
第 7 步:类的划分

图 7.2 轨迹聚类方法的整个流程

接下来,对聚类方法的各个步骤做简单叙述。

(1) 任意选取几组 σ 的值,依据式(7.4)分别计算各个 σ 对应的轨迹点势值。

(2) 计算合适的影响因子 σ 值。Li 等(2007)提出了利用势熵来确定 σ 值的方法,选取势熵达到最小时的 σ 值为优化的影响因子 σ。假设利用式(7.4)计算得到轨迹点 P_1, $P_2,\cdots,P_n$ 的势值,分别为 $\psi_1,\psi_2,\cdots,\psi_n$,势熵可以定义为

$$H = -\sum_{i=1}^{n} \frac{\psi_i}{Z} \log\left(\frac{\psi_i}{Z}\right) \tag{7.5}$$

式中:$Z = \sum_{i=1}^{n} \psi_i$ 为一个标准化因子。

(3) 基于步骤(2)中计算得到的优化影响因子 σ,利用式(7.4)计算得到每个轨迹点的势值。这里认为各个轨迹点的影响强度相同,即每个数据对象具有相等的质量,因此各

个轨迹点的质量 m_j 取为 1。

（4）计算每个轨迹点的 δ_i 值。某点的 δ_i 为该点与任意势值比其大的轨迹点之间的最小距离，对于势值最大轨迹的点，取其 δ_i 为该点与任意其他点之间的最大距离，可表示为

$$\delta_i = \begin{cases} \min\limits_{j:\psi_j > \psi_i}(d_{ij}) & \text{(其他点)} \\ \max\limits_{j}(d_{ij}) & \text{(势值最大点)} \end{cases} \tag{7.6}$$

（5）选取聚类中心。鉴于聚类中心往往位于势值的局部极大值点，因此，对于那些有着相对较大的势值 ψ_i 和较大的 δ_i 的轨迹点可以认为是聚类中心。分别采用一组真实的出租车轨迹数据和模拟数据对决策图的构造进行阐述，图 7.3(a) 为选取的某个时段内的出租车轨迹数据，图 7.3(b) 为计算 ψ 和 δ 后得到的决策图，图 7.3(c) 为选取的一组模拟数据，图 7.3(d) 为其对应的决策图。

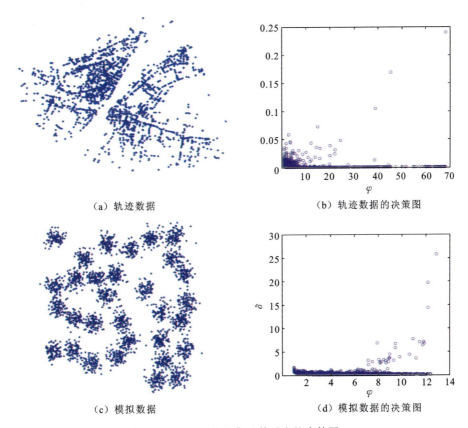

（a）轨迹数据　　　　　　　　（b）轨迹数据的决策图

（c）模拟数据　　　　　　　　（d）模拟数据的决策图

图 7.3　选取的数据集及其对应的决策图

对比图 7.3(b) 和图 7.3(d) 可以发现，轨迹数据对应的决策图较难识别出聚类中心。Rodriguez 等（2014）提出了一种利用指标 $\gamma_i = \rho_i \delta_i$ 确定聚类中心数目的方法，该方法对于呈聚集分布的数据能够得到很好的聚类效果，但是当数据随机分布时，各个点的 ρ_i 和 δ_i 之间的差距较小，ρ_i 和 δ_i 的分布较为连续，利用决策图和指标 γ_i 已很难将聚类中心进行区分。此处采用 Yuan 等（2014）提出的通过寻找"拐点"来求取阈值的方法，分别对 ρ_i 和

δ_i 求取阈值,从而给出了一种定量选取聚类中心的方法。

(6) 识别噪声点。由于噪声点通常在数据场中零散地分布,周围的对象对它的作用力较小,对应了较小的势值。因此,识别噪声点的过程依然选用了步骤(5)中的阈值法。

(7) 类的划分。对于清除噪声点之后的数据对象,根据势值 φ 和距离值 δ,分别将各个数据对象与势值比其大且距其最近的数据对象划分到同一个类中。

7.2.3 利用轨迹聚类方法提取城市热点区域

出租车轨迹数据由一系列的轨迹点组成,每个轨迹点包含了经纬度、时间、速度、行驶方向、载客状态等信息。由于乘客的上下车点代表了交通需求的发生,乘客上下车点的空间分布情况,可用于提取城市热点区域。通过采用空间聚类的方法从大量的出租车轨迹数据中找到上下车点聚集分布的区域,即为城市热点区域。

依据 7.1.2 节中介绍的基于决策图与数据场的轨迹聚类算法,研究利用武汉市的出租车轨迹数据进行城市热点区域的提取,并分别对节假日、工作日、周末等不同时段内热点区域的分布及变化进行了比较与分析。实验数据选取了 2014 年 5 月 1 日(五一节假日)、5 月 7 日(周三,工作日)、5 月 10 日(周六)三天武汉市 3 000 辆出租车的轨迹数据。由于人们的日常出行多集中在市区范围内,因此选取武汉市三环线范围内的区域作为研究区域。本节涉及的数据预处理工作主要包括数据分时段提取、地图匹配及上下车点的提取三个方面。

实验分别选取了 8:00~9:00、12:00~13:00、18:00~19:00、23:00~24:00 四个时段内数据进行热点区域的提取,这样便于进一步分析热点区域在上午、中午、下午、晚上的变化。考虑实际生活中,乘客下车后往往选择以下车点为中心的较小范围内的服务设施,如走过一个道路交叉口或横穿一条街道后到达目的地。因此,在利用上下车点提取热点区域时,根据一般的经验知识,选取 800 m 的缓冲区作为搜索范围,与聚类中心之间的距离超出给定范围的区域不再属于热点区域。利用本节的算法分别对所选取三天的出租车轨迹数据的四个时段的上、下车点进行分别聚类,每天的数据聚类结果如图 7.4~图 7.6 所示,其中每天提取到的热点区域对应的当地名称分别见表 7.1~表 7.3。

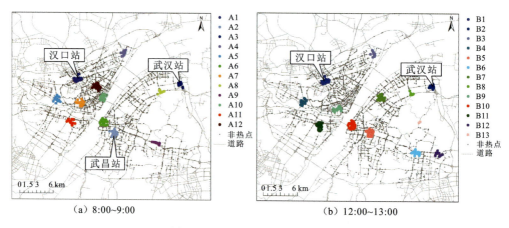

(a) 8:00~9:00   (b) 12:00~13:00

图 7.4 五一节假日期间的热点区域

第 7 章 基于众源轨迹的交通出行信息提取与分析

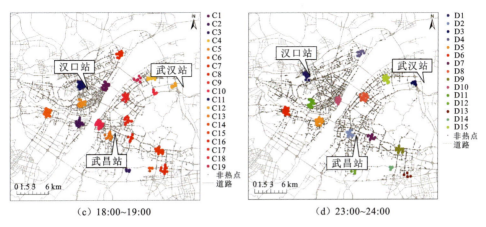

(c) 18:00~19:00　　　　　　　　(d) 23:00~24:00

图 7.4　五一节假日期间的热点区域(续)

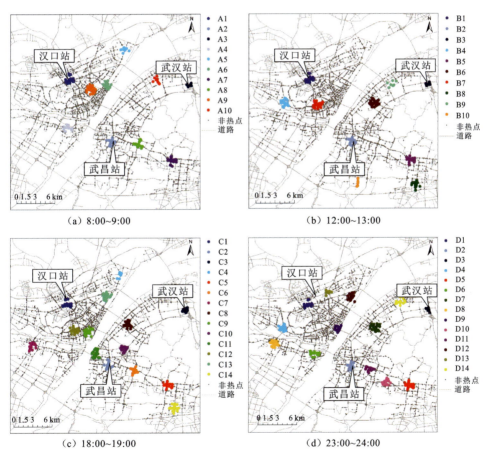

图 7.5　工作日期间的热点区域

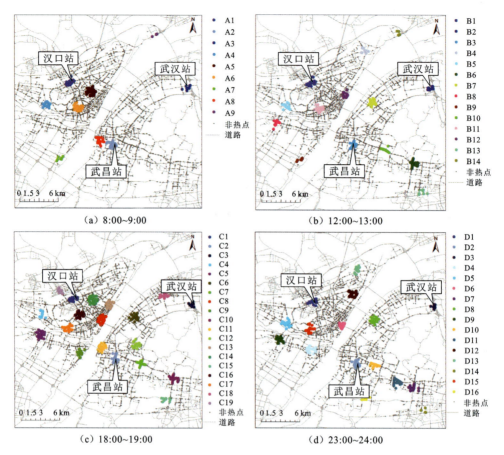

图 7.6　周末期间的热点区域

表 7.1　五一节假日期间的热点区域名称

符号	区域名称	符号	区域名称	符号	区域名称	符号	区域名称
A1	汉口站	B1	汉口站	C1	汉口站	D1	汉口站
A2	武昌站	B2	武汉站	C2	武昌站	D2	武昌站
A3	武汉站	B3	新荣客运站	C3	武汉站	D3	武汉站
A4	新荣客运站	B4	汉口水厂客运站	C4	新荣客运站	D4	新荣客运站
A5	汉口水厂客运站	B5	中南商圈	C5	钟家村商圈	D5	钟家村商圈
A6	户部巷	B6	光谷商圈	C6	王家湾商圈	D6	王家湾商圈
A7	武广商圈	B7	徐东商圈	C7	徐东商圈	D7	街道口商圈
A8	欢乐谷	B8	欢乐谷	C8	街道口商圈	D8	徐东商圈
A9	鲁巷	B9	汉正街	C9	光谷商圈	D9	光谷商圈
A10	汉口江滩	B10	户部巷	C10	武广商圈	D10	江汉路
A11	动物园	B11	动物园	C11	户部巷	D11	中国地质大学

198

续表

符号	区域名称	符号	区域名称	符号	区域名称	符号	区域名称
A12	解放公园	B12	森林公园	C12	江滩	D12	湖北工业大学
		B13	东湖风景区	C13	楚河汉街	D13	武汉理工大学
				C14	欢乐谷	D14	中南民族大学
				C15	华中农业大学	D15	武汉科技大学
				C16	中南民族大学		
				C17	武汉职业技术学院		
				C18	武汉科技大学		
				C19	钢花新区		

表 7.2 工作日期间的热点区域名称

符号	区域名称	符号	区域名称	符号	区域名称	符号	区域名称
A1	汉口站	B1	汉口站	C1	汉口站	D1	汉口站
A2	武昌站	B2	武昌站	C2	武昌站	D2	武昌站
A3	武汉站	B3	武汉站	C3	武汉站	D3	武汉站
A4	汉阳火车站	B4	汉口水厂客运站	C4	新荣客运站	D4	汉口水厂客运站
A5	新荣客运站	B5	光谷商圈	C5	光谷商圈	D5	光谷商圈
A6	江滩	B6	徐东商圈	C6	街道口商圈	D6	钟家村商圈
A7	光谷商圈	B7	武广商圈	C7	王家湾商圈	D7	徐东商圈
A8	街道口商圈	B8	武汉理工大学	C8	徐东商圈	D8	王家湾商圈
A9	江汉大学	B9	武汉科技大学	C9	江汉路	D9	江汉路
A10	钢花新村	B10	湖北工业大学	C10	楚河汉街	D10	虎泉
				C11	司门口	D11	亚贸
				C12	武广商圈	D12	江滩
				C13	汉口江滩	D13	日月星城社区
				C14	武汉理工大学	D14	钢花新村

表 7.3 周末期间的热点区域名称

符号	区域名称	符号	区域名称	符号	区域名称	符号	区域名称
A1	汉口站	B1	汉口站	C1	汉口站	D1	汉口站
A2	武昌站	B2	武汉站	C2	武昌站	D2	武昌站
A3	武汉站	B3	武昌站	C3	武汉站	D3	武汉站
A4	汉口水厂客运站	B4	新荣客运站	C4	汉口水厂客运站	D4	汉阳火车站
A5	解放公园	B5	汉口水厂客运站	C5	王家湾商圈	D5	汉口水厂客运站
A6	武广	B6	光谷商圈	C6	徐东商圈	D6	江汉路
A7	国际博览中心	B7	徐东商圈	C7	街道口	D7	光谷商圈

续表

符号	区域名称	符号	区域名称	符号	区域名称	符号	区域名称
A8	户部巷	B8	王家湾商圈	C8	江汉路	D8	徐东
A9	黄埔驾校	B9	国际博览中心	C9	钟家村商圈	D9	王家湾
		B10	广埠屯	C10	光谷商圈	D10	亚贸
		B11	武广商圈	C11	户部巷	D11	虎泉
		B12	江滩	C12	楚河汉街	D12	江滩
		B13	武汉理工大学	C13	江滩	D13	百步亭
		B14	黄埔驾校	C14	解放公园	D14	武汉理工大学
				C15	中南民族大学	D15	中国地质大学
				C16	王家墩	C16	华中农业大学
				C18	钢花新村		
				C19	民航小区		

  将节假日、工作日、周末的热点区域分布图进行比较和分析可以发现,四个不同时段内热点区域的分布呈现了一些相似及相异的模式。例如,某些区域为持续性热点区域,总体上随时间变化较小,而另一些热点区域只在个别的时间段内出现。持续性热点区域主要集中在汉口站、武昌站、武汉站等区域,其产生主要取决于不同时段的客流量,火车站作为城市间客流输送的主要场所,承载了较大的客流量。进一步分析发现,人们在8:00~9:00出行较为集中,18:00~19:00出行则较为分散。

  热点区域的空间分布在不同时段内还存在一定的差异性,这种差异性在很大程度上受节假日、工作日、周末的影响。五一节假日期间,很多外地游客会来武汉游玩,部分市内人群也会趁着假期出去游玩,因此热点区域主要集中在车站、休闲娱乐场所(如户部巷、江滩等)、商业中心、大学及社区附近,如图7.4所示。工作日期间,人们大多往返于住所及工作场所,因此热点区域主要集中在人流量较大的火车站、商业中心(如光谷、江汉路、徐东等),如图7.5所示。周末作为短暂的假期,热点区域的分布类似于节假日,多集中于休闲娱乐中心、商业中心等,但一些节假日期间热点程度相对较低的场所(如动物园、欢乐谷等)未在周末的热点区域中呈现,如图7.6所示。

7.3 基于出租车轨迹的城市拥堵区域提取及其分布模式分析

  为了从浮动车轨迹中提取拥堵区域并分析其随时间变化的分布模式,本节重点考虑区域尺度,分析拥堵聚集性状况和强度分布的变化。首先,从出租车轨迹数据中提取出慢速轨迹,并利用数据中的载客状态、引擎状态等辅助信息筛选出拥堵轨迹序列,从而同一个序列里所有轨迹点聚合为拥堵特征点。然后,通过聚类分析确定易发性拥堵区域的分布,进一步利用K函数的方法分析拥堵区域的时空分布模式。最后,利用数据场方法进行拥堵强度的模拟和可视化显示。

7.3.1 基于浮动车轨迹的拥堵事件提取

交通拥堵的一个共同特征就是在特定的时间段内发生连续缓慢的行驶行为。利用浮动车数据的定位信息和状态信息，可以很容易地抽取出慢速轨迹。但是，乘客上下车时、司机停车休息时，也会导致这种慢速轨迹序列，因此使用车辆引擎的开关状态和乘客状态信息过滤掉这些行为，从而获取由拥堵行为产生的拥堵轨迹序列。为了描述拥堵行为，每一条拥堵轨迹序列被抽象成一个拥堵特征点，并看作是一个拥堵事件，其属性包括：浮动车的车辆 ID、组成拥堵轨迹序列的轨迹点、拥堵的起始和结束时间、该时间段的平均行驶速度。

为了提取拥堵事件，首先从浮动车轨迹中提取出团聚状的 GPS 慢速轨迹序列（连续慢速行驶持续一段时间，如连续低速行驶低于 20 km/h 持续 5 min 以上），然后根据车辆引擎和乘客状态信息过滤异常行为，从而得到拥堵轨迹序列，最后将这些提取的拥堵轨迹分别进行聚合，得到拥堵特征点，即本节所提出的拥堵事件。

以武汉市 2014 年 5 月 5 日（周一）全天的出租车数据为例，说明拥堵事件提取和分析的过程。数据采集自 12 000 辆出租车，GPS 采点频率为每 60 s 采一个点。将数据按 24 个时段分别提取拥堵事件。其中，原始出租车轨迹点共 14 375 042 个，提取出慢速点 411 232 个，并最终形成聚合的拥堵事件 37 836 个。

7.3.2 拥堵事件的统计分析

对拥堵事件相关属性的统计分析可以识别出拥堵事件随时间的变化关系，发现拥堵的峰谷等特征，并且可以为后续分析找出合适的时间段，以更好地揭示拥堵点的时空分布。图 7.7 显示了拥堵事件数量随时间的变化。可以看出，拥堵事件主要集中在早晚的上下班高峰时段，并在 8:00~9:00 和 18:00~19:00 达到了峰值；低峰时段，拥堵事件的发生较少，在 13:00~14:00 达到了谷值；而在深夜及凌晨（23:00~次日 7:00），几乎没有拥堵事件发生，说明道路十分通畅。

同理，通过各时间段内的平均拥堵时间，得出平均拥堵时间随时间段的变化关系，如图 7.8 所示。其结果显示，拥堵的持续时间大多集中在 400~500 s，显示出较为稳定的状态，但通过仔细观察还是可以发现早高峰时段的拥堵平均持续时间比下午和晚上的拥堵持续时间要长。

通过上述的统计分析，可以选取出 5 个典型的高低峰，包括 8:00~9:00、12:00~13:00、18:00~19:00 早中晚的三个高峰时段，以及 13:00~14:00、21:00~22:00 这两个中午和晚上的低峰时段。对于这些典型时段，后面将利用基于密度的方法进行拥堵的分布模式分析，包括：利用密度聚类提取易发性拥堵区域；利用 K 函数探测拥堵的分布模式；利用数据场进行拥堵强度的模拟和可视化。

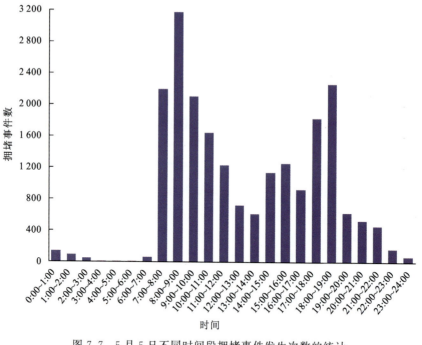

图 7.7 5 月 5 日不同时间段拥堵事件发生次数的统计

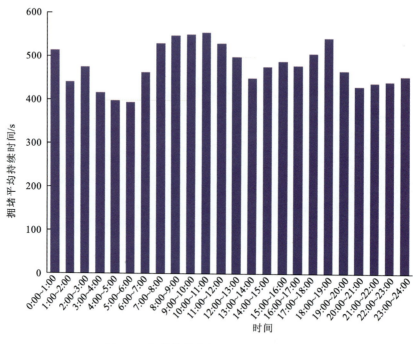

图 7.8 拥堵持续事件随时间变化的统计

7.3.3　通过聚类提取拥堵易发区域

为了获得高发拥堵区域,可以使用聚类方法对提取的拥堵事件进行处理,从而得出高聚集性的拥堵区域。由于拥堵区域的类别数是事先未知的,而常规的基于划分的聚类方法(如 K 均值聚类法)需要类别数的先验知识,因此基于密度的聚类方法更适合于拥堵区域的提取。DBSCAN 算法是一个比较有代表性的基于密度的聚类算法。与划分和层次聚类方法不同,它将簇定义为密度相连的点的最大集合,能够把具有足够高密度的区域划分为簇,并可在噪声的空间数据库中发现任意形状的聚类(Sander et al.,1998)。DBSCAN 中的几个关键概念如下(Ester et al.,1996)。

(1) ε 邻域:给定对象半径为 ε 内的圆形区域称为该对象的 ε 邻域。

(2) 核心对象:如果给定对象 ε 邻域内的样本点数大于或等于给定阈值(设为 minPts),则称该对象为核心对象。

(3) 直接密度可达:对于样本集合 D,如果样本点 q 在 p 的 ε 邻域内,并且 p 为核心对象,那么对象 q 从对象 p 直接密度可达。

(4) 密度可达:对于样本集 D,给定一串样本点 $p_1,p_2,\cdots,p_n,p=p_1,q=p_n$,假如对任意的 $i(2\leqslant i\leqslant n)$,均有对象 p_i 从 p_{i-1} 直接密度可达,那么对象 q 从对象 p 密度可达。

(5) 密度相连:存在样本集合 D 中的一点 o,如果对象 o 到对象 p 和对象 q 都是密度可达的,那么 p 和 q 密度相连。

密度可达是直接密度可达的传递闭包,并且这种关系是非对称的。密度相连是对称关系。DBSCAN 算法的目的是找到密度相连对象的最大集合,其算法过程基于这样一个事实:一个类可以由该类中的任一核心对象唯一确定。因此,任一满足核心对象条件的数据对象 p,样本集 D 中所有从 p 密度可达的数据对象 o 所组成的集合构成了一个完整的类 C,且 p 属于 C。

其算法过程可以描述为:扫描整个数据集,找到任意一个核心点,对该核心点进行扩充。扩充的方法是寻找从该核心点出发的所有密度相连的数据点,即遍历该核心点的邻域内的所有核心点,寻找与这些数据点密度相连的点,直到没有可以扩充的数据点为止。最后聚类成的簇的边界节点都是非核心数据点。之后重新扫描数据集,遍历不在簇中的数据点,寻找没有被聚类的核心点,再重复上面的步骤,直到数据集中没有新的核心点为止。数据集中没有包含在任何簇中的数据点就构成异常点。

DBSCAN 的参数选取会对实验结果产生较大影响,为了较好地提取出拥堵高发区域,实验选取在 400 m 范围内至少有 100 个拥堵事件发生的类簇,即设 $\varepsilon=400$,minPts$=100$。这样的参数设定可以保证在一个合理的范围内,每分钟至少有 2 次拥堵事件发生,从而确保了聚类结果为高发拥堵区域。对选取的 5 个时间段进行聚类,其结果如表 7.4 所示。

表 7.4 选取的 5 个不同时段的聚类结果

时间段	慢速轨迹点数	拥堵事件数	形成的聚类数
8:00～9:00	26 418	3 186	22
12:00～13:00	5 523	727	6
13:00～14:00	4 321	620	3
18:00～19:00	18 933	2 273	22
21:00～22:00	3 144	461	2

从表 7.4 可以看出,相较于低峰时段,高峰时段形成了更多的类簇,显示出拥堵事件数和类簇数间的潜在相关性。为了更好地说明聚类结果,在对拥堵事件进行聚类后,将类簇中的拥堵事件对应的原始轨迹在图 7.9 中显示出来,从而更清晰地显示拥堵的分布情况。

不同时段的拥堵区域在图 7.9(a)～(e)中较好地显示了出来。其中,图 7.9(a)和图 7.9(d)显示出高峰时段的拥堵区域主要集中在主干道和重要的交叉路口,如解放大道的沿江段、建设大道、发展大道、汉阳大道、雄楚大道、珞喻路、街道口区域等。低峰时段的拥堵区域较少,从图 7.9(b)、图 7.9(c)和图 7.9(e)中可以看出,其主要集中在街道口、雄楚大道、王家湾等区域,而这些区域在实验选定的时间段都正在进行一些道路交通的建设和改造,造成了这些区域的交通堵塞。

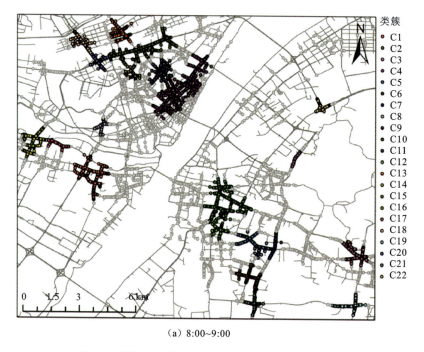

(a) 8:00~9:00

图 7.9 所选 5 个典型时段的拥堵易发区域提取结果

第 7 章 基于众源轨迹的交通出行信息提取与分析

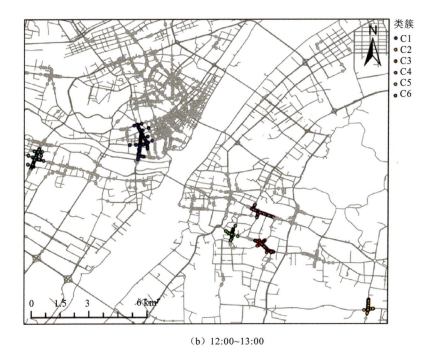

(b) 12:00~13:00

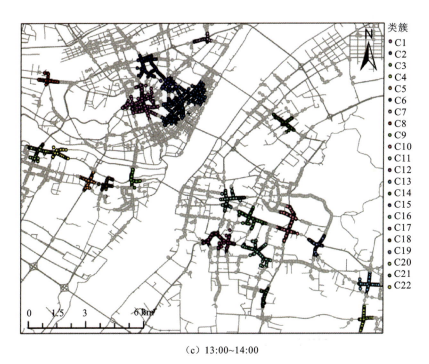

(c) 13:00~14:00

图 7.9 所选 5 个典型时段的拥堵易发区域提取结果(续)

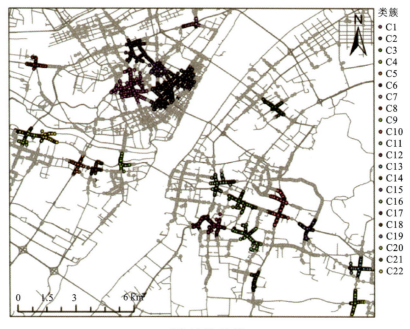

(d) 18:00~19:00

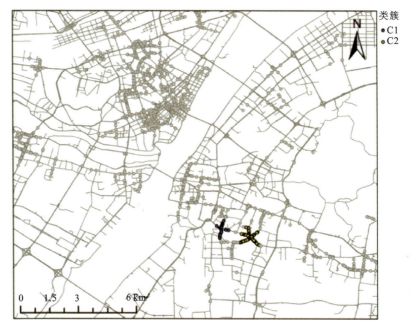

(e) 21:00~22:00

图 7.9 所选 5 个典型时段的拥堵易发区域提取结果（续）

7.3.4 基于 K 函数的拥堵时空分布模式探测

聚类的结果可以在一定程度上反映易发性拥堵区域的分布情况,然而其结果很大程度上依赖于聚类参数的选取,使得其稳定性较差。为了更好地说明拥堵的空间分布模式,可以从空间匀质性的角度来考虑这个问题。

Ripley's K 函数(K 函数)是一种描述性统计方法,用于确定要素或与要素相关联的值是否显示某一距离范围内统计意义显著的聚类或离散。K 函数的定义如下(Lagache et al., 2013):

$$\hat{K}(t) = \lambda^{-1} \sum_{i \neq j} I(d_{ij} < t)/n \tag{7.7}$$

式中:d_{ij} 为第 i 个点和第 j 个点之间的欧氏距离;t 为搜索半径;λ 为搜索半径范围内点的平均密度;I 为指标函数(若 $d_{ij} < t$,则为 1;否则为 0)。

如果研究集合中的样本点为近似匀质性分布,则 $\hat{K}(t)$ 的值接近于 πt^2。

为了获得 K 函数曲线,选取一组等间隔的搜索半径,用来描述聚集度随距离的变化。这里以 300 m 为间隔选取了 300~3 000 m 的 10 组值,用来描述不同范围内的拥堵聚集性程度。

K 函数的计算一般将理论随机分布与实际分布情况做比较,考虑原始轨迹点都分布在道路网上,这里除了取无条件的平面随机分布作比较外,还取了道路网约束下的随机分布来作比较。对于后者,可以随机地从浮动车点中抽取样本作为输入样本来计算。也就是说,这里共计算了 7 组分布模式:理论随机分布模式、道路网约束下的理论随机分布模式、5 组不同时段拥堵事件的分布模式。计算得出的 K 函数曲线如图 7.10 所示。

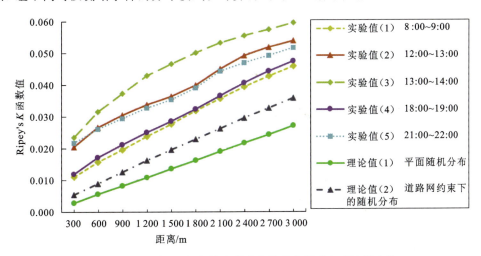

图 7.10 不同时段的拥堵事件聚集性分布模式与理论值比较

从 K 函数图可以看出,受到道路网的约束,路网限制下的随机分布模式比平面上的随机分布模式的 K 函数值高;而拥堵轨迹的分布模式其函数值更高,说明其具有更强的聚集性。而在 5 个典型时段中,K 函数的分布模式也呈现出了区别,通过观察可以发现低峰时段(12:00～13:00,21:00～22:00)的 K 函数值比高峰时段(8:00～9:00,18:00～19:00)的 K 函数值高,说明低峰时段拥堵主要发生于少数特定路段,这使得整体聚集程度较高。

7.3.5 利用轨迹数据场模拟拥堵强度分布

现实生活中,交通流往往都相互连接、汇聚,呈现出互相之间的影响力。而拥堵事件之间的相互影响则更加明显,邻近路段的拥堵会互相作用从而加重交通拥堵状况。数据场理论模拟说明了物体间的相互作用,可以很好地解释这一现象。因此,可以将数据场理论运用到浮动车轨迹中,计算出轨迹数据场,从而模拟拥堵的影响状况。

为了描述这种相互影响,可以选取最常用的引力场函数,因此数据场函数可以描述为(Li et al.,2011)

$$\varphi(x) = \sum_{i=1}^{n} \exp\left(-\frac{\|x-x_i\|^2}{\sigma^2}\right) \cdot m_i \tag{7.8}$$

式中:m_i 为物体 x_i 的质量;σ 为物体间的影响因子;$\|x-x_i\|$ 为 x 受到数据场作用位置距离物体 x_i 的欧氏距离。通过选取合适的 σ 和 m_i 值,可以模拟出在轨迹数据场中某一位置的累积势值,从而得出其对应的拥堵强度。

对于计算出的拥堵事件来说,m_i 值的含义就对应为每个拥堵事件的拥堵程度强弱。从客观的角度说,这种程度可以从拥堵持续时间和拥堵平均速度等属性来推算。考虑实验中使用较为缓慢的速度来提取拥堵事件,提取出的拥堵事件均具有较低的平均速度,如果以拥堵平均速度作为 m_i 值,则难以体现拥堵程度的强弱差异。所以,这里将 m_i 值(拥堵程度的强弱)定义为拥堵的持续时间。

选取早高峰时段 8:00～9:00 的数据进行实验,得出拥堵持续时间的频率分布,如图 7.11 所示。

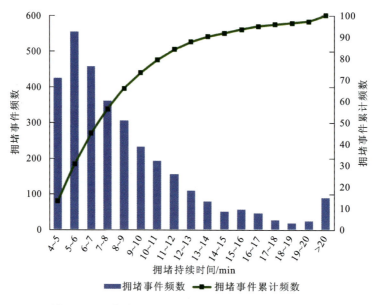

图 7.11 早高峰时段 8:00～9:00 的拥堵持续时间分布

第 7 章 基于众源轨迹的交通出行信息提取与分析

考虑一个复杂的交通路口,其等待一次红灯并通过的时间一般为 3～4 min,因此定义这个时间为"一次等待"。对于拥堵等级的划分,可以依据其通过所需的等待次数,将其划分为:需要进行 1～2 次等待的低拥堵、需要进行 2～3 次等待的中拥堵、需要进行 3～4 次等待的较高拥堵、需要进行 4 次以上等待的严重拥堵,具体情况如表 7.5 所示。

表 7.5 基于拥堵持续时间统计的拥堵等级划分

拥堵程度	拥堵等级值	累计频率/%	持续时间/min
低	1	50	4～7
中等	2	75	7～10
较高	3	90	10～15
严重	4	100	>15

经过上述步骤计算可得出拥堵等级值,将其赋给 m_i,再通过选取合适的 σ 值之后,就可以根据轨迹数据场的公式计算出每一个特定位置的势值,这个势值即代表了该位置的拥堵强度。根据求出的拥堵强度值进行划分,得出的早高峰拥堵强度分布,如图 7.12 所示。

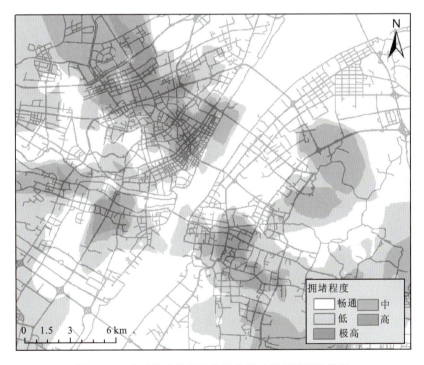

图 7.12 基于轨迹数据场的早高峰时段拥堵强度模拟

至此,本节提出了一种提取交通拥堵区域并分析其对应的时空分布模式的方法。与基于"道路"或"道路段"的分析方法不同,本方法侧重于从"区域"尺度分析交通的拥堵状况,主要采用基于密度的方法,如利用密度聚类来发现拥堵易发区、利用 K 函数来分析拥堵的分布模式等。

本方法存在着一些优势：一方面，由于拥堵轨迹序列提取过程充分利用了浮动车的乘客和引擎状态信息，因此方法具有较高的准确性；另一方面，方法将数据场理论运用在拥堵分析中，实现了拥堵强度的模拟和可视化。

然而，本方法也存在一些问题与难点，如在度量拥堵事件间的相互影响程度时缺乏合理的理论支撑，使影响力因子难以确定。同时，本节的方法侧重于对区域尺度的研究，因此对道路网络的利用较少。为了进一步提高准确性，后续实验和分析可以按照本节的方法进行扩展，选取多时间段进行时序分析挖掘，并开展多尺度研究，从而获得更为合理、准确的交通拥堵模式。

7.4 基于 OpenStreetMap 轨迹的交通附属设施提取

7.4.1 OpenStreetMap 轨迹数据及预处理

较为流行的轨迹共享网站有 OpenStreetMap、Wikiloc、GPSies、Bikemap、EveryTrail[①] 等。截至 2016 年 2 月 17 日，Wikiloc 官方网站上显示在其上分享的轨迹条数已超过 400 万条。Huang 等（2013）曾对网络上共享的轨迹的质量、增长率、类型、精度、完整度及合适的应用方向作了较为详尽的评价。本节选取 OpenStreetMap 的轨迹数据作为主要实验数据。

数据获取方面，OpenStreetMap 官方网站一些公共的 Web 服务和软件提供了轨迹数据的下载，这也是实验里所使用的方式（感兴趣的读者还可以参考 2.4 节，借助爬虫技术获取）。

众源数据的采集与制作和传统的专业数据生产方式不同，数据的生产者多数是业余爱好者，他们未接受过专业的数据生产培训，采集也是其兴趣所致，并且所用的数据采集设备的精度也无法与专业测绘工具相比。因此，利用众源数据这种非传统数据采集方式进行空间信息发掘与提取，数据的完整性和精度直接影响结果的准确度。此时，对众源数据进行数据质量的检查及数据预处理是十分必要的。

通常情况下，轨迹数据文件包括经度、纬度、时间和速度等信息。通过对从 OpenStreetMap 下载得到的轨迹数据进行分析，发现这些轨迹数据普遍存在以下几点问题：①所有轨迹的速度信息缺失；②部分轨迹数据的时间信息丢失；③轨迹点重复记录，轨迹中存在两个空间位置与采样时间完全相同的轨迹点；④少量数据存在轨迹点未按时间先后次序记录的问题；⑤某条轨迹中很可能出现相距极远的两个轨迹点；⑥轨迹的交通类型无法获得。

针对 GPS 轨迹存在的以上问题，轨迹数据的预处理工作包括轨迹筛选、速度计算、轨迹分段、数据压缩、轨迹分类。

---

① 引自：Every Trail-Travel Community. http://www.everytrail.com

(1) 轨迹筛选。由于 OpenStreetMap 提供的 GPS 轨迹数据中,部分轨迹只包含坐标信息,而实验中需要利用轨迹数据的速度和时间信息。因此,在提取文件的过程中,需要将无时间信息的轨迹点抛弃。

(2) 速度计算。通过下载获取的众源轨迹数据中并没有速度信息,因此速度信息需要利用空间及时间信息估计获得。首先,利用两点的经纬度坐标并结合 WGS84 坐标系的参数估算两点间距离。然后,利用两点间的时间信息求得这段距离所用的时间差。最后,利用距离和时间差求得速度。

(3) 轨迹分段。从 OpenStreetMap 中下载得到的 GPS 轨迹的片段中存在以下情况:①一条轨迹中存在相距较远的两段片段;②轨迹片段中存在时间间隔较大的点;③轨迹片段中存在速度相差较大的轨迹。当轨迹片段中出现以上情况时,需要对该片段进行轨迹重分段。针对第一种情况,将在两点距离超过一定阈值处将轨迹断开。第二种情况,将在两点时间间隔超过一定阈值处将轨迹断开。第三种情况,先对整条轨迹计算每点的加速度,在加速度突变区域找到速度最低点将轨迹断开。但在实际运用中,通常以上三种情况同时存在,即时间间隔较大的两点距离也较大;速度突变的点,其时间间隔也较大。由此,通过时间间隔进行轨迹的重分段是最为快捷的方式。

(4) 数据压缩。人们在步行或在城市中乘车行驶,都会因为寻找目标、信号灯、路口甚至堵车等停止前进。而 GPS 轨迹记录软件采样的时间间隔是固定的,因此 GPS 的轨迹记录中经常会连续记录相同的点,造成数据冗余。因而,在不需要对数据进行统计分析,而只关心位置的变化信息时,可删除大量重复点进而达到数据压缩的目的。这里,当连续三个以上的轨迹点速度值为 0 时,对中间的数据点进行删除。最终,完成数据的压缩。

(5) 轨迹分类。在本节中,利用轨迹数据进行典型交通目标检测主要利用机动车辆轨迹,因此需要判断轨迹的交通类型。目前,从众源网站上下载得到的轨迹的类型可能包括徒步、登山、自行车、机动车、火车甚至飞机的轨迹,这里从速度特征和空间分布特征两方面进行轨迹的交通分类。速度特征方面的划分,如最大速度低于 2.5 m/s 的轨迹认为是步行轨迹,平均速度为 5~30 m/s 并且最大速度为 10~40 m/s 的轨迹认为是车辆轨迹,平均速度大于 40 m/s 并且最大速度大于 100 m/s 的轨迹认为是飞机轨迹。空间分布特征方面,如飞机在降落时与高铁速度相近,如果只考虑速度特征容易造成相关轨迹段的类型错分。因此,可以将飞机场的空间位置与轨迹数据进行叠置分析,叠置成功或相交的错分轨迹的类型就可以被修正。

特别是,分类考虑了轨迹的速度信息,以及轨迹与道路或其他标志性地物的重合度,但是有些轨迹包含多种交通方式,如何发现多种交通方式的轨迹及如何确定临界点截断该轨迹,是一个重要的研究方向,这里不再详细展开。

7.4.2 基于低速极值点的收费站提取

1. 原理与算法

收费站是指为收取车辆通行费用而建设的交通设施。无论是人工收费还是 ETC 收费的收费站,车辆在经过时速度均会发生显著的变换。因而,考察高速公路上的车辆速度迅速降低并迅速增高的区域,即可获取高速公路收费站的疑似分布区域。算法具体流程如下。

(1) 轨迹数据的预处理。筛选带有时间信息的轨迹点、轨迹分段,以及速度计算、轨迹分类后提取机动车辆轨迹。

(2) 减速区域提取。优先提取低速极值点作为收费站的敏感点,进而以低速极值点为中心向两边选取一定数据量的轨迹点作为减速区域。

(3) 判断是否存在减速过程,减速区域以低速极值点为中心等分为四段,计算四段的平均速度 v_1、v_2、v_3、v_4,当满足 $v_1 > v_2$ 并且 $v_3 < v_4$ 条件时,视为满足减速条件。若不满足,则将该点从敏感点中删除。

(4) 将提取出的敏感点合并。通过敏感点建立缓冲区(通常情况下缓冲半径为 50 m),缓冲区重合,则说明两敏感点距离较近,即存在为同一收费站的可能性,可合并缓冲区。提取缓冲区中心,作为收费站的 POI。

2. 提取结果及分析

图 7.13 是提取的北京地区周边收费站的分布,下面从收费站提取的准确度和精度两方面分析收费站的提取结果。

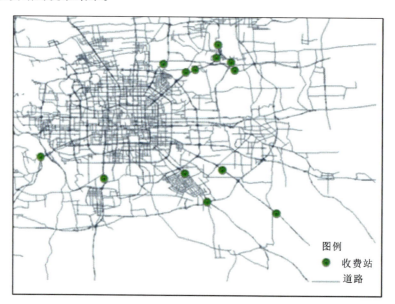

图 7.13　提取所得收费站分布图

图 7.14 是北京区域周边提取到的 14 个收费站与所用的轨迹数据轨迹点速度等级图叠加而成的效果图。图中,密集的红色、黄色、浅蓝色和深蓝色表示速度由低至高,红色表示低速,蓝色表示高速。通过该图可以清楚地看出,车辆轨迹在经过收费站点时,经历了短暂的减速随即又加速的过程,在采样较为密集的轨迹数据区域甚至出现了短暂停止的过程。

由此可以看出，利用该算法可以准确地识别出众源轨迹数据速度突变区域中的最低值。

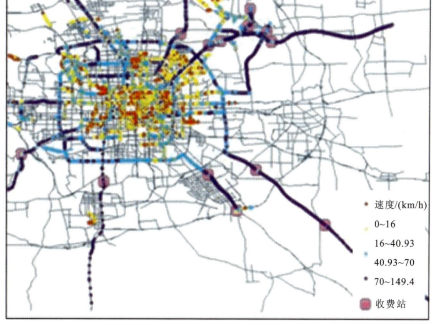

图 7.14　收费站与轨迹速度叠加的效果

图 7.15 是将收费站提取结果转为 KML 文件，在谷歌地球中显示并进行结果验证的示意图。除了编号为 h 和 i 的两处，其余 12 个收费站提取效果良好，均可在其周围找到对应的收费站影像。编号为 i 的收费站，其结果正确性无法通过影像直接验证。通过观察谷歌地球，发现该处行驶方向恰被机场道路遮挡，通过此处周边环境可判断该处为进入机场停车场的入口。因此，此处设有停车场收费站的可能性很大。编号为 h 的收费站结果错误，在该点附近未找到匹配的收费站影像。在实际驾驶过程中，如果驾驶员对该段道路不熟悉，就可能会出现多次减速再加速的过程。由于轨迹数据的覆盖度不够，因此不能通过聚类、统计分析等方法剔除偶然情况。如果在轨迹数据数量足够的前提下，通过统计该区域被识别出的次数，剔除这些不匹配的收费站，会使提取的精度更高。

随后对提取结果进行精度量化。假定车辆导流区和收费站建筑物共同构成收费站区域，以实际收费站建筑物中心作为实际收费站区域的中心。从空间拓扑关系考虑，首先判断提取的收费站位置是否落入某个实际收费站区域，进而计算收费站提取位置与实际收费站区域中心点的距离。从表 7.6 可以看出，除 10 号点提取错误和 14 号点无法判断实际是否存在收费站外，大部分点落入实际收费站区域内部。只有两个点的距离超过 100 m，其中 3 号为大型的收费站，其横向跨度可达 200 m 宽，7 号（图 7.15 中编号为 f）偏差较大，达到 780 m，推测其原因可能由设备所致，设备记录时间与 GPS 采样时间存在偏差，导致提取结果存在较大偏差。总而言之，提取结果距离实际收费站建筑物中心在 200 m 以内，精度良好。

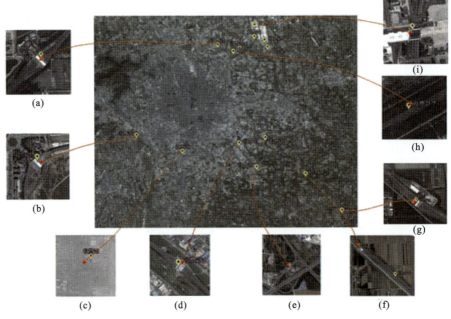

图 7.15　提取的收费站与谷歌地球影像叠加的效果

表 7.6　收费站点提取结果距离偏差

编号	是否落入真实收费站区域	距离偏差/m	编号	是否落入真实收费站区域	距离偏差/m
1	是	20	8	是	18
2	是	15	9	是	21
3	是	130	10		
4	是	40	11		13
5	是	6	12	是	7
6	是	14	13	是	17
7	否	780	14	无法判断	

通过以上分析，基于低速极值点的收费站提取结果在准确度和精度方面均良好。在数据量充足的条件下，其准确度和精度还有提高的空间。并且，高速公路通常是单向行驶，利用轨迹的方向与高速公路行驶方向的一致性判断，可进一步提高提取结果的准确性。

7.4.3　基于轨迹始末点的停车场提取

1. 原理与算法

城市内停车场通常有三种：第一种是地面停车广场；第二种是地下停车场或建筑物内的空中停车场；第三种是位于非主干道路的路边临时停车位。三种停车场 GPS 轨迹的分布特点如下。

地面大型停车场:位于地块间空旷区域,车辆在地面停车场停放相对离散,GPS轨迹起始点和终止点与车辆停止点相同。因此,大量GPS轨迹数据的起始点和终止点相对较为分散,但总体上呈现面状(多数是矩形)的聚集。

地下及空中停车场:位于路边的建筑物中;车辆从入口驶入建筑物内,GPS接收器信号丢失,轨迹将在建筑物入口处结束;当车辆从出口驶出停车场,GPS接收器再次接收到信号,新的轨迹将从建筑物内停车场的出口开始;GPS轨迹的起始及终止点与车辆停放位置不同,但在停车场的入口和出口位置大量聚集。

路边临时停车场:临时停车位较为分散,多位于主干道路的外侧,靠近人行道;GPS轨迹的起始点和终止点与车辆停放位置相同。因此,车辆的起始及终止点呈现沿道路方向线性聚集,并且具有一定的长度。

依据不同类型停车场中GPS轨迹的特点,可根据GPS轨迹是否分布于路边,将地面大型停车场和建筑物内停车场同时提取,而对路边临时停车场单独进行提取。

地面大型停车场和室内停车场都位于道路中间的地块内,且呈现面状聚集,而路边停车场则呈现线性聚集。因此,对停车场的提取需以道路为条件分为路面停车场提取及地块间停车场提取。具体流程如下。

(1) 对GPS轨迹进行预处理,最好筛选带有时间信息的轨迹点,以便通过计算速度等方法获取轨迹交通类型,并获取机动车辆的起始点。最大限度地获取机动车的起始点是停车场提取成功的关键。

(2) 对道路网数据建立缓冲区,以表达路面宽度。进而利用缓冲区与提取到的起始点进行叠置分析,对落入缓冲区内的起始点进行路面临时停车场的提取。未落入缓冲区内的点,留作地块间停车场的提取。

(3) 进行停车场的提取。考虑路面停车场的轨迹起始点主要呈线性分布,通过平均距离的方法进行聚类效果不好,可以通过缓冲区合并的方法提取路边停车场。对于地块间停车场,可以用停车场内的最大距离为阈值条件进行系统聚类获取地块间停车场的POI。

2. 提取结果及分析

北京地区所有轨迹数据包含的总起始点个数为2 684,排除非机动车辆起点和终点后,剩余1097个。通过利用道路网建立的缓冲区将停车场待选点分为两部分,位于道路上的点数529个,位于地块间568个。经过处理得到的停车场个数分别为267个和235个,共502个。其中,每个停车场区域包含的起始、终止点数量分布情况如表7.7所示。

表7.7 停车场提取结果

类别	待选点数量	融合后停车场个数	缓冲区内起落点个数分布		
			1~3	4~10	>10
地块间停车场	568	235	202	26	7
路边停车场	529	267	243	18	6

由于样本点数量有限,包含1~3个起始点、终止点的停车场疑似区域数量较多,共有445个。目前,缺少较为可信的停车场数据,对停车场结果的准确性无法进行定量验证。因此,将结果转为 KML 文件导入谷歌地球,采用人工随机抽查方式验证。图7.16显示了几个结果较为准确的停车场位置,其中包括写字楼、家属区、剧场、高尔夫球场和火车站等附近。

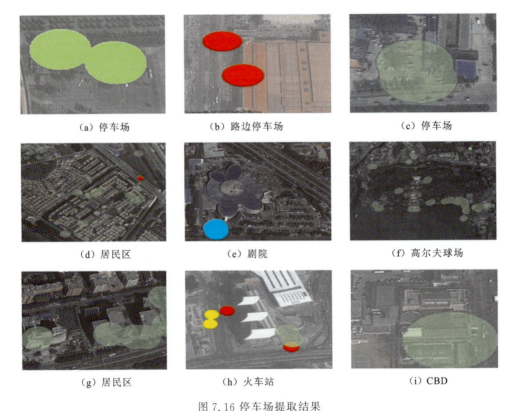

图7.16 停车场提取结果

CBD 为 Central Business District 的缩写,表示中心商务区;图中有色块斑为提取的停车场区域

路边停车场的准确度较差,推测原因是城市中 GPS 信号受到高层建筑和树荫等的影响,车辆启动至信号开始接收存在时间差,导致车辆起始点不准确,并且城市中缺乏停车场,路边违章停车现象严重。因而,本算法不适用于路边停车场的提取。但对于地块间的停车广场及建筑物内停车场的提取效果较好。

轨迹起始点的提取过程,还需考虑车辆受到高楼或互通立交遮挡、进入隧道、意外熄火等情况,GPS 接收信号丢失,而导致轨迹终止,并在接收信号后重新起点。排除此种情况,停车场信息的获取准确度将有很大提高。

本节只选取了收费站、停车场两种典型目标,城市中人行道、信号灯等对轨迹的影响与收费站类似。但是由于城市内车流量大,车辆因躲避急刹车或受堵车等影响,对人行道和信号灯的提取所需要考虑的因素更多。其中,较为简便的方法是选择一天中较为畅通的时段进行提取,或者结合人类步行轨迹。这些方法有待在今后的研究工作中逐步实验并解决。

7.4.4 分时段道路流速信息建模

1. 原理与算法

(1) GPS 轨迹的预处理。通过对轨迹数据的预筛选、速度计算、分类等处理后,对机动车轨迹进行时间段划分。

(2) 道路网节点加密。利用 Douglas-Peucker 算法对道路网进行数据化简,最大程度保留道路的特征点。进而在特征点处将道路断开,获得重点区域细分的新道路网,并对新道路网建立缓冲区。

(3) 利用缓冲区与分时段的轨迹点进行叠置统计分析,统计落入缓冲区内所有轨迹点的速度平均值,作为该路段此时间段的流速信息。

(4) 利用 ArcGIS for Desktop 制作专题信息,根据路段的平均速度进行分级,进而获得平均速度分级专题图。

2. 结果及分析

选取实验中轨迹覆盖度较高的道路节点,选择下午 14:00~15:00 的数据进行道路流速建模,并与谷歌地图、百度地图、搜狗地图提供的相同时段的实时路况对比,结果如图 7.17 所示。

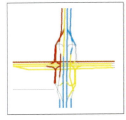   

(a) 本算法实验结果　　　(b) 谷歌地图　　　(c) 搜狗地图　　　(d) 百度地图

图 7.17　道路流速建模的效果及比较

从分段细度分析,本实验结果在匝道区域分段细致,与谷歌地图的效果相近,优于搜狗地图和百度地图。百度地图路段分段相对较长,部分匝道被省略,路网分段模型略显粗糙。

图 7.18 是北京地区 5 个时段的道路流速模型。速度分级上,红色表示低速区,在 20 km/h 以下;黄色表示中速区,速度介于 20~40 km/h,这是城市内最常见通行速度。淡蓝色表示城市行驶的高速区,速度介于 40~70 km/h,北京市区限速 70 km/h,这是城市中交通较为畅通时的速度;深蓝色一般出现在高速公路,速度大于 70 km/h。

由图 7.18 可以看出,北京市五环外基本没有交通拥堵的情况,市区通往机场的方向通常情况下通行状况良好。早上和深夜的轨迹数据较少。早上数据量较少,主要是人们在日常上班过程中,较少有人记录出行轨迹,而出外游玩的人,不会太早外出;而夜晚,尤其是冬天,人们夜晚出行较少,即使外出,记录出行轨迹的可能性也较低。其他时段,道路流速要高于白天时间。下班时段,数据量较多,即使周末出行,此时也是返程或外出吃饭的高峰期。因此,晚高峰时段北京市道路流速较低。

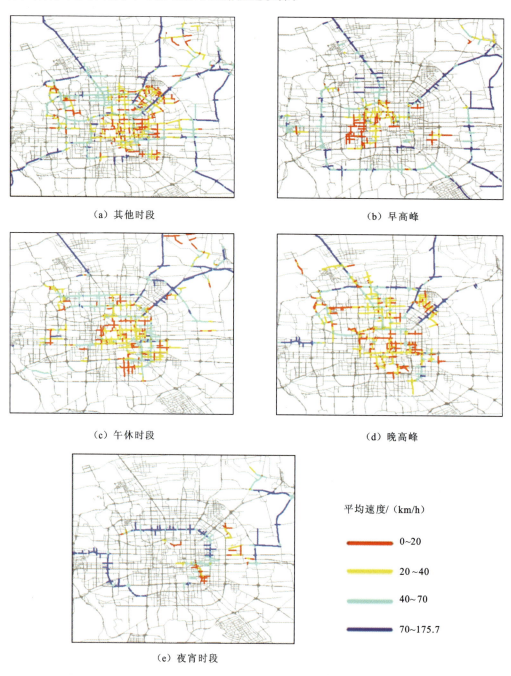

(a) 其他时段　　　　　　　　　　(b) 早高峰

(c) 午休时段　　　　　　　　　　(d) 晚高峰

(e) 夜宵时段

图 7.18　北京地区交通流速建模

本模型也有需要改进之处。道路的网络建模没有考虑拓扑因素,是模型准确度的制约条件,尤其在互通立交区域,数据的准确度不高。在进行速度统计时,若将轨迹行驶方向与道路行进方向的一致性考虑在内,则可对双向车流的流速进行分类。此外,在互通立交的区域,还应考虑轨迹在互通立交区域与匝道等的重叠度,当轨迹与路段重叠度较高时,则该轨迹参与该路段平均速度计算,进而降低二维空间叠置导致的非该路段轨迹点落入统计结果中。

7.5 基于志愿者GPS轨迹数据的大学生时空行为分析

本节以大学生群体行为分析为出发点,研究基于众源GPS轨迹数据的行为规律分析的基本方法。首先,通过发展大学生志愿者,以手机、专业GPS腕表方式采集个人轨迹数据。结合所征集的志愿者轨迹特点,实现兼顾单条轨迹时长和全天轨迹时间覆盖度的有效轨迹筛选,并对轨迹漂移点进行剔除。进而将出行为解构为行走和停留两种状态,综合考虑不同采集方式的GPS轨迹中停留共性特征,实现志愿者轨迹数据停留点提取方法。然后,分析国内外应用GPS轨迹数据进行时空地理学领域相关研究的方法,提出基于停留行为属性的大学生群体行为分析方法。最后,采用传统问卷调查分析法对所得结论进行验证,比对两者不同方法用于人类时空行为分析研究范畴的优缺点。

7.5.1 概述

现有基于GPS轨迹数据挖掘和应用主要有两种策略:一种是基于轨迹点,一种是基于轨迹特征点。前者利用整条轨迹所有点信息,如基于浮动车道路数据的城市道路更新、城市道路交通流量监测、出租车与公交车轨迹跟踪等;而后者只分析轨迹中部分能够反映实际规律和问题的特征点,如利用出租车车载GPS轨迹数据上下车点研究居民出行时空分布规律(张朋东,2012;张治华,2010)。

本节基于GPS轨迹数据的大学生时空行为分析,其核心是基于轨迹停留点,结合环境信息、志愿者属性信息,分析其群体、个体级别的活动规律。GPS轨迹记录的是志愿者低层次的出行信息,一条轨迹实际是一系列"行走"和"停留"状态的组合,志愿者在移动状态中空间位置随时间变化而变化,反映在轨迹上是一段轨迹点顺序连接组成的轨迹线,在三维时空坐标系中为不平行于时间轴的线段;停留状态中,志愿者空间位置随时间不变,反映在轨迹上是一连串连续记录、空间位置相同或相近的点,在三维时空坐标中便表现为一段平行于时间轴的线段,图 7.19 为一条志愿者轨迹在三维时空中的表示,图中 z 轴表示时间,x、y 轴分别表示纬度、经度,近似平行于时间轴的轨迹段便表示停留状态。现实中,"停留点"往往对应着一定活动地点,因而具有关键的语义信息。例如在本实验中,志愿者的停留基本都对应着教学楼上课、食堂就餐、操场运动、超市购物等信息。本实验中采取基于停留特性的行为活动研究,将志愿者行为解构为行走和停留两种状态,通过提取志愿者GPS轨迹记录中的停留点,根据停留特性进行大学生群体活动规律探究。

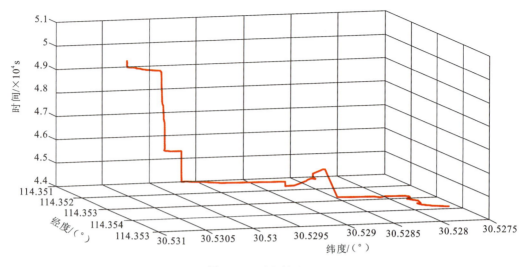

图 7.19 时空轨迹图

本节研究内容包括:数据获取与质量分析、数据预处理、停留行为提取和基于停留行为的大学生时空行为分析,如图 7.20 所示。

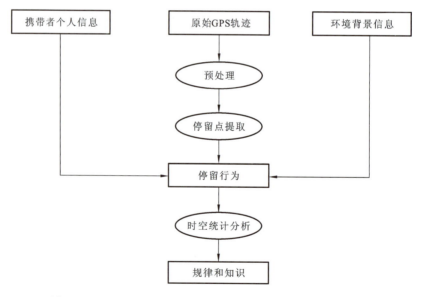

图 7.20 基于 GPS 轨迹数据的大学生时空行为分析技术路线图

7.5.2 志愿者 GPS 轨迹数据获取与质量分析

本节旨在通过分析大学生群体自发产生的 GPS 轨迹数据得到大学生群体行为活动规律,探索众源 GPS 轨迹数据用于群体行为研究的方法。鉴于目前还没有便捷渠道来广泛获取大学生日常行为的 GPS 轨迹,本书通过面向武汉大学大一至大四本科生发展志愿者,以个人智能手机或专业 GPS 腕表为采集设备,进行志愿者 GPS 轨迹数据的征集。

实验数据共分为两组。第一组是 63 名武汉大学遥感信息工程学院本科生在 2014 年 4 月 16 日~4 月 30 日两周内采集的较为密集的轨迹数据,其中 43 名志愿者使用个人智能手机记录,20 名志愿者使用 GPS 腕表记录;第二组是武汉大学文理学部、工学部、信息学部等 11 个学院的 40 余名志愿者 2014 年 4~10 月采集的较为稀疏的轨迹数据,记录设备全部为 GPS 腕表。

众源地理数据除具有数据量大、信息量大、现势性强和成本低廉的优势外,还具有一个显著特点,数据质量存在差异。众源地理数据大多由未经过培训的非专业用户自发产生,数据制作过程相对独立,缺乏统一标准且设备精度不同(Giannotti et al.,2007),因而得到的数据质量也有差异,需进行质量分析。针对志愿者 GPS 轨迹数据,在试验中,从轨迹采集时间覆盖度和轨迹记录精度两个角度对数据进行分析,以第一组数据为例,其分析如下。

1. 轨迹采集时间覆盖度分析

理想情况下,用于大学生群体行为分析的轨迹数据,各条轨迹在记录周期内应当覆盖每一天所有活动时间,即在记录周期内,每名志愿者每一天均有轨迹记录且轨迹长度应从早上到晚上覆盖当天所有活动时间。然而,研究所使用的轨迹数据由志愿者自发采集上传,志愿者主观意愿、设备问题等不可控因素难以避免地存在记录情况不一的现象,因此需对志愿者轨迹记录情况进行分析。

志愿者轨迹采集时间覆盖度分析从两方面考虑:一方面,每名志愿者在每一天是否有轨迹记录;另一方面,志愿者每天的轨迹记录长度。基于上述两点采用如图 7.21 所示方式对每一名志愿者记录情况进行分析,图中横轴表示活动时间,范围是 6:00~23:00,纵轴表示日期,每条红色水平线表示单条轨迹记录时间范围,则每名志愿者的记录情况都能用一张相应图表示。图 7.21 反映了两个志愿者的记录的轨迹数据在时间维的不同覆盖情况,很明显前者的时间覆盖度优于后者,后者记录中存在大量空白。

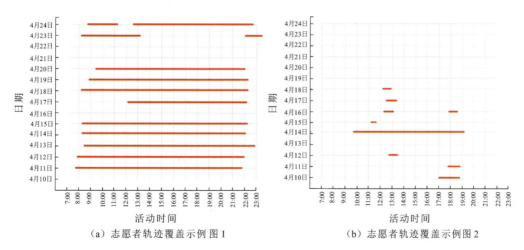

(a) 志愿者轨迹覆盖示例图 1　　　　(b) 志愿者轨迹覆盖示例图 2

图 7.21　志愿者轨迹采集时间覆盖度说明

采用上述方法分析了每名志愿者所记录数据的时间覆盖,发现少数志愿者在记录周期内能保证超过70%的天数内有轨迹数据且当天轨迹记录能覆盖全天范围,而部分志愿者轨迹记录断断续续,有些记录日期甚至无轨迹记录。数据缺失的原因有志愿者配合度低、设备供电不足(手机设备问题更明显)、GPS信号缺失等,2.4.3节对智能手机收集轨迹数据时可能造成数据缺失的原因作了详尽的讨论和归纳,此处不再赘述。

2. 轨迹记录质量分析

GPS轨迹数据的质量问题主要反映在两方面:轨迹点缺失和漂移。

志愿者轨迹数据的获取以具有GPS定位功能的手机、腕表为载体,而GPS设备需要视野内至少有三颗卫星才能定位,在某些特殊情况下会出现GPS设备无法接收信号导致数据缺失,造成数据缺失的原因主要有信号屏蔽、信号不良、设备冷启动和电源耗尽、仪器故障与设备误操作等(邓中伟,2012)。当前的智能手机电池容量往往有限,续航能力一般,除GPS定位需要耗电外,还需支持用户待机、上网、通信、娱乐等功能,志愿者手机耗电负担极大,使得GPS轨迹或多或少产生缺失。

轨迹点缺失反映在轨迹记录上主要有两点:一是轨迹记录起点比开启设备时刻晚,志愿者往往从宿舍楼出发时就打开设备,但进入教学楼后设备还未记录到轨迹数据;二是轨迹中存在长时间空白,通常志愿者进入室内后,设备无法搜索信号造成点缺失。图7.22是前一种情况的示例,该志愿者实际开启设备时刻为上午8:30,"真实起点"如标注所示,而轨迹的记录起点时刻是上午10:39,"记录起点"与"真实起点"在时空上均相差甚远。此外,由于轨迹开始记录后,志愿者已经处于室内,轨迹记录中最开始两个轨迹点间的时间间隔长达53 min。

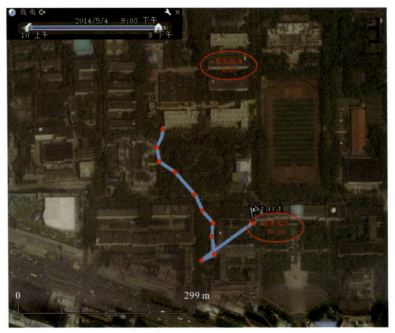

图7.22 GPS轨迹数据缺失

除轨迹点缺失外,轨迹还存在漂移问题。一方面,GPS定位过程受到高楼、茂密的植物等影响会产生多路径效应,定位结果可能不准确;另一方面,当携带者处于建筑物内部时,设备有时也能捕获到信号,但信号不佳、定位不准,反映在轨迹上就是点位漂移。漂移的特性非常复杂:首先,它可能发生在室外,也可能发生在室内。其次,漂移的尺度变化大。例如,建筑物周围的漂移大部分是以建筑物为中心的随机混乱漂移,漂移长度约几十米,但有些漂移距离可达上千米。最后,漂移大多发生在停留点附近,即志愿者在某一处停留时往往有大量轨迹点漂移。本书中志愿者全部是学生,能明显发现在教学楼、宿舍等建筑物周边有点位漂移。

图7.23为一名志愿者的行程片段,红色部分是某建筑物,志愿者进入建筑物后,除建筑物周边存在大量短距离漂移,部分漂移点距离真实位置很远。另外,部分点位在漂移中会缓慢漂移离开建筑物后又缓慢漂移回真实位置,使得这类漂移的运动特性与真实行程相似,一定程度上加大了后期分析判断的难度。

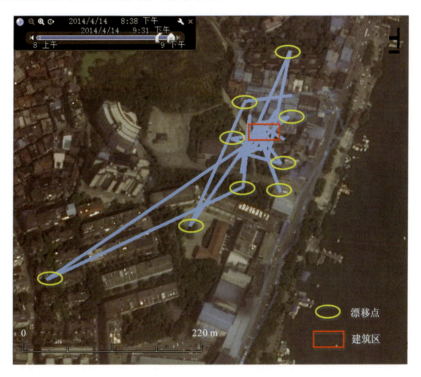

图7.23　GPS轨迹点漂移

7.5.3　数据预处理

数据是分析的基础和前提,由数据质量分析可知,一方面,志愿者轨迹记录情况有差异,部分志愿者轨迹记录时间覆盖度高而部分志愿者轨迹时间覆盖度极低,存在轨迹数据断断续续的情况;另一方面,轨迹记录精度存在数据缺失和轨迹点漂移问题,这些都不可避免会给分析结果带来偏差。因此,需要对数据进行预处理,包括有效轨迹筛选和漂移点处理。

1. 有效轨迹筛选

志愿者轨迹是群体性活动规律探索的基础数据,当一天中某一时间段部分志愿者的轨迹记录完整而另一部分具有代表性的志愿者轨迹数据缺失时,很容易造成分析结果偏向某一类志愿者而与事实不相符。因此,有必要对轨迹进行筛选,筛选出能用于大学生群体活动分析规律的志愿者轨迹。

筛选志愿者轨迹前,首先做以下定义。

(1) 轨迹记录时间长度

$$t_i = t_{id} - t_{io} \tag{7.9}$$

式中:t_i 为一条连续轨迹的记录时长,即该轨迹终点时刻 t_{id} 与起始时刻 t_{io} 的差值。

(2) 轨迹时间覆盖度 T_j。假设某志愿者第 j 天共有 N 条连续轨迹记录,每条轨迹记录时间长度为 $t_i(i=1,\cdots,N)$,则当天轨迹时间覆盖度 T_j 为 $t_i(i=1,\cdots,N)$ 之和。

$$T_j = \sum_{i=1}^{N} t_i \tag{7.10}$$

(3) 标准时长 T_0。T_0 为理想的记录时间长度。考虑大学生群体活动时间主要在白天,实验中标准记录时段设定为 6:00~23:00,时长为 17 个小时。

基于上述定义,轨迹筛选遵循准则 P(R1,R2,R3)如下。

(1) R1:若 $t_{(i+1)o} - t_{id} < 2$ min,合并第 i 和 $i+1$ 条轨迹,即当某一志愿者同一天内前后两条轨迹后者开始时刻与前者结束时刻相同或相差 2 min 以内,首先合并为一条轨迹计算 t_i。

(2) R2:若 $t_i > 15$ min,则为有意义轨迹。为避免设备短时间内卫星信号搜索不准确造成的干扰影响,研究中设定当单条轨迹记录时间长度 t_i 超过 15 min 时才有可能分析出轨迹所对应的志愿者活动。

(3) R3:若 $T_j > T_0/3$,则第 j 天是有效日期,第 j 天的有意义轨迹全部是有效轨迹。当某个志愿者第 j 天轨迹记录在标准时间段内的时间覆盖度 T_j 超过标准时间 T_0 的 1/3,判定当天记录有效,第 j 天是有效日期,该天全部有意义轨迹确认为有效轨迹。

依照准则 P(R1,R2,R3)对所有轨迹数据进行筛选,第一组志愿者数据中最终获得有效志愿者 27 名。其中,性别划分上,女生 16 名,男生 11 名;年级划分上,大一学生 13 名,大二学生 4 名,大三学生 2 名,大四学生 8 名。有效天数累计 158 天,有效轨迹 143 条,如图 7.24 所示。

2. 漂移点处理

数据缺失会造成轨迹完整性差,遗失部分行为轨迹,难以判定志愿者行为活动属性;漂移属于虚假行程,是轨迹中的噪声,易对活动分析造成干扰。因此,数据缺失和数据漂

第 7 章 基于众源轨迹的交通出行信息提取与分析

图 7.24 志愿者有效轨迹

移对行为分析均有影响,有必要进行数据处理。然而,在缺乏志愿者活动日志的情况下,难以根据轨迹特性处理数据缺失。因此,本书主要进行漂移点处理。

漂移点的剔除主要利用漂移点速度突变特性。漂移点是轨迹中的奇异点,表现在轨迹上是偏离真实轨迹的孤立点,相对于正常点,奇异点与前后点间的距离大,造成该点速度突变。图 7.25 中各点表示轨迹点,红色点是一种典型漂移点,与前后点位产生距离突变,进而速度突变,利用这种特性可以剔除部分漂移点。图 7.26 是利用该方法剔除某一漂移点的结果图,其中浅色表示原始轨迹,深色表示处理后轨迹。这种方法能处理部分漂移点,但对于建筑物周围的漂移点难以有效处理,也难以处理缓慢漂移出去、再缓慢漂移回的点。3.5 节对 GPS 轨迹的异常点(包括漂移点)剔除做了详细的论述,有兴趣的读者可前往阅读。

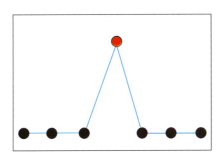

图 7.25 移点示意图

图 7.26 轨迹预处理效果示意图

7.5.4 停留行为提取

GPS 轨迹记录通过一系列具有时间先后顺序的时空坐标点记录携带者在时空中的真实地理位置。日常生活中，携带者发生在空间中的行为主要由"行走"和"停留"两种状态组成，前者对应从一个活动场所到另外一个活动场所的动态移动过程，而后者往往对应于携带者因活动而在一定地点停留静止不动或某一小的地理范围内移动。停留点即对应用户在空间中位置保持相对静止且超过一定时间范围的点，通常用这个物理区域的中心表达。用户的停留点是用户轨迹最重要的特征之一，它隐含了丰富的空间结构信息和行为规律信息，可解释为停留行为。结合学生背景信息，对学生的行为加以分析挖掘，能够得到极具价值的学生行为特征规律。

邓中伟（2012）曾对轨迹停留点的识别做了以下详细概括，目前广为应用的停留点提取算法主要分为两类：一类为基于轨迹数据时空特征的经验算法；另一类为空间聚类算法。

基于轨迹数据时空特征的经典算法包括基于速度阈值算法、基于缺失点算法、基于方向变化特征和基于路网的算法。基于速度阈值算法利用停留点的速度低于正常人行走的速度特性，将连续低于某个速度阈值且超过一定数目的记录定义为停留点。基于缺失点算法是指，停留点往往对应着携带者进入室内 GPS 信号缺失，将信号发生缺失的点判定为停留点。基于方向变化特征算法的核心思想是，停留点大多意味着前后运动方向发生变化。基于路网的算法是由于停留多发生在偏离路网一定距离外且持续一段时间的点，将这些点标注为可能的活动地点。基于速度阈值的提取方法受噪声影响大，若停留行为对应的轨迹段中存在噪点，可能导致难以提取出停留点或者在同一位置提取出多个停留点。基于缺失点的算法实际并不严谨，室外信号不良、志愿者进入地铁等，均可能导致信号缺失，因此可能提取出错误停留点。基于方向变化特征多作为停留点提取的辅助信息，理论上也不严谨。基于路网的提取方式首先需要路网数据做支持，其次计算复杂，提取结果与路网精度相关。

另一种常用于停留点提取的算法是空间聚类算法，其基本原理是：停留与行程最明显的区别是较大数量的轨迹点出现在同一位置附近。基于这个原理的经典算法包括 K 中值算法和 DBSCAN 算法。前者首先设定簇群内最少的点数 m 和聚类半径 d，从记录的第一个点开始，计算连续 m 个点中任意两点间的最大距离，如果该距离小于 d，则形成一个簇，判断该簇的中位点与下一个簇中位点间的距离，若小于 $d/2$ 则合并为一个簇，最终提取的各簇作为停留点；该算法的缺陷是受噪声影响很大，手机 GPS 轨迹中奇异点多且漂移距离远，该算法并不适用。DBSCAN 算法的详细描述见 7.3.3 节。

实验数据中，部分通过智能手机采集的 GPS 轨迹数据为等距离采样，采样间隔为 15 m，其余数据均为等时间间隔采样，采样间隔为 1 s。考虑两种不同记录方式记录中的停留点的共同特点，即停留点往往具有较低的速度和较高的时空聚集性，实验尝试一种基于速度阈值提取预停留点再对预停留点进行时空合并的算法,具体如下。

(1) 速度计算。为削弱漂移点对速度计算的影响,假定当前点与前后两点间的距离分别为 dis1 和 dis2,时间间隔为 timespan1 和 timespan2。当 timespan1 和 timespan2 的值均小于 30 s,前点的速度 speed 等于距离 dis1 和 dis2 的和与时间间隔 timespan1 与 timespan2 的和的比值,如式(7.11)所示;反之,speed 等于 dis2 与 timespan2 的比值,如式(7.12)所示。

$$\text{speed} = (\text{dis1} + \text{dis2})/(\text{timespan1} + \text{timespan2}) \quad (7.11)$$

$$\text{speed} = \text{dis2}/\text{timespan2} \quad (7.12)$$

(2) 预停留点提取。正常人行走的最低速度约为 0.36 m/s,设置速度阈值为 0.3 m/s,将所有速度小于该阈值的点判定为预停留点。每个预停留点除空间属性外,还有开始时刻和结束时刻属性,开始时刻是当前点的记录时刻,结束时刻为下一个点的记录时刻。将提取出的所有预停留点按顺序存储。

(3) 预停留点合并。由于预停留点是按照时间顺序提取的,时空相近的预停留点实际代表同一个真实停留点,基于这种准则再对预停留点进行合并。合并后的真实停留点还应满足停留时间至少 3 min 的条件。

以第一组数据为例,按照该方法对手机志愿者 83 条有效轨迹、腕表志愿者 60 条有效轨迹进行停留点提取,分别提取停留点 553 个和 213 个。每个停留点除具有空间属性外,还具有时间属性和与志愿者信息相关的属性,如表 7.8 所示的部分志愿者停留点信息。提取出的手机、腕表停留点整体在空间中的分布情况及时空散点示意如图 7.27~图 7.30 所示。不难发现,不同时刻的停留主要集中在一小块区域,该区域实际为武汉大学校园所在地理位置。

表 7.8 停留点属性实例

纬度	经度	停留发生时刻	停留时长/min	日期	是否周末(1是0否)	志愿者序号	性别
30.528 86	114.353 2	16:09	4	2014/4/22	0	7	女
30.531 25	114.354 5	22:03	4	2014/4/29	0	13	女
30.531 25	114.354 5	22:03	4	2014/4/29	0	13	女
30.527 11	114.355 5	17:47	14	2014/4/20	0	5	男
30.528 28	114.355 0	15:30	54	2014/4/22	0	7	女
30.976 72	116.495 7	22:21	90	2014/4/15	0	1	女
30.517 63	114.375 2	13:07	110	2014/4/22	0	7	女
30.528 84	114.355 2	19:10	3	2014/4/18	0	3	女
30.528 82	114.354 0	15:24	338	2014/4/21	0	7	女
30.530 87	114.355 5	22:29	948	2014/4/28	0	13	女

图 7.27　手机志愿者停留点分布示意图

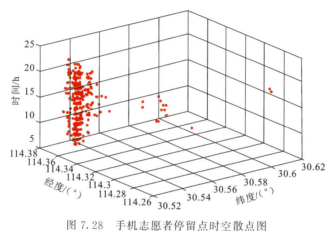

图 7.28　手机志愿者停留点时空散点图

图 7.29　腕表志愿者停留点分布示意图

第7章 基于众源轨迹的交通出行信息提取与分析

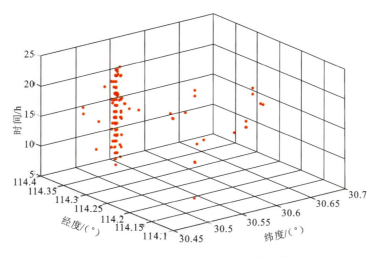

图 7.30 腕表志愿者停留点时空散点图

7.5.5 基于停留行为的大学生时空行为分析

停留点提取算法仅能得到用户停留点的经纬度值,为进一步提取用户行为特征,需将停留点的经纬度转化为可理解的语义信息,即根据停留点所对应的地物类别判定其活动内容。研究中,选取武汉大学校园内及周边主要地物区域,即兴趣区域(area of interest, AOI),包括宿舍、教学楼、图书馆、食堂、学生活动中心、校园周边的商圈、公交站等类型,将提取出的停留点与 AOI 进行匹配,提取志愿者的停留行为。

停留行为属性包括志愿者个人信息(性别、年级)和停留时空信息(停留地点、起始时间、时长),其中停留地点解构为某一特定活动。基于停留行为的大学生时空行为分析可以从个体级别和群体级别分别分析。

1. 个体时空行为分析

个体时空行为分析主要是针对单个志愿者长时间的 GPS 轨迹记录,基于其停留行为来研究和分析其活动半径范围和活动特点等规律。第二组实验数据是志愿者 2014 年 4~10 月所记录的日常生活轨迹,时间跨度长,适合用于个体时空行为分析。

以第二组数据中的志愿者刘某为例,实验采集得到该同学 2014 年 6~9 月共 48 条轨迹,共提取出 42 个有效的停留点。对停留点信息进行分类、整理、统计,统计结果如表 7.9 和图 7.31 所示。

表 7.9 刘某停留点及对应时间段统计表

	停留点	出现频数	主要时间段
食堂	信息学部二食堂	3	11:00~13:00
	工学部一食堂	1	9:30~11:30

229

众源地理数据分析与应用

续表

停留点		出现频数	主要时间段
教学楼	信息学部附三教学楼	3	(分布于全天)
	信息学部一号教学楼	1	
操场	信息学部大操场	27	20:00~22:00
	信息学部篮球场	1	12:00~13:00
休闲观光区	信息学部星湖	1	12:00~13:00
周边商圈	广埠屯车站	2	(分布于全天)
	群光广场	1	18:00~18:30
	武大正门口优品汇超市	1	14:00~14:30

图 7.31　刘某停留点及对应时间段统计图

基于表 7.9 和图 7.31,可分析得到刘某个体的如下行为特征规律。

(1) 刘某的轨迹集中于武汉大学信息学部区域,因此可以做一定推断,推断刘某为信息学部学生。

(2) 刘某上课地点很可能包括信息学部一号教学楼,以及附三教学楼。

(3) 刘某去运动场地的次数占到总停留点数量的 50% 以上,比例较高,该同学很可能喜爱体育运动。另外,根据统计信息可知,刘某很可能经常在晚间 20:00~22:00 在信息学部大操场进行体育锻炼。

(4) 刘某在运动场、校内外休闲区等地的活动更加频繁,且活动范围较大,包括篮球场、校外超市、购物广场等地区,因此推测,刘某可能是一位爱好运动、爱好出行游玩的学生。

2. 群体时空行为分析

以第一组数据为例,从以下几个角度尝试挖掘大学生群体出行活动规律。

1) 不同性别大学生远距离外出和校园周边外出空间分布分析

不同性别的学生离校外出情况可能不相同,因此,从学生性别角度出发,挖掘不同性别的学生外出频率和范围分布。

研究将所有轨迹停留点同时显示,不同性别志愿者用不同颜色表示,如图7.32(a)所示,对其内容进行统计,结果如图7.32(b)所示,其中平均停留点个数指相应停留点数除以该性别总人数。由图7.32可知,男生外出的次数明显多于女生;男生远距离、周边出行频率相近,而女生主要以周边出行为主,远距离出行很少。

2) 大学生远出行距离和时间分析

通常,大学生在校学习期间,由于课程大多集中在工作日,往往选择周末离校出行。本书从这个角度出发,分析了志愿者停留点在周末和非周末时间段内的分布情况,对其进行了统计探索。

将轨迹停留点同时显示,图7.33(a)和图7.33(b)为按照时间属性显示外出目的地的空间分布及其统计情况。由图可知,学生在非周末主要以周边出行为主,周末与非周末的远距离出行都很高。

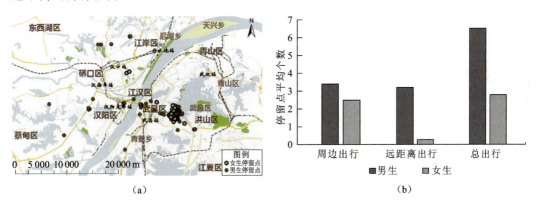

图7.32 不同性别学生外出目的地的空间分布(a)和情况统计(b)

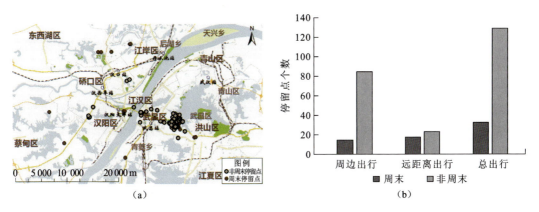

图7.33 学生周末外出目的地的空间分布(a)和情况统计(b)

显然,周末和非周末远距离出行相当这点与常识不相符。为进一步探究原因,实验结合志愿者属性发现,低年级学生的远距离出行主要发生在周末,而高年级学生的远距离出行主要在工作日。进一步分析志愿者年级、性别等属性发现,高年级学生课程安排少,在工作日仍有空闲时间,因而选择人流量较少的工作日远距离外出。

3) 学生就餐空间分布分析

学生食堂是大学中最重要的基础设施之一,学生在食堂的就餐情况一方面体现不同食堂的供餐能力和供餐质量,反映学校的服务水平;另一方面,学生外出就餐的比率也能体现校园周边的餐饮业发展状况。本次实验中第一组志愿者所在校区共有三个学生食堂,分别为学生一食堂、学生二食堂(包括二食堂、三食堂、四食堂、清真食堂)和星湖教职工食堂。学生对于食堂的选择方面,主要研究这三个食堂的就餐情况。

考虑在校大学生的就餐时间集中在中午(11:00~13:00)和傍晚(16:00~18:00),将停留点按照时间显示,11:00~13:00 的点用实心小圆点表示,16:00~18:00 的点用五角星表示,停留点分布如图 7.34 所示。由图 7.34 和统计结果可知,选择在二食堂就餐的学生最多(90%),在星湖教职工食堂就餐次数是 5 次(9%),在一食堂就餐的学生只有 1 次(1%),且晚餐时间学生去校园周边就餐的次数明显比午餐多。由数据可知,学生很可能更喜好到学生二食堂就餐。

图 7.34 学生就餐地点选择的空间分布

事实上,二食堂是该校区面积最大、窗口最多、饭菜品种最丰富、营业时间最长的餐厅,且与宿舍楼、教学楼距离都很近,对学生的吸引度相对高。如果实际情况确实与实验结果相一致,即学生前往一食堂就餐的比例过少,那么为了最优化利用校园资源,学校有必要提升学生一食堂的服务质量或供餐模式,吸引更多的学生前往。一方面减少二食堂的人流量,舒缓其供餐压力,另一发面也体现一流大学的服务水平和生活质量。

此外,学生外出在校园周边吃晚餐的人次也较多,学生很可能常去校外餐馆就餐。为了营造更好的校园周边环境,学校可以考虑与有关部门协商,加大校园周边食品卫生安全监督力度,为学生营造良好的校园周边饮食环境,也可以适当借鉴周边饮食点的餐饮内容,丰富食堂供餐食物种类或口味,方便学生校内就餐。

4) 学生运动空间分布分析

GPS 轨迹代表的是个人日常生活轨迹,很可能包含记录者的运动信息。对在校大学生而言,其运动通常是在校园运动场进行。因此,可以通过分析志愿者在各类运动场的停留情况获得志愿者运动信息。

信息学部的运动场包括信息学部操场、体育馆、羽毛球场、排球场和散落在宿舍楼间的乒乓球台,分析志愿者停留点发现,停留点位于运动场区域的点数并不多,共 38 次,其中大一学生 17 次,大二学生 10 次,大三学生 7 次,大四学生 4 次,在两周的记录时间内,各年级样本学生人均运动次数分别为:1.07、2.5、3.5、0.5 次,停留点主要在操场和篮球场。图 7.35 为学生运动地点空间分布和人均运动次数统计图。由图可知,学生的运动状况并不客观,运动形式单一,推断校园运动资源设施利用率并不高。

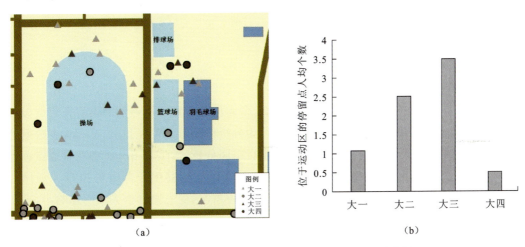

图 7.35　学生志愿者运动地点的空间分布(a)和人均运动次数(b)

5) 学生周末空间分布分析

大学生在校除周一至周五有课程学习外,周末无课程安排,部分学生会选择到学校图书馆、教学楼自习。学生周末自习人次对于学校掌握校园资源利用情况、合理开放自习室、管理学习资源设备都有重要意义,是建设良好的校园学习环境必不可少的基本依据。本书对志愿者周末自习情况也做了分析研究。

以大一学生为例。信息学部用于学生自习的教学楼是 1、2 号教学楼,图 7.36 为周末与非周末学生在教学楼的停留点分布情况。周末学生在 1 号教学楼内自习次数非常少,仅 4 次,而其余能用于公共自习的文理学部图书馆也没有停留点分布,推断大一学生周末到教学楼自习并不积极。

此外,考虑大一与大四学生课程安排完全相反,大四志愿者人数也较多,将大一学生与大四学生的停留点同时显示,结果如图 7.37 所示,在学习区域(5 号楼和 1 号楼),大四学生的停留点多集中于5号楼周边,其主要原因是大四学生几乎无课程安排,大部分时间用来自由支配,部分学生会主动在5号楼内学习,参与学院科研项目,这在一定程度上也反映了大四学生在轨迹记录期间的自主学习情况。

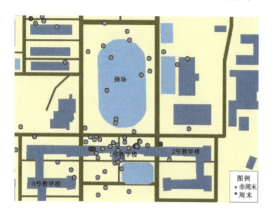

图 7.36　大一学生自习区的停留点分布

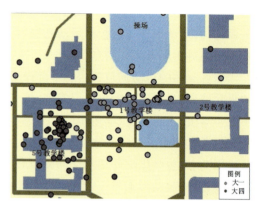

图 7.37　大一及大四学生学习区停留点分布

7.5.6　实验验证与总结

实验中,第一组数据采集中同时收集了27个志愿者日常出行习惯问卷调查数据做统计分析,与基于停留行为的大学生群体时空行为分析作比对发现,问卷调查和轨迹数据分析的结果在男女生出行空间分析、不同年级出行空间分析、学生自习分析和就餐地点选择分析这四个方面具有一致性。结果表明,GPS轨迹数据能够用于部分群体行为规律分析,相比问卷调查,它能客观反映记录者的真实轨迹情况,受志愿者个人填写影响小,事实更客观。

但是,基于GPS轨迹数据的行为学分析仍然存在弊端,由于GPS轨迹是低级的时空点,缺乏语义信息,而记录者的活动方式复杂多变,有时仅仅依靠位置信息并不能准确推断记录者的活动信息。例如,当志愿者处于教学楼时有可能在自习,也有可能在上课,这就难以对其行为做准确判断。此外,一个大的场所有时也包含次级单位,例如,信息学部学生二食堂实际是4个食堂的综合体,基于GPS轨迹无法获得次级食堂的就餐情况。再如,体育馆内有不同运动设施:羽毛球场、乒乓球场、武术场等,志愿者进入体育馆后,无法获得志愿者运动类型。然后,基于GPS轨迹数据的大学生群体行为分析,还要求数据具有一定的代表性,即记录人员在各年级人数分布相当、记录情况相当,此时,数据才具有代表意义,分析结果才能反映客观事实。最后,基于GPS轨迹数据的分析,还应当考虑某些活动时,志愿者是否携带手机。

通过实验总结,得到以下结论。

公众自发产生的众源GPS轨迹数据数据量丰富,但其数据质量存在着明显的、不可忽视的问题。突出问题之一是数据的时间覆盖度不足,造成这一问题的主要原因在于志愿者主观能动性、设备供电有限等;解决策略上,建议根据分析需求,设置合理的筛选规则。另一个突出问题是手机 GPS 轨迹数据漂移严重,特别是室内时,由信号不良造成的轨迹片段缺失及点位漂移会制约众源 GPS 轨迹的应用。

研究中,将志愿者出行行为解构为"行走"和"停留"两种状态,使用合适的方式提取停留点,将停留点与实际背景信息结合,解析为停留行为,基于停留行为属性的大学生群体时空行为分析方法,能结合停留点时空属性和志愿者属性,从不同角度分析个体、群体活动规律,能够良好规避基于轨迹点在小尺度范围内分析难以开展的缺点,所得结论与传统调查问卷方式统计结果相似。

将 GPS 轨迹数据与记录者属性信息结合,能极大丰富 GPS 轨迹数据的研究内容,基于 GPS 轨迹无论从群体角度还是从个体角度研究大学生群体行为,对学校、学生都具有重要的现实指导意义。

已有分析结果表明,众源 GPS 轨迹数据用于时空地理学、人类行为学分析具有极大的价值,但不得不注意到,众源 GPS 轨迹数据应用中暴露出的问题也应得到重视,主要如下。

(1) 目前国内还未形成一套健全的众源 GPS 轨迹共享、应用机制,公众自愿参与 GPS 轨迹共享意识不足,因此有必要从用户角度出发,创造更多具有使用价值的应用,吸引用户参与,而由此引发的用户个人隐私问题,也应当受到研究者的重视。

(2) 众源 GPS 轨迹数据的质量问题值得分析探讨。来自手机的轨迹数据精度并不高,这一方面有赖于硬件设施质量的提高,充分考虑不同型号手机 GPS 定位精度的差异;另一方面也在于数据预处理精度,如何消除轨迹数据中的漂移点、如何弥补轨迹中的片段缺失,也是值得深思和考虑的问题。

(3) GPS 轨迹数据包含的信息十分丰富,无论基于轨迹点、轨迹特征点还是轨迹线进行研究应用,往往还需要记录者自身的属性信息。因此,能否在具体应用领域内挖掘更多知识,还需深入思考如何将轨迹数据与记录者属性信息有机结合。此外,时空轨迹数据的信息量相当丰富,可以考虑更小时间粒度的时空轨迹分析,得到每天不同时间段的活动规律信息。

7.6 本章小结

本章首先介绍了众源轨迹这一数据类型及其在城市信息提取、交通信息分析、出行行为分析上的应用,随后论述了多项基于众源轨迹的研究。这些研究包括:提出了一种基于决策树和数据场的轨迹聚类方法,并将该方法应用于城市热点区域提取;提出了一个基于浮动车数据提取和分析城市拥堵区域信息的方案,并以武汉市为例对该方案进行实验验证;提出了基于 OpenStreetMap 网络轨迹提取交通附属信息、分析道路交通流速的一系列方法,并以北京市为实验区验证了方法的可行性;基于腕表及智能手机采集了一批大学生志愿者的轨迹数据,并设计了一个数据预处理及分析方案,使用这些轨迹数据分析了这些大学生的空间行为特点。

参 考 文 献

柴彦威,申悦,肖作鹏,等.2012.时空行为研究动态及其实践应用前景.地理科学进展,31(6):667-675.

柴彦威,塔娜.2013.中国时空行为研究进展.地理科学进展,32(9):1362-1373.

邓敏,刘启亮,李光强,等.2011.空间聚类分析及应用.北京:科学出版社.

邓中伟.2012.面向交通服务的多源移动轨迹数据挖掘与多尺度居民活动的知识发现.上海:华东师范大学.

桂智明,向宇,李玉鉴.2012.基于出租车轨迹的并行城市热点区域发现.华中科技大学学报:自然科学版(S1):187-190.

黄潇婷,马修军.2011.基于GPS数据的旅游者活动节奏研究.旅游学刊,26(12):26-29.

李清泉,萧世伦,方志祥,等.2012.交通地理信息系统技术与前沿发展.北京:科学出版社.

吕玉强,秦勇,贾利民,等.2010.基于出租车GPS数据聚类分析的交通小区动态划分方法研究.物流技术,29(9):86-88.

王树良,李英,谢媛.2012.广义数据场及其在人脸表情识别中的应用[2012-05-11]http://www.paper.edu.cn/releasepaper/content/201205-170.

王树良,邹珊珊,操保华,等.2010.利用数据场的表情脸识别方法.武汉大学学报:信息科学版,35(6):738-742.

张朋东.2012.基于浮动车数据的城市居民出行行为规律研究.长沙:中南大学.

张治华.2010.基于GPS轨迹的出行信息提取研究.上海:华东师范大学.

Ankerst M,Breunig M M,Kriegel H P,et al. 1999. Optics:ordering points to identify the clustering structure//ACM SIGMOD International Conference on Management of Data (SIGMOD-99). New York:ACM,28(2):49-60.

Chang H, Tai Y, Hsu J Y. 2010. Context-aware taxi demand hotspots prediction. International Journal of Business Intelligence and Data Mining,5(1):3-18.

de Fabritiis C,Ragona R,Valenti G. 2008. Traffic estimation and prediction based on real time floating car data//Proceedings of 11th International IEEE Conference on Intelligent Transportation Systems. New York:IEEE:197-203.

Dempster A P,Laird N M,Rubin D B. 1977. Maximum likelihood from incomplete data via the EM algorithm. Journal of the Royal Statistical Society,39(1):1-38.

Ester M,Kriegel H P,Sander J. 1996. A density-based algorithm for discovering clusters in large spatial databases with noise//Proceedings of the Second International Conference on Knowledge Discovery and Data Mining:226-231.

Estivill-Castro V,Lee I. 2002. Multi-level clustering and its visualization for exploratory spatial analysis. Geoinformatica,6(2):123-152.

Giannotti F,Nanni M,Pinelli F,et al. 2007. Trajectory pattern mining//Proceeding of the 13th ACM SIGKDD International Conference on Knowledge Discovery and Data Mining. New York:ACM,330-339.

Gower J C,Ross G J S. 1969. Minimum spanning trees and single linkage cluster analysis. Applied statistics,18

(1):54-64.

Guha S, Rastogi R, Shim K. 1998. Cure: an efficient clustering algorithm for large databases//Proceeding of the ACM SIGMOD International Conference on Management of Data. New York: ACM, 27(2): 73-84.

Hägerstraand T. 1970. What about people in regional science? Papers in Regional Science, 24(1): 7-24.

Hinneburg A, Keim D A. 1998. An efficient approach to clustering in large multimedia databases with noise//Proceedings of the Fourth International Conference on Knowledge Discovery and Data Mining (KDD-98): 58-65.

Huang R, Huang C, Shan J, et al. 2013. Evaluation of GPS trajectories on VGI and social websites//Geoinformatics, 2013 21st International Conference on. New York: IEEE.

Huang Z. 1998. Extensions to the k-means algorithm for clustering large data sets with categorical values. Data Mining and Knowledge Discovery, 2(3): 283-304.

Jenerette G D, Wu J. 2001. Analysis and simulation of land-use change in the central Arizona-Phoenix region, USA. Landscape Ecology, 16(7): 611-626.

Jia T, Jiang B, Carling K, et al. 2012. An empirical study on human mobility and its agent-based modeling. Journal of Statistical Mechanics: Theory and Experiment(11): P11024.

Jiang B, Yin J, Zhao S. 2009. Characterizing the human mobility pattern in a large street network. Physical Review E Statistical Nonlinear and Soft Matter Physics(80): 021136.

Karypis G, Han E H, Kumar V. 1999. Chameleon: hierarchical clustering using dynamic modeling. Computer, 32(8): 68-75.

Kawasaki T, Axhausen K W. 2009. Choice set generation from GPS data set for grocery shopping location choice modelling in canton Zu-rich: comparison with the Swiss Microcensus 2005. Arbeitsberichte Verkehrs-und Raumplanung, 595.

Kaufman L, Rousseeuw P J. 1987. Clustering by means of Medoids//Statistical Data Analysis Based on the L1-Norm and Related Methods. Berlin: Springer: 405-416.

Kerner B S, Demir C, Herrtwich R G, et al. 2005. Traffic state detection with floating car data in road networks//Proceedings of the 8th International IEEE Conference on Intelligent Transportation Systems. New York: IEEE: 44-49.

Kohonen T. 2000. Self-Organizing Maps. 3rd ed. Berlin: Springer.

Kwan M P. 2000. Analysis of human spatial behavior in a GIS environment: Recent developments and future prospects. Journal of Geographical Systems, 2(1): 85-90.

Lagache T, Meas-Yedid V, Olivo-Marin J C. 2013. A statistical analysis of spatial colocalization using Ripley's K function//Proceedings of 10th IEEE International Symposium on Biomedical Imaging. ISBI. New York: IEEE: 896-901.

Lee J, Shin I, Park G L. 2008. Analysis of the passenger pick-up pattern for taxi location recommendation//Networked Computing and Advanced Information Management, 2008. NCM'08. Fourth International Conference on. New York: IEEE, 1: 199-204.

Li D, Du Y. 2007. Artificial Intelligence with Uncertainty. Boca Raton: CRC Press.

Li D, Wang S, Gan W, et al. 2011. Data field for hierarchical clustering//International Journal of Data

Warehousing and Mining (IJDWM),7(4):43-63.

Li F,Long X,Du S,et al. 2015. Analyzing campus mobility patterns of college students by using GPS trajectory data and graph-based approach//Geoinformatics,2015 23rd International Conference on. New York:IEEE.

Li J,Qin Q,Xie C,et al. 2012. Integrated use of spatial and semantic relationships for extracting road networks from floating car data. International Journal of Applied Earth Observation and Geoinformation,19(1):238-247.

Li Z,Ding B,Han J,et al. 2010. Mining periodic behaviors for moving objects//Proceedings of the 16th ACM SIGKDD International Conference on knowledge Discovery and Data Mining. New York:ACM:1099-1108.

Luck M,Wu J. 2002. A gradient analysis of urban landscape pattern:a case study from the Phoenix metropolitan region,Arizone,USA. Landscape Ecology,17(4):327-339.

Macqueen J. 1967. Some methods for classification and analysis of multivariate observations//Proceedings of the Fifth Berkeley Symposium on Mathematical Statistics and Probability. Berkeley:UC Press,1(14):281-297.

Pluvinet P,Gonzalez-Feliu J,Ambrosini C. 2012. GPS data analysis for understanding urban goods movement. Procedia-Social and Behavioral Sciences,39:450-462.

Rhee I,Shin M,Hong S,et al. 2011. On the levy-walk nature of human mobility. IEEE/ACM Transactions on Networking (TON),19(3):630-643.

Rodriguez A,Laio A. 2014. Clustering by fast search and find of density peaks. Science,344(6191):1492-1496.

Sander J,Ester M,Kriegel H P,et al. 1998. Density-based clustering in spatial databases:the algorithm gdbscan and its applications. Data Mining and Knowledge Discovery,2(2):169-194.

Sheikholeslami G,Chatterjee S,Zhang A. 1998. Wavecluster:a multi-resolution clustering approach for very large spatial databases//Proceedings of the 24th International Conference on Very Large Data Bases. San Francisco:Morgan Kaufmann,98:428-439.

Turner A. 2009. The Role of Angularity in Route Choice//Spatial Information Theory. Berlin:Springer:489-504.

Wang W, Yang J, Muntz R. 1997. Sting: a statistical information grid approach to spatial data mining//Proceedings of the 23rd International Conference on Very Large Data Bases. San Francisco:Morgan Kaufmann,97:186-195.

Wang Y,Huang C,Shan J. 2015. An initial study on college students' daily activities using GPS trajectories//Geoinformatics,2015 23rd International Conference on. New York:IEEE.

Wu T,Qin K. 2012a. Image data field for homogeneous region based segmentation. Computers and Electrical Engineering,38(2):459-470.

Wu T, Qin K. 2012b. Data field-based transition region extraction and thresholding. Optics and Lasers in Engineering,50(2):131-139.

Wu T,Qin K. 2012c. Data field-based mechanism for three-dimensional thresholding. Neurocomputing(97):278-296.

Xu L, Yue Y, Li Q Q. 2013. Identifying urban traffic congestion pattern from historical floating car data//Proceedings of 13th COTA International Conference of Transportation Professionals. Amsterdam:Elsevier Ltd,96:2084-2095.

Yuan Y,Raubal M. 2014. Measuring similarity of mobile phone user trajectories-a spatio-temporal edit distance method. International Journal of Geographical Information Science,28(3):496-520.

Yue Y,Wang H,Hu B,et al. 2012. Exploratory calibration of a spatial interaction model using taxi GPS trajectories. Computers,Environment and Urban Systems,36(2):140-153.

Yue Y,Zhuang Y,Li Q Q,et al. 2009. Mining time-dependent attractive areas and movement patterns from taxi trajectory data//Geoinformatics,2009 17th International Conference on. New York:IEEE.

Zhang T,Ramakrishnan R,Livny M. 1996. Birch:an efficient data clustering method for very large databases//Proceedings of the 1996 ACM SIGMOD International Conference on Management of Data. New York:ACM,25(2):103-114.

Zhao P,Qin K,Zhou Q,et al. 2015. Detecting hotspots from taxi trajectory data using spatial cluster analysis//ISPRS Annals of the Photogrammetry,Remote Sensing and Spatial Information Sciences,2(4):131-135.

Zheng Y,Zhang L,Xie X,et al. 2009. Mining interesting locations and travel sequences from GPS trajectories//Proceedings of the 18th International Conference on World Wide Web. New York:ACM:791-800.

Zheng Y,Zhou X. 2011. Computing with Spatial Trajectories. Berlin:Springer.

第 **8** 章

众源地理数据共享平台设计与可视化

　　数据及算法的共享和开放是现今的趋势之一。众源地理数据来源众多、格式各异、不确定性大，这使得众源地理数据的不同应用者面临着类似的异质异源数据处理问题，如多源数据的获取、格式转换需求、数据检索的一致化、质量评估标准的一致化等。这些问题如果可以统一解决，那么应用研究者的大量重复性工作就可以避免，同时数据也可以得到更大程度的共享，这有利于数据价值的全面挖掘。本章将结合众源地理数据的特点及现今一些较为先进的计算机技术，提出一种面向众源地理数据的共享平台建设方案，尽可能解决这些问题。此外，可视化是地理信息科学的一个重要研究方向，本章将基于上述共享平台，面向不同的应用需求，设计实现众源地理数据的多个可视化系统。

8.1 概　　述

8.1.1 数据共享及共享平台建设

数据共享一直是科研界关注的问题之一,地理数据的共享也是如此。数据经过共享能更大程度地发挥其最大价值,同时还能减轻其他衍生或相关应用在获取和管理数据方面的难度。建设合理的共享平台是针对数据共享问题的一种常见的解决方案。

欧洲和北美国家数据共享的工作开展得较早。1966 年,国际科技数据委员会(Committee on Data for Science and Technology,CODATA)成立,该委员会宗旨之一是在科学和技术领域加强数据获取和管理的有效性。20 世纪 90 年代,美国国家航空航天局(National Aeronautics and Space Administration,NASA)建设了分布式最活跃数据档案中心群(distributed active archive centers,DAACs),DAACs 由 9 个涉及生物、大气、海洋、土地、社会经济等多领域数据的中心构成。美国白宫于 20 世纪 90 年代设立和实施了美国全球变化研究项目(United States Global Change Research Project,USGCRP)以全面推进科学数据共享,项目内容之一是建设"全球变化数据信息系统"(global change data and information system,GCDIS)(刘闯等,2002)。2007 年,英国发布了研究报告《发展英国科研与创新信息化基础设施》,规划建设大规模的国家科学数据中心(杨友清等,2014)。近些年,各国政府正逐步在网上开放其持有的数据,如美国政府公开数据(data.gov[①])、英国政府公开数据(data.gov.uk[②])、印度政府公开数据(data.gov.in[③])等。

我国数据共享起步相对较晚,但是近 10 年国家政府部门、研究机构及商业领域也逐步开展了不少相关工作和项目。我国的数据共享问题在 10 多年前较为突出,这在相当程度上制约了科技进步与创新,造成了重复采集、重复建设和资金浪费(科学数据共享调研组,2003)。而近 10 多年来,有不少学者、机构及商业公司在数据共享方面做出了卓有成效的努力。2004 年,国务院办公厅转发了由科学技术部等四部委联合制定的《2004~2010 年国家科技基础条件平台建设纲要》,通过该平台的科学数据共享工程,我国在资源环境、农业、人口与健康等领域共 24 个部门开展了科学数据共享工作,启动了 9 个科学数据共享试点。其中,地球系统科学数据共享平台由国内地学领域 40 多家单位和国际组织共同参与建设;中国气象科学数据共享服务网整合了来自国内卫星通信系统、全球通信系统收集的全球和国内各类气象观探测资料(杨友清等,2014)。近些年随着大数据及众源数据逐渐受关注,一些国内学者和机构(闫甜,2015;穆宣社,2015;王晖等,2014;

[①] 引自:U.S. General Services Administration,Office of Citizen Services and Innovative Technologies. Data.gov. http://www.data.gov

[②] 引自:Data.gov.uk. http://data.gov.uk

[③] 引自:Government of India. Open Government Data(OGD) Platform India. http://data.gov.in

缪谨励等,2014)也从大数据技术角度研究和讨论了电信运营、环境保护、应急指挥决策、地学等多个领域的大数据共享平台建设问题。商业方面,2011年成立的数据堂网站是中国大数据交易和服务领域的典型代表之一,目前该网站的数据服务和商业合作的地理范围遍及全球几十个国家。

面向地理数据的开源软件和国际标准的发展进一步促进了地理数据的共享和使用。例如,开源数据库 PostgreSQL 及相应空间插件 PostGIS、桌面地理信息系统 QGIS、地图服务管理软件 GeoServer、网页地图控件 JavaScript 库 OpenLayers 等。国际组织开放地理空间信息联盟在数据格式标准和互操作标准上做了不少工作,其指定的标准被世界各机构和公司认可和采纳,包括地理标记语言(geography markup language,GML)、空间数据互操作实现规范 Web Map Service(WMS)、Web Feature Service(WFS)和 Web Coverage Service(WCS)等。

也有一些项目和平台与众源地理数据的共享密切相关。例如,OpenStreetMap 提供了 Web API 和文件形式两种数据获取、编辑方式,还提供了包括瓦片地图格式在内的多种形式的地图服务;开源软件及平台 Ushahidi 在数以千计的灾难信息共享及应急系统中被使用;协作式地理信息在线处理平台 GeoSquare 利用最新的云计算、分布式存储、网络服务及 Web 可视化等技术构建面向地理数据共享、在线处理和科研教育协作的地理信息服务网络(Cheng et al.,2015;Wu et al.,2015)。关于这些项目的概况,本书已在第2章做过详细介绍,这里不再展开。

8.1.2 众源地理数据可视化的研究进展

1. 计算机可视化背景

在计算机科学领域,可视化是一个用于解释输入计算机中的图像数据和根据复杂的多维数据生成图像的过程。它主要研究人类与计算机如何协调一致地接受、使用和交流视觉信息,大大提高了人们对事物的观察能力及整体概念的形成等(Openshaw,1999;Hearnshaw et al.,1994)。可视化最重要的功能是让人与数据、人与人之间实现信息的传递,从而使人们能够观察到数据中隐含的信息,为发现和理解科学规律提供帮助。

可视化的应用很多。可视化最基本的应用就是图解验证,即通过选择最合适的可视变量和图形表示方式将数据信息表现出来,供研究者形成心理图像和视觉思维。可视化的另一个主要应用是动画技术,动画技术使研究人员能够发挥自己的创造力来进行模型的动作、景物的布局等设计。虚拟现实技术是另一个重要的信息可视化应用,它以三维图形为主,结合网络、多媒体、立体视觉、新型传感技术等来创建一个虚拟的数字世界,让人有身临其境的感觉。对于空间数据的质量检测,在数字化条件下,用户可以通过可视化与数据质量进行沟通,如将专题图的分析、表示方法用在空间数据的误差分析上。

可视化有两个主要应用方式:直观显示分析结果和显示基础数据提供分析思路。目前,一般的可视化方式(即前者),其内容是已知的,可视化技术只是将挖掘的中间结果或最终结果显示出来,完成人机交互的信息传递功能。而类似后者的可视化系统中,挖掘结果应该是未知的,用户是一个分析人员,当图像数据、曲线、二维图形、三维动画等显示在人们眼前时,就激发了分析人员的形象思维能力,使分析人员能够充分利用现有的经验和认识对数据的模式和相关关系进行分析(周海燕等,2002)。

2. 地理信息科学中的可视化

随着地理信息相关学科的发展,将可视化技术应用于地理信息系统之中已经成为一个热门的研究课题。用户不仅对传统的静态地图、电子地图感兴趣,更希望对地理现象的演化过程进行可视化和动态分析、模拟。不管是印在纸上还是显示在屏幕上的静态地图,都不能满足用户的要求,人们需要一个动态的、可视化的、交互的环境来处理、分析、显示多种地理数据。这一方面需要加强数据的可视化研究,包括对二维、2.5维、三维图形及动画等形式的研究(李红旮等,1999)。

地理数据的时态研究是地理信息系统界的一个研究热点。Langran(1989)、Barrera(1990)、Peuquet等(1995)分别提出和讨论了快照方式、复合方式和事件方式等来进行时态数据结构和数据库的设计。在实践中,人们逐渐将二维数据、三维数据的定义延伸到四维,即把时间也看作一个坐标轴(Mason et al.,1994;Eddy et al.,1993)。对于时态的可视化问题,在地理信息系统界中研究较少,过去一般借助轨迹线等方法描述地理数据的时态部分特征。随着计算机技术和图形学的发展,后来借助动画技术表述地理数据时间维(Koussoulakou et al.,1992)。

近年来,基于众源数据实效性高、信息量大、信息全面的特点,越来越多的人开始从事众源数据的可视化研究。在交通管理方面,Liu等(2009a)以深圳出租车为例,通过研究司机们每天的运营轨迹来分析其经营行为;Liu等(2009b)还使用出租车的GPS数据、巴士和地铁的智能卡数据搭建了一个关于城市流动性的显示模型,揭示了部分出租车司机行为中的一些规律;Willems等(2009)利用船的速度和核密度算法来可视化船只的移动轨迹;Girardin等(2009a)提出了一个类似的方法探讨轨迹的多元属性与密度图。在流动性分析方面,Liu等(2009b)通过公共汽车和地铁的交通记录,以及出租车的轨迹研究了居民的流动规律,该系统可通过对这些交通工具带来的流动性进行实时监测,揭示市民的日常流动模式和演变,以及其中包含的社会经济与土地利用的模式与规律;Girardin等(2009b)展示了如何通过移动电话网络的日志来研究游客参观游览一个城市所留下的痕迹。在导航分析方面,微软的T-Drive系统基于出租车司机的轨迹来挖掘出最高效的驾驶路线推荐给用户(Yuan et al.,2010),在T-Dirve系统中,用户通过给定出发时间和目的地,可以得到系统对最快的实用路线的推荐;Turner(2007,2009)提出了一种新的空间语法的表示方式,并用它来调查在一组人对可用路径有一定了解的情况下所采取的路线,发现人们并不总是采取最短路径;Shen等(2015)通过对出租车轨迹可视化,以启动点和终点的相似轨迹方法来进行最佳路线的推荐。

Szell 和 Groß(MIT Sensible City Lab①)通过将 2011 年整年的纽约市出租车数据进行可视化来表现整个纽约的交通情况并构建了基于 Web 的可视化系统 HubCab,如图 8.1 所示。在 HubCab 中,黄色和蓝色分别用来表示更多乘客上出租车和下出租车,使用者可以很直观地看到哪些街道上车的多、哪些街道下车的多。此外,使用者还可以选择显示不同时间段的数据,或选择所有在特定接放地点之间的出租车旅程。由此,使用者得以从一个全新的角度直观地对这个城市进行探索,协助发现出租车系统巨大的改进余地。

图 8.1　纽约市出租车数据可视化

资料来源:http://www.hubcab.org

可视化技术在地理信息系统中对复杂的地理现象的理解起到越来越重要的作用。如何进一步将科学可视化技术与地理信息技术相结合,是一个十分复杂而又迫切需要解决的问题。在任何情况下,只有对现状进行评估,对取得数据进行严密地分析,才能实现高效的可视化系统。随着计算机图形学、图形图像处理技术、人机交互等技术的发展及众源数据的大规模出现,可视化技术在空间数据分析中的应用不断扩展,未来的可视化技术将会是具有综合分析功能的多种分析技术和方法的融合(吴加敏等,2002)。

---

① 引自:MIT Senseable City Lab. Hubcab. http://www.hubcab.org/♯14.00/40.7411/-73.9623

8.2 共享平台设计和实现

结合笔者自身在众源地理数据方面的研究经验,设计和实现了一个用来共享众源地理数据的平台,本节将对这一工作做简要论述。

8.2.1 总体设计

基本功能方面,平台将为用户提供集中式的众源地理数据的下载、分析处理和显示,除了用户及权限管理、运行日志维护、用户数据管理等常见的系统基本功能,其主要功能还包括来源、结构各异的众源地理数据的统一获取服务,众源地理数据的分析处理服务,以及一些构建在这两个服务基础之上的特色应用功能。

系统的整体结构设计如图8.2所示。其中,数据来源包括提供众源地理数据下载的网站、用户自己上传的个人数据、平台官方数据。

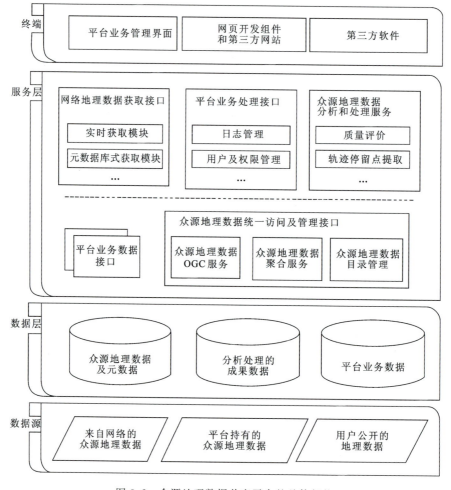

图8.2 众源地理数据共享平台的总体架构

数据层的数据包括以下四类：①解析数据来源提供的数据得到的结构化或半结构化（地理）数据；②对众源地理数据进行分析处理时所需要用到的辅助数据、产生的成果数据；③数据分析组件及其运算记录的信息；④支持平台管理的业务数据。

服务层上，除了典型的系统业务管理服务，平台主要服务还包括：众源地理数据统一检索及管理服务、网络地理数据检索维护服务、众源地理数据分析及处理服务，以及支持平台管理的业务服务。其中，网络地理数据检索维护服务用来支持网络地理数据的统一检索，关于维护原理请参考 2.3 节。

终端层至少包括对平台进行管理的网站、供第三方网站开发的 JavaScript 组件库。此外，还包括基于平台开发的第三方网站、手机软件和计算机软件，这包括 8.3 节中介绍的多个可视化应用。

8.2.2 数据体系和标准体系

1. 数据库设计

数据库系统在数据内容上主要分为三个部分：众源地理数据及元数据库，成果数据库，以及业务管理数据库。数据库整体结构设计如图 8.3 所示。

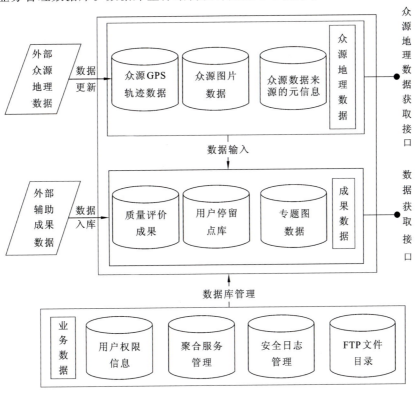

图 8.3　共享平台数据库设计

众源地理数据及元数据部分是平台的数据核心,包含的数据包括平台持有并公开的地理数据(如出租车轨迹数据),组织或个人愿意公开的地理数据和网络地理数据获取模块的元数据(网站列表、网站可供筛选的字段集、网站上地理数据的元信息等)等。

成果数据部分是平台对众源地理数据分析处理之后的数据成果,如质量评价数据、专题图数据等。

业务管理数据库是整个平台运行维护的数据基础,用于存储本平台管理服务、网站、其他两类数据所需的业务数据,为整个平台的业务处理和系统维护提供支持,主要包括用户信息、平台日志、权限及安全信息等。

2. 数据服务及互操作体系设计

平台以 Web 服务的形式提供数据的检索和获取及数据处理功能,既面向系统内部的前端网页、移动客户端的调用,又面向系统衍生或外部的第三方调用。支持互操作级的系统接口有利于系统功能扩展,有利于降低终端和服务器端的耦合,因而也有利于接入更多第三方的应用。Web 服务总体上采用 REST 风格以追求简洁的调用形式和广泛的适用性。

在地理数据 Web 服务方面,平台采用 OGC 的标准地理服务 WMS 和 WFS 作为检索和获取接口。这样的数据检索接口设计将使得平台可以直接接入其他符合 OGC 地理服务标准的软件和设施,这可以增大平台对于其他系统、软件、网站、应用的兼容性。

特别地,为了尽可能整合多种众源地理数据,平台提供了一个地理数据检索组件的管理模块,这个管理模块具备这样的功能:感兴趣、有能力的用户可自行开发对某种(如某个网站的)地理数据的检索组件,并注册到平台供自己或其他人使用。

网页开发方面,平台以 JavaScript 的形式封装和提供开发组件,包括主地图组件、数据检索组件、图层筛选组件、数据显示组件等,以此达到在平台基础上快速搭建第三方应用的目的。

3. 网络地理数据检索和获取服务的 OGC 标准实现

由于平台试图支持检索和获取网络地理数据,因此这里需要考虑两个基本问题,即如何检索和获取网络地理数据,以及如何使得这种检索和获取支持 OGC 标准。2.4 节已经详细讨论了第一个问题,并在 2.4.3 节中提出了两个方案来支持网络地理数据的检索和获取,此处不再赘述。下面探讨第二个问题。

结合 2.4.3 节提出的两个数据检索方案的原理不难看出,两个方案具备实现 OGC 标准的基础条件:可提供空间和非空间标准筛选下的地理数据检索。因此,基于方案 1 和方案 2 实现满足 OGC 标准的检索和获取,主要技术问题包括:①如何判断各网站地理数据的字段信息;②如何保证检索结果的现势性;③如何实现两个或多个包括网站地理数据在内的数据间相关检索。

对于第一个技术问题,地理数据的字段信息包括字段的数量、字段的名称及字段的类型等。由于特定网站的地理数据的字段很少改变,因此平台对不同网站地理数据手动创建和更新其字段信息。

对于第二个技术问题,由两个方案的原理不难看出,方案1和方案2考虑了数据在来源网站被删、改、添的情况,并能在常见检索中将这些更新及时地反映到检索结果中,因此其检索具有现势性。按照2.4.3节中的实验,一些典型网站地理数据的更新,能在一天至一个月内反映到检索结果中,并且实际上还有可提速的余地。由此,第二个问题也已经在一定程度上得以解决。

第三个技术问题是这里讨论的重点。OGC标准下的地理数据检索带有这样的功能:用户可以通过约束两个甚至两个数据源的某个字段值的相关性来筛选地理数据。图8.4从数据服务实现的角度剖析了涉及两个数据源间相关检索的用例:"最近一次出行我路过了哪些好玩的地方?",可以看到这样一个略微复杂的检索被最终剖析成了先后两个简单检索。假设平台维护的是用户的出行轨迹数据集和百度网站POI数据集,那么平台为满足这个用例所需要做的处理是:①先从本地出行轨迹数据集中获取用户昨天的行动路径;②对行动路径做缓冲带处理;③获取缓冲带所属最小经纬度矩形框;④调用方案2从百度网站实时获取该经纬度矩形框内、类型为酒店的所有POI;⑤对行动轨迹的缓冲带和所获取的百度POI作叠置分析;⑥向用户返回叠置区内的百度POI。这个例子演示的是两个数据源之间空间相关的检索,实际数据请求有时还会涉及三个数据源,或非空间信息之间更复杂的数据源间相关检索。

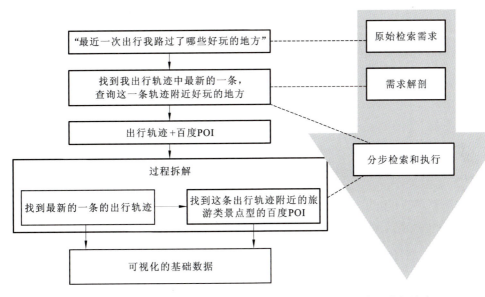

图8.4 逐步解剖一个典型的涉及多个数据源间相关检索的数据请求

实现这种数据源间相关检索的常见数据环境是地理数据具有同一并且近实时的访问接口,实际上,方案1的情形基本满足这种数据环境,方案2中地理数据及元数据本身并不一定存在于平台本地,而是需要从网站上实时获取,因此需要构建一定的综合框架来解决这个问题。

在这种略显复杂的数据源间相关检索情形下,关键要按照优先级先后分别检索各个数据源。具体地,平台先解析数据请求的数据源相关性的依赖关系,即找到哪个(些)数据源的检索以哪个(些)数据源的检索结果为前提条件,然后根据这种前提关系依次检索,某个(些)数据源得到检索结果时视需要用作其他后续数据源检索的条件。处理流程如图 8.5 所示。

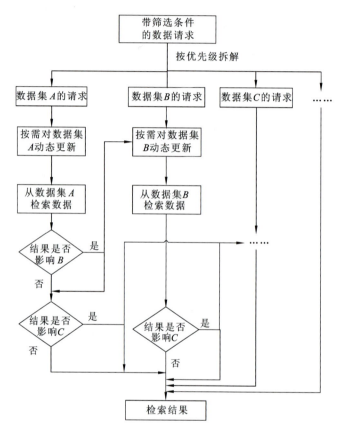

图 8.5 平台对于涉及网络地理数据的数据源间相关检索的处理流程示意图

由此,基于方案 1 和方案 2 实现满足 OGC 标准的网络地理数据检索和获取的主要技术问题在平台中基本解决,平台具备相关功能的完整理论基础。

8.2.3 软硬件技术采纳

平台的软件技术的组成和结构如图 8.6 所示。其中,可能的客户端主要分为 Web 浏览器和(第三方开发的)移动端软件两类。网页方面结合静态网页和动态网页两种网页技术,网页地图显示使用了轻量级的 Leaflet 库(JavaScript)。

Web 服务(Web API)基于 .NET 框架下的 WCF,这种框架结合 C♯ 和 ArcGIS Engine(一种 GIS 开发组件库)可以快速开发地理空间类型的 Web 服务。特别地,地理数

第 8 章 众源地理数据共享平台设计和可视化

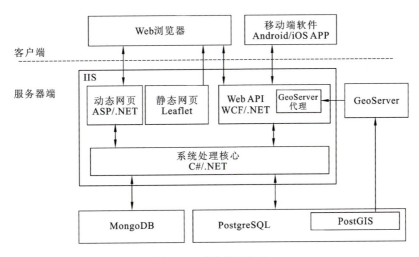

图 8.6 系统软件体系

据服务的发布和管理利用了开源软件 GeoServer。

关于系统处理核心,所有的系统功能实现集中在这一个单元,这个软件单元将独立于前端网页、移动端软件和 Web API 来降低系统冗余和耦合。基于 ArcGIS 组件的二次开发在国内比较流行,因此系统处理核心的技术选择了 .NET 框架下的 C♯语言,这种语言与 ArcGIS Engine 结合进行地理数据处理功能的开发技术已经比较成熟。

数据存储和管理方面,平台结合了两种数据库技术,即 PostgreSQL/PostGIS 及 MongoDB。对于数据量、计算量、数据请求规模不大的应用和数据,平台多采用比较流行和稳定的全关系型数据库 PostgreSQL 及空间插件 PostGIS 来管理数据;而在一些计算复杂、数据量大的情形中,MongoDB 则是平台更优先的数据管理方案。MongoDB 采用文档结构的存储方式,能够更便捷地获取数据,同时 MongoDB 的性能优越,基于任意字段的查询速度快,第三方的支持也非常丰富,然而其占用空间过大,因此是一种牺牲空间来换取时间效率的数据库。

承载能力方面,考虑可能的大用户量和大并发量,系统拟在服务器前端采用一定的负载均衡,并且分离数据存储层和 Web 服务层,以支持 Web 服务层数据存储层各自的横向扩展。这主要由两点来实现:系统处理核心在软件设计上应当支持多台 Web 服务器同时运行、要维护一致化的数据访问接口,数据存储服务器应当支持可横向扩展(主要是数据库支持分布式),如图 8.7 所示。

硬件方面,考虑稳定性和方便地支持数据库及 Web 服务器的横向性能扩展,系统采用阿里云作为服务器硬件环境。阿里云具有以下主要优点。

(1) 自带负载均衡系统。只要系统软件体系支持 Web 服务器的横向扩展,那么通过简单的配置即可使系统实现 Web 服务能力的动态伸缩。

(2) 资源使用及费用可弹性伸缩。无论是服务器资源的按需增减,还是带宽占用、存储资源的消耗,阿里云服务器都做到动态增减、更新。同时,相关费用也是按需、按时计

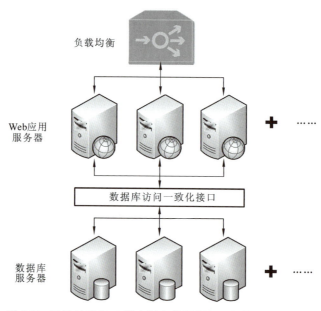

图 8.7　系统对于 Web 服务层和数据服务层的横向扩展支持

费,这避免了硬件资源的浪费。

(3) 即时搬迁的便利性。底层硬件和上层软件系统的脱离使得即使硬件出了问题,阿里云也能完成即时的软件系统搬迁,这是较为安全可靠的选择。

8.3　可视化应用实例

8.3.1　出租车轨迹的高维可视化系统

出租车轨迹具备维度多、数据量大、地理位置变化迅速等特点,使得出租车轨迹的 Web 可视化时面临多种挑战,本节将基于上述众源地理数据共享平台提出一种出租车轨迹的高维可视化方法。

1. 技术要点

可视化的实现方式分为两种:一种是基于桌面应用程序模式的开发,其显示效果好,能够相对容易地实现大规模的车辆轨迹显示。但是,基于该模式不能实现共享,其他用户无法通过互联网看到相关可视化信息。另一种是基于 Web 的开发,因为它受限于浏览器的能力,较难有效地进行大规模的轨迹显示,但是用户可以通过互联网看到想看的可视化信息,较为便捷。本系统选用基于 Web 开发的可视化方式,采用典型 B/S 技术。

数据管理技术方面,系统采用非关系型数据库 MongoDB。Web 端的显示中,数据读取需要尽量快地完成,针对本次采用的数据量较大且查询需要较快的特点,选用 MongoDB 作为存储数据的数据库。

文档是 MongoDB 中数据的基本单元，多个键及其关联的值有序地放置在一起便是文档。文档格式类似于 JSON，但是 JSON 仅包含 6 种数据类型（null、布尔、数字、字符串、数组、对象），文档在保留 JSON 基本的键/值对特性的基础上，还添加了其他的一些数据类型，如日期、正则表达式、未定义甚至是内嵌文档。MongoDB 的文档类似于关系型数据库中的行，而集合就是一组文档，类似于关系型数据库中的表。但是与表不同，集合是无模式的，每个集合里面的文档可以是各式各样的。这意味着，上一条记录中的文档有 3 个属性，而下一条记录的文档可以有 10 个属性。

为了使数据可视化能够更有效率，数据需要有效的组织，同时采用了多种数据组织方式。首先，其中一种可视化需求是显示一辆出租车的轨迹，因此按照不同车牌号存储不同的数据是一种比较好的方式。具体地，每个车牌号对应一个文档，然后每个文档中，按照时间再分更小的时段来存储。这样在需要提取某辆车某个时段的数据时，就可以快速地定位。同时，由于另一种可视化需求是关于出租车不同时刻的位置分布显示，因此另一种数据存储需求以小时为单位进行存储。具体地，在每个车牌号文档数据中，再具体细分出子文档，每个子文档包含一辆车牌号的对应时间段的数据。最后，随着地图边界坐标的变化，从数据库提取的数据也会随着变化。因此，还需要对数据中的地理位置建立空间索引，这样就能加快不同地理区域数据的检索。

Web 端显示的基础技术上，采取与 8.2 节共享平台相同的技术，主要包括 Leaflet 地图开发库和 HTML/CSS/JavaScript 技术，以更好地利用平台的资源，与平台整合。实际的前端实现过程中，系统尽量利用共享平台提供的 OGC 标准地理数据服务和 Web API 及开发过的前端显示组件，以此来减少重复开发，提高系统与共享平台的数据共享性。

在 Web 端数据加载效率方面，由于 Web 端并不适合一次读取太多的数据，因此设计了预加载策略。"预加载"，是指首先读取少量数据（第一部分数据），然后同时进行第一阶段数据的可视化显示及第二部分数据的读取（预读取），当第一阶段的数据显示完后，迅速显示第二部分的数据并同时预读取第三部分的数据，以此类推。本系统采用的预加载策略有两种：一种称为基于时间的渐进传输；一种称为基于地理的预取策略。

对于基于时间的渐进传输，例如，在进行基于速度的车辆轨迹可视化的时候，系统首先获取空间范围，然后选取当前的时间段（00:00:00～00:10:00），接着系统在数据库根据获取的时间段定位到当前地图视图内车牌号的相应时间段的文档中，查询位于这个范围内的所有车的数据，读取出来并进行可视化显示。同时，读取 00:10:00～00:20:00 时间段的数据，并预存储在一个网页前端变量中。当之前的数据可视化完成后就显示该变量中的数据。没有一次读取比 10 min 更久更多数据的原因是数据量偏大，在网页端一次读取这么多数据需要一些加载时间，会导致网页显示不流畅的问题。

另外，为了方便用户在平移或者缩放的时候能够很流畅地观看可视化情况，不能仅仅读取地图当前视图范围内的数据，需要采取更好的基于地理的预取策略。具体地，基于地理的预取策略分为同级别比例尺下的预加载策略和不同级别比例尺下的预加载策略。对于同级别比例尺的情况，可以预先读取范围更大的一定空间区域的数据。对于非同级地图的预加载策略,可以预读取放大一个比例尺情况下的地图范围的数据,这样在进行放大操作后,Web 可以选择预读取过的数据来显示。

2. 功能介绍及展示

系统的核心功能是根据当前地图比例尺的不同显示合适的可视化效果,即当用户切换比例尺的时候,网页会根据当前比例尺的大小判断合适的可视化方式。就轨迹的可视化而言,可视化内容并不仅仅包含基本的轨迹点位置信息,任何以合适的形式、能在地图上展现的有用的信息,都是值得展现的。为此,系统实现不同空间比例尺尺度下以不同形式展现轨迹的不同方面特性的可视化效果。

(1) 第一种可视化效果适用于地图比例尺较小、显示范围较大(如整个武汉市)的情况,形式上选择专题图,显示内容为粒度较粗的出租车载客热点。这种载客热点专题图的显示原理是,根据出租车数据的有乘客和无乘客的属性信息,系统后台提取出某个时间段(这里以 1 h 为间隔)的载客点(出租车从无乘客状态变为有乘客状态的点),然后将这些载客点进行聚类,网页端获取聚类结果后以其类中心为圆心,类中点数的多少作为半径在地图上显示一个"载客热点圆",即载客热点(图 8.8)。为了能够显示不同时间段的载客热点情况,在网页端有一个时间轴,用户可以点击时间轴观看相应时间段的载客热点情况,如果用户没有点击,则系统会默认过一定时间间隔进行下一时间段的载客热点专题图的显示。用户观察过程中,可以随时暂停,之后点击该类,就会显示出聚合成该类的所有载客点(图 8.9)。通过该类专题图,用户可以很直观地看出哪些区域容易载客,哪些区域不容易载客。

图 8.8 载客热点圆的显示

第 8 章 众源地理数据共享平台设计和可视化

图 8.9 聚合成载客热点圆的载客点的显示

蓝点表示载客点;红点表示载客热点圆

为了方便用户对一周内不同天的同一时段(如 7:00~8:00)的载客热点进行比较,系统还提供了将每周同一时段的载客热点在一张地图上显示的可视化方式。该可视化不同颜色代表不同日期的载客热点,用户通过观察颜色情况就可以直观地发现不同日期载客的情况(图 8.10)。

图 8.10 不同日期出租车载客热点的显示

(2) 地图还可以显示更细粒度的信息,此时页面提供第二种可视化方式的显示,该方式下显示内容为对应区域每辆出租车某时刻的位置,显示形式为渐进性变化。渐进性变化是指每次显示某天视图范围内某个整点时刻的所有出租车的位置数据,每隔一定的时间间隔(如 5 s)刷新至下一个整点时刻的数据。进而给用户提供该区域整日的出租车分布情况(图 8.11)。

图 8.11　某时刻视口内全部出租车位置的显示

(3) 系统的第三种,也是最核心的可视化方式,还是基于速度信息的轨迹显示,也就是更大地图比例尺下选用的可视化方式。随着地图比例尺进一步放大,地图的显示范围更小,页面将读取该视图范围内一定时间段的所有车辆数据,然后动态显示这些车的运动情况(图 8.12)。

图 8.12　基于分级设色的出租车速率显示方法

具体地,系统以空心圆和实心圆代表无乘客和有乘客,以不同的颜色区分显示车辆的不同速度。下面说明系统如何结合实际交通信息,利用色彩心理学区分展现不同车速的出租车轨迹点。

首先,系统需要对速度值进行分级,支持不同级别的车速以不同颜色来显示的需求。系统对速度分级采用的依据为机动车在道路上行驶的最高限速。根据《中华人民共和国道路交通安全法实施条例》第四十五条,在没有限速标志、标线的道路上,机动车不得超过特定最高行驶速度;没有道路中心线的道路,城市道路为每小时 30 km,公路为每小时 40 km;同方向只有 1 条机动车道的道路,城市道路为每小时 50 km,公路为每小时 70 km。由此,系统对车速分级的界限取为 30 km/h、40 km/h、50 km/h、70 km/h。

然后,对于不同车速级别的色彩选取,系统参考了色彩心理学。考虑偏红的暖色系具有兴奋感,并且在开车过程中司机越兴奋,开车速度越快,因此选择基于红色的颜色渐变过程来表示速度情况。渐变过程是指,选择淡红色展现最低级别车速(0~30 km/h)的轨迹点,深红色展现最高级别车速(≥70 km/h)的轨迹点,而用淡红色到深红色之间的渐变色依次展现最低与最高车速级别之间的其他级别车速的轨迹点。

在上述分级、分色彩的车速展现方式下,用户可以观看到连贯的车辆移动行为、加速减速行为和载客卸客行为。该可视化形式高度还原了出租车的活动行为,将复杂的出租车轨迹数据在地图上生动形象地表现出来。从某个单独的出租车司机的角度来说,用户可能就在脑海中形成该司机的开车规律;从武汉市整座城市的角度来说,不同司机在某些地区驾驶的共性规律可能就为用户分析某些行为特征提供了思路。

8.1.2 节提到了可视化有两个主要应用方式:直观显示分析结果和显示基础数据提供分析思路。对于前一种,其内容是已知的,可视化技术只是将分析的中间结果或最终结果显示出来,完成人机交互的信息传递功能,这就如图 8.6~图 8.9 所示的可视化,这些方式的可视化将处理后的信息进行展示,使用户可以很直观地了解交通情况。对于后一种,可视化系统以特定视角展现未经完全分析的数据,以激发用户自由地、散发性地思考和分析,这就如图 8.10 所示的基于速度的轨迹可视化。结合该可视化形式分析车辆运动轨迹的特征,可以帮助用户发现城市用户的行为在不同时空粒度下的统计规律,从微观到宏观的不同尺度上认知和把握纷繁多变的城市动态性。

同时,当前的系统还有一些不足正在持续改进。例如,对于大规模量的数据,如何同时进行流畅的可视化显示而不至于崩溃是一个亟待解决的问题;当数据采样间隔较大时,如何有效加载显示并真实还原原始行车路径是一个值得研究的问题;当出租车点的空间精度较差时,如何高效地完成轨迹纠正及显示,也是一个很好的研究方向。

8.3.2 GeoDiary 地理日记系统

2.3 节中提到,基于智能手机的志愿者位置数据采集是一件具有挑战性的事,而增大其难度的因素之一就是目前市面上并没有一款可以满足这种需求并且功能完善、公开可用的软件。因此,本节基于 8.2 节的众源地理数据共享平台设计并开发了 GeoDiary(地理日记),一定程度上填补了这个空缺。

1. 系统基本介绍

GeoDiary 系统提供了一个安卓软件及一套数据查看网站,供数据采集人员快速地基于志愿者的智能手机采集志愿者的位置数据。其典型的使用流程如图 8.13 所示。

图 8.13 GeoDiary 系统的基本使用流程

GeoDiary 系统的核心组成包括移动客户端、面向志愿者的网站、面向数据采集者的网站。移动客户端将安装于志愿者的手机上并采集志愿者的地理位置数据,面向志愿者的网站提供给志愿者查看他/她以往位置信息的功能,面向数据采集者的网站给采集者提供包括数据采集项目建立、配置、志愿者数据情况监视等功能。

除了基本的数据采集功能,GeoDiary 系统还包括如下特色功能。

(1) 多种定位方式相结合提高数据覆盖度。系统同时使用手机自带的 GPS 定位、网络定位,以及第三方定位服务(百度定位)同时对用户位置定位,以解决一部分手机软硬件问题、环境因素带来的单一定位方式定位失效的问题。

(2) 支持数据采集项目管理。任意一个组织或个人均可通过面向数据采集者的网页来新建和管理一个数据采集项目,典型的管理内容,如设定志愿者第一次安装和使用软件时应该要输入哪些信息、设定志愿者在使用客户端时各种软件设置的默认值、设定软件设置是否可以被志愿者更改;项目管理者为其所管理的数据采集项目增加和删除配置员账号,使用这些配置员账号可以查看志愿者的数据质量和软件运行情况。这个功能主要面向 2.3.4 节中提到的人力物力投入,系统的开发者希望开放 GeoDiary 系统的功能来为更多有类似数据需求的人节省软件开发方面的投入。

(3) 支持实时的志愿者数据质量和客户端运行情况可视化。面向数据采集者的网站向数据项目的管理者和配置员提供了这样的功能:查看该项目下任意志愿者在项目进行

第 8 章 众源地理数据共享平台设计和可视化

期间记录的位置数据、手机运行状况、手机上各传感器的开关状况等信息。

(4) 从大众化的角度提供用户轨迹及分析结果的可视化。这主要面向普通用户(不一定是志愿者),如提供轨迹显示界面,供其查询自己某一天的行踪。

系统采集的志愿者位置数据由共享平台统一存储、管理和发布;系统的数据可视化利用了平台提供的 OGC 标准数据访问服务。

2. 技术要点

GeoDiary 系统的关键业务流图如图 8.14 所示,总体上,手机软件按照采集项目的配置采集位置数据,并及时上传,服务器对数据进行统一管理并以网站的形式提供数据的质量可视化和空间可视化结果。

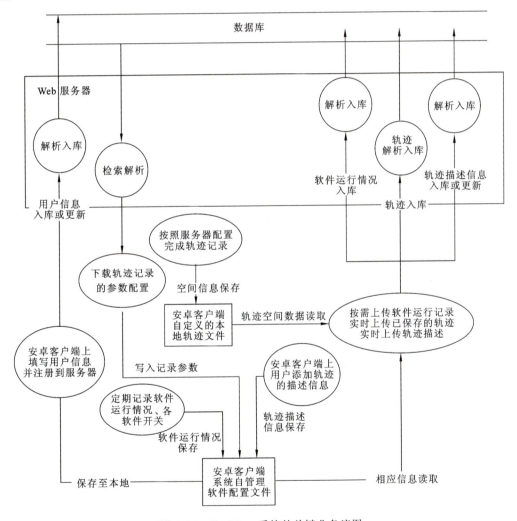

图 8.14 GeoDiary 系统的关键业务流图

系统为了提高数据质量和数据量,采纳了一些技术要点,主要包括如下。

(1) 手机软件定时(30 s)将记录到的位置数据缓存到手机软件上,以减少关机、系统运行崩溃等不可预测原因带来的数据损失。

(2) 手机软件通过加速度值的变化来判断志愿者是否在移动,不移动时停止定位,以减少 GPS 定位的需求,节约手机电量。

(3) 手机软件结合 GPS 定位、系统自带网络定位、第三方(百度)网络定位多种定位方式,以提高位置数据在时间上的覆盖完整度。

(4) 手机软件周期性地记录软件运行状况、手机各种传感器的状态,并上传到服务器,系统再通过网站的形式可视化这些数据,以此为数据问题提供原因推断和解决策略方面的参考。

(5) 手机软件具备管理员和志愿者两种运行模式,志愿者模式下手机软件的数据采集方式由服务器确定,管理员模式下手机软件的数据采集方式由志愿者自行确定,默认情况下手机软件处于非管理员模式,这样的技术策略是为了降低志愿者过于随意地操作软件导致数据质量下降。

(6) 服务器可以及时地修改采集参数,以配合采集者临时的采集需求的改变。

(7) 手机软件定期检查手机各传感器和功能的开关状况,需要的时候提醒用户开启。

(8) 设计紧凑的轨迹文件格式,在上传轨迹前压缩轨迹文件,以减少网络数据传输量,从而降低手机的数据流量开销。

3. 数据质量和软件运行可视化

数据采集者及工作人员需要从更宏观、更技术的角度了解各个志愿者采集的位置数据的情况及软件的运行情况,系统提供面向这类用户和这个用途的可视化网站。

网站可以对任意志愿者形成上述情况的可视化结果。同时,网站提供了用户分组、搜索等功能,方便数据采集者或工作人员找到其所关心的志愿者。

对于每个志愿者,该网站展现的内容大致分为两类:一类是其手机传感器、客户端的运行状况,这一类主要包括软件是否在运行、Wi-Fi 是否联网、移动网络是否连接、手机的 GPS 功能是否开启、手机自带的网络定位功能是否开启;另一类是其通过软件采集的位置数据,具体包括三种定位方式定位得到的位置点。

展现这些内容时采用的形式为"时间轴",如图 8.15 所示。横轴向为时间维,以一小时或一天为单位,竖轴向为各个内容;各个内容分别在时间横向上形成自己的时间轴,通过在横向上标记内容数值来展现该内容随时间维的变化。

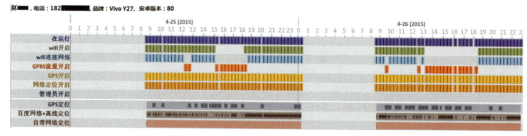

图 8.15 数据质量和软件运行可视化

第一类内容的数值是多个离散时刻下的二值化数值,在网站上通过数值在时间横轴方向的前后缓冲来实现从离散到连续的转变。第一类内容,如"2015 年 4 月 28 日 10 点 10 分 0 秒手机的 GPS 功能处于未开启状态"、"2015 年 5 月 11 日 22 点 24 分 30 秒手机的流量网络功能处于开启状态",这些数值每 20 min 在手机上采样一次。网站在展现这类内容数值时,会在时间横轴方向上根据数值对应的时刻为那些状态为"开启"的数值标记一条竖线。同时,网站还以略浅于竖线颜色的颜色填充了每条竖线左右两侧各 10 min(左右相加即为 20 min 的采样间隔)的长度。结合这些数值每 20 min 收集一次的事实,这些"浅色缓冲背景块"可以展示对应数值在时间维度的有效范围。这些背景块一定程度上首尾相连,从而在时间横轴方向可以连成一些粗直线,而这些直线可以从更宏观的角度展现对应内容的长期状况。这样的方式使得离散的手机和软件状态信息可以连续地展现给数据采集者,从而帮助他们更宏观地从时间维度了解这些信息。

第二类内容的数值是三类定位点的时刻及经纬度等信息。类似第一类指标,第二类指标在标记数值时也根据定位点的时刻值在时间轴上标记了该点,也采用了"浅色缓冲背景块"的方式来展现。不同处之一是,定位点不以竖线来标记而改用圆点,这使得定位点在展现时更符合人们对于点的直接印象,从而对于数据采集者来说更好理解。不同处之二是,前后缓冲的长度并非固定,而是取决于软件在定位时实际采纳的定位周期时长,借助于这样的展现,数据采集者可以很直观地了解定位点的数据量及在时间维度的分布。

此外,GeoDiary 手机客户端在收集到上述各项内容时会尽可能快地上传到服务器,这能帮助数据采集者及时地了解志愿者的数据状况等信息,从而在志愿者出现数据问题时及时发现并尝试解决。

上述展现形式使得网站具备了从时间维度考查上述各项内容的功能,在这个基础上,数据收集者还可以通过竖向对比、结合生活常识来进行逻辑分析,得出更多衍生信息。例如,图 8.15 中 4 月 25 日下午有一短一长两个时段志愿者关闭了 Wi-Fi 网络,恰好在这个时段内手机开启了流量网络,这通常是非常好推测到的手机用户行为:脱离了 Wi-Fi 环境后,用户为了保持联网连接了流量网络。2.3.4 节中提到,在基于手机收集志愿者位置信息的过程中会有很多因素降低最终数据量,这些因素种类繁杂,很多时候还难以定位。借助网站展现的各个内容各自在时间维度的变化和相互之间对比推测出的衍生信息,数据采集者在解决数据问题时的难度得以很大程度降低。

4. 大众化的用户轨迹查看网站

对于志愿者,他们并不关心技术的展现,相反他们需要直观、有趣的展现效果,GeoDiary 系统还提供了面向普通用户的、大众化的网站(图 8.16),以满足这部分需求。

网站在展示用户的位置时,以客户端记录时的轨迹分段为单位,将每条轨迹内的所有点连成的折线显示在地图上。

网站在外观上包含三个部分,即日期选择器(网页右上角)、主地图和时间轴(网页下

图 8.16　大众化的用户轨迹查看网站

方)。通常情况下,用户可以先通过日期选择器选择一个他/她想查阅轨迹的日期来查阅其当天记录的所有轨迹,查阅到的轨迹除了以折线的形式显示在主地图上外,还会根据其开始和结束记录的时间显示在时间轴组件上。这样就完成了一次典型的用户轨迹查阅过程。

网站通过时间轴与地图两种形式相结合的方法来展现用户位置数据的地理及时间两个关键信息。用户可以和查阅到的轨迹做交互,如在时间轴上选择某段轨迹,地图上对应的轨迹也会高亮显示,反之亦然。

8.3.3　大众在线制图系统设计

1. 向大众推广专题制图的障碍

类似 Carto[①]、ArcGIS Online[②]、谷歌地球等不少与在线制图相关的网站和软件正在尝试接入更多的众源地理数据,但是,这些网站和软件在网络地理数据方面提供的检索功能十分局限。局限一是检索目标的数据来源往往仅限于 Panramio[③]、ArcGIS Online、推特[④]等几个为数不多的非常流行的网站,对于其他蕴藏了大量地理数据但是没有那么流行的网站,上述制图软件则不提供检索、制图支持。局限二是检索选项往往只有简单的通过当前地图视图范围来检索,上述软件很少或不提供非空间筛选的检索。

另外,普通人往往没有专业的制图数据,如果需要花费很大精力去寻找、处理才能得到制图数据,这样烦琐的制图过程往往令人望而却步;同时普通人也不具备专业制图技

---

① 引自:CARTO-Predict through location. http://carto.com
② 引自:ArcGIS Online. http://www.esri.com/software/arcgis/arcgisonline/
③ 引自:Panoramio-Photos of the World. http://www.panoramio.com
④ 引自:欢迎来到 Twitter-登录或注册. http://twitter.com

能。这使得"专题制图"不为大多数人所熟知。

从用户个性化的角度来说,普通人在制图时往往会结合自身曾经去过的地方(如"标识出昨天在景区 A 中经过并逗留的景点"),这意味着用户需要将自己的位置数据作为制图的一个数据源。而位置数据最方便、普及度最高的获取途径就是通过用户的移动客户端采集(智能手机),如果有个客户端应用可以供用户直接地上传行动轨迹并可以快速地成为制图数据,那将大大方便用户制作与自己位置有关的专题图。但是,目前很少有可以将数据直接接入制图系统的移动客户端应用。制图系统往往需要通过数据转接才能使用一个移动应用记录的轨迹数据。

综合考虑上述描述,尝试基于 2.4 节提出的网络地理数据检索获取机制、前文所提到的共享平台、GeoDiary 系统来解决这些障碍,提供一个可以广泛检索和使用网络地理数据的在线制图系统,以使得普通人可以更方便、个性化地制作专题图。

2. 系统基本介绍

本节提及的在线制图系统在检索制图方面的核心功能包括如下四点。

(1)多源地理数据的加载和检索。用户可以借助这个功能来加载其需要的地图数据源,这个数据源可以是某个网站的地理数据,可以是用户通过 GeoDiary 客户端记录的自身的行动轨迹。用户可以对其选择的数据源进行在线检索,然后将结果添加到其制作的地图中。

(2)地图配置的管理和导出。这是系统的另一个核心功能,供用户随时对制作好的地图进行保存、修改、删除、再现和分享。

(3)网络地理数据检索组件的管理。这个功能面向系统管理员,管理包括检索组件的新增、删除、调用条件限制等,其最重要的作用是帮助系统快速扩充制图数据来源。

(4)制图数据的实时更新。制图数据可能来自某个网站,当这些数据在来源网站被更新时,系统可以将相关的变化及时地提供给用户,或直接反映到用户的专题地图中。

3. 技术要点

本系统整体的关键业务流图如图 8.17 所示。总体上,用户在网站上制图时首先确认所需要的数据集来源,然后对各来源进行数据检索、挑选、修改,保存专题图时将上述过程中涉及的筛选条件等专题图配置参数、新增的制图数据保存到服务器上,在重新加载时,服务器自动根据这些保存了的配置参数和制图数据动态再现专题图,并视需要实时更新制图数据。

为了弥补本节上文提到的现有在线制图系统的不足,系统采纳了一系列有针对性的技术点,这里对这些关键技术点总结如下。

(1)支持并未公开 Web API 的网络地理数据作为制图数据源。对于不提供 Web API 的网站,检索和获取其地理数据是较为困难的,因此如何让这些数据成为制图数据是个难点。本系统基于众源地理数据共享平台开发和运行,而平台提供了满足 OGC 标准的网络地理数据检索服务(见 8.2.2 节),由此这一点已得到根本解决。

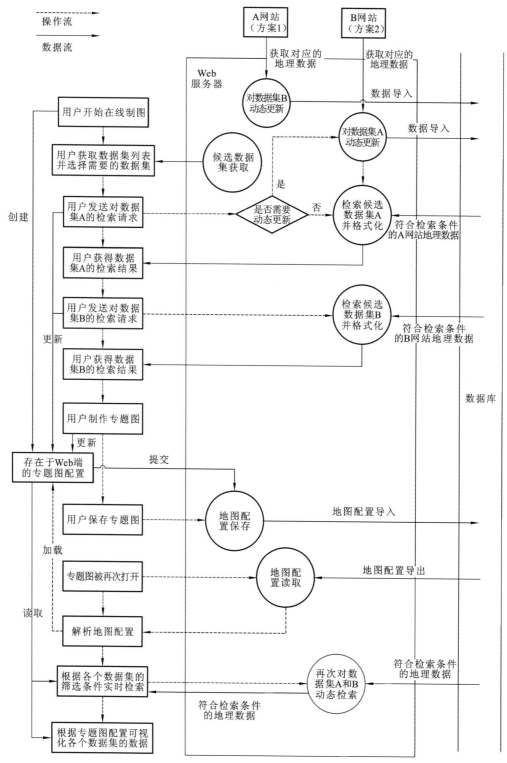

图 8.17　众源在线制图系统的关键业务流图

(2) 制图数据检索组件的开源接入。网络地理数据来源众多,其检索难以通过一方之力全部实现,因此一个开放性高、数据融合能力高的制图系统应当实现制图来源的开源扩展,即用户可以为系统贡献制图来源及相应的检索组件。实际上,众源地理数据共享平台的数据服务已包含了这一需求(见 8.2.2 节),因此这一点已得到根本解决。这种开放制图数据检索组件接入的模式使得制图数据源变得可伸缩、开源。

(3) 制图数据的在线筛选和微调。网站提供了对数据集进行空间和非空间检索,并将检索结果实时可视化的能力,这可以很大程度上帮助用户筛选出他想要的制图数据。另外,网站还提供了用户在线对修改、增添、删除某部分制图数据的功能,这可以帮助用户对制图数据进行细粒度的调整。

(4) 专题图配置的内容设定尽可能避免制图数据的副本复制。例如,保存某个数据源的制图数据时,用尽可能避免这些制图数据的服务器副本生成,而在专题地图每次加载时实时从数据源获取对应的制图数据,以及时反映专题图数据在数据源(如网站)的后期更新。这样的专题图配置风格可以提高专题图的动态性、现势性。一方面,这需要制图系统对用户及用户专题图中感兴趣的数据进行状态监测,当有变化时发布消息以更新到专题图中或通知用户。另一方面,系统若要允许用户对不同的数据源更新采用不同的反应方式(直接拒绝更新、直接更新、由用户手动选择更新等),那么对于这部分用户偏好也应当一并保存到专题图的配置中。

(5) 本系统与 GeoDiary 系统进行了数据联通以向制图者提供其以往的位置数据作为一个特别的数据来源。用户的制图需求很多时候与个人信息相关,GeoDiary 系统实现了用户以往的位置信息的记录、上传、存储,而众源地理数据共享平台则实现了位置数据的管理和检索,因而本系统用户可以无缝地调用其自身利用 GeoDiary 记录的位置数据。由此,用户的制图将增添许多个性化的选择和思路。

4. 使用示例展示

下面以"武汉大学附近我最喜欢去的地方"为例来介绍网站的制图功能。

(1) 用户单击图层选择按钮,网页会显示图层选择窗口供用户从候选图层中选择用户需要的图层,以"六只脚轨迹"为例,然后六只脚图层即可出现在当前制图网页的图层控制器中(图 8.18)。

(2) 用户通过图层控制器打开六只脚图层的筛选菜单,设置筛选条件来筛选在 2011 年 1 月 1 日~2013 年 1 月 1 日上传的武汉大学附近的六只脚轨迹(图 8.19),并且通过点击轨迹信息窗口中的隐藏按钮,用户可以隐藏不需要的轨迹(图 8.20)。

图 8.18 用户通过图层控制器管理和筛选各种来源的地理数据

图 8.19　通过图层筛选窗口筛选出符合时间要求的六只脚网站的轨迹(箭头标记)

图 8.20　通过点击隐藏按钮隐藏不需要的轨迹

(3) 用户想要在其地图中添加一个偏僻的餐馆,但是没有被新浪微博 POI 和百度 POI 收录,所以用户需要自己录入。这时,可以打开可编辑的"我的专题图"图层,通过图层菜单打开编辑模式之后,在这个图层中新建一个餐馆,如图 8.21 所示。

(4) 用户通过类似的筛选办法,从新浪微博 POI 筛选电话号码包含"878"、类型为"运动场所"的 POI、从百度 POI 筛选关键字包含"假日"的酒店类型的 POI(2.4.2 节的实验有类似过程),并进一步隐藏不需要的 POI,最后显示在地图上。特别是,用户还通过非可编辑图层的复制按钮(如新浪微博 POI、百度 POI)将非可编辑图层的要素复制到"我的专题图",并且修改他认为有错误的地址信息(图 8.22)。

在上述操作之后,专题图"武汉大学附近我最喜欢去的地方"制作完成,用户通过点击网页的保存按钮将整个专题图保存。

(5) 用户下次登录网页时,可以通过网页上的读取按钮来重新加载上次已经保存的

第8章 众源地理数据共享平台设计和可视化

图 8.21　打开图层的编辑模式并在这个图层中新建一个餐馆型的 POI

图 8.22　将新浪微博的 POI 复制到"我的专题图"层并修改

专题图,并在需要的时候进一步编辑。

总体上,本在线制图系统提供了大众化的众源在线制图功能,用户可选择不同的数据源(包括网络地理数据、自身的位置数据)作为图层,并对图层的数据进行筛选来快速方便地获取制图数据,最终制图并保存。系统能弥补其他现有制图系统的不足,具有一定创新度。

上述制图过程是小空间(小于一个县、镇)下的制图,小空间范围下涉及数据量不大,因此数据获取耗费的时间不长,可以给用户较好的制图体验,而当制图所需原始数据量较大时,数据获取的时间会很长,这对于用户来说可能是不可接受的。系统在这一点上正在尝试改进(图 8.23 和图 8.24),但仍存在一些问题。

此外,本系统在以下方面尚待完善:动态在线制图机制的实际验证方面,系统还需更充分地实现图层间检索、专题图数据更新监控和专题图保存分享;不同来源的同一个数据如何以最佳结果融合,也是一件极为有意义的事;在内容分享方面,系统还有一些工作需要深入,如需要做到将用户制作的地图更便捷地分享到新浪微博等第三方社交网站,或另存为或打印;对于专题图本身和图层数据与时间相关的信息(如一条轨迹从起点时间到终点时间的推进、不同的轨迹的产生时间的先后、专题图本身随时间的推进而变化),无论是已经做了一些工作的 Carto 还是本系统,对这些时间相关信息的可视化还并不完整、系统。

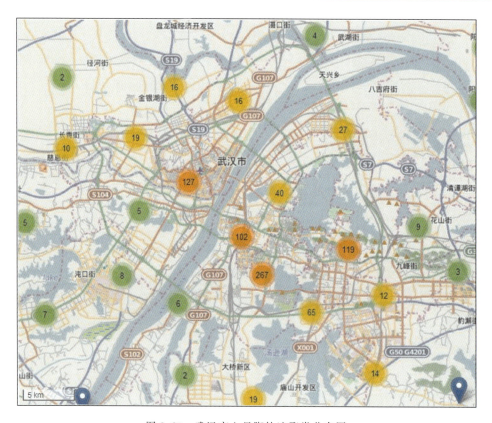

图 8.23　武汉市六只脚轨迹聚类分布图
（截至北京时间 2014 年 1 月 1 日 8 点整）

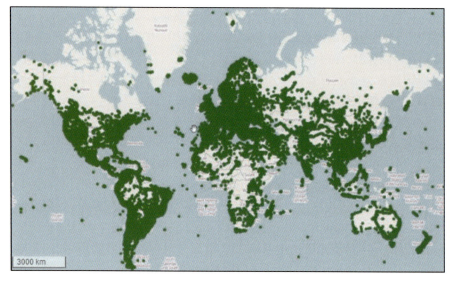

图 8.24　Wikiloc 轨迹的全球分布图
（截至北京时间 2014 年 1 月 1 日 8 点整）

8.4 本章小结

本章首先总结和分析了众源地理数据的共享平台建设及可视化方面的背景和发展现状,列举了一些具有突出特点的相关案例。在此基础上,提出和阐述了一个针对众源地理数据的共享平台建设方案。基于这个共享平台,介绍了一系列与众源地理数据相关的可视化研究与开发方案及项目,包括出租车轨迹的高维可视化、志愿者位置采集系统 GeoDiary、面向大众的在线制图系统。

参 考 文 献

科学数据共享调研组.2003.科学数据共享工程的总体框架.中国基础科学(1):63-68.

李红旮,崔伟宏.1999.地理信息系统中时空多维数据可视化技术研究.遥感学报,3(2):157-163.

刘闯,王正兴.2002.美国全球变化数据共享的经历对我国数据共享决策的启示.地球科学进展,17(1):151-157.

缪谨励,屈红刚,许哲,等.2014.地学大数据技术研究实验平台 GeoBDA.地理信息世界(6):48-52.

穆宣社.2015.基于地理空间大数据的应急指挥辅助决策平台研究.测绘通报(6):93-96.

王晖,唐向京.2014.共享开放的运营商大数据平台架构研究.信息通信技术(6):52-58.

吴加敏,孙连英,张德政.2002.空间数据可视化的研究与发展.计算机工程与应用,38(10):85-88.

闫甜.2015.环保大数据信息共享管理平台方案研究.中国新通信,17(19):100-101.

杨友清,陈雅.2014.科学大数据共享研究:基于国际科学数据服务平台.新世纪图书馆(3):24-28.

周海燕,郭建忠.2002.知识发现与数据可视化技术浅析.信息工程大学学报,3(4):78-80.

中华人民共和国国务院办公厅.2004-07-03.国务院办公厅转发科技部等部门 2004~2010 年国家科技基础条件平台建设纲要的通知[2016-03-26] http://www.gov.cn/gongbao/content/2004/content_62878.htm.

Barrera A. 1990. The interactive effects of mother's scholling and unsupplemented breastfeeding on child health. Journal of Development Economics,34(1):81-98.

Cheng X,Gui Z,Hu K,et al. 2015. A cloud-based platform supporting geospatial collaboration for GIS education//The International Archives of Photogrammetry, Remote Sensing and Spatial Information Sciences,Volume XL-6/W_1,ISPRS Workshop of Commission VI1-3,Advances in Web-based Education Services.[S. l.]:International Society of Photogrammetry and Remote Sensing.

Eddy C A,Looney B. 1993. Three-dimensional digital imaging of environmental data: selection of gridding parameters. International Journal of Geographical Information Systems,7(2):165-172.

Girardin F,Vaccari A,Gerber A,et al. 2009a. Quantifying urban attractiveness from the distribution and density of digital footprints. International Journal of Spatial Data Infrastructures Research,4(1):175-200.

Girardin F,Vaccari A,Gerber A, et al. 2009b. Towards estimating the presence of visitors from the aggregate mobile phone network activity they generate//Proceedings of the 11th International Conference on

Computers in Urban Planning and Urban Management. [S. l. :s. n.].

Hearnshaw H M,Unwin D J. 1994. Visualization in Geographical Information Systems. Chichester:John Wiley and Sons Ltd.

Koussoulakou A,Kraak M J. 1992. Spatia-temporal maps and cartographic communication. The Cartographic Journal,29(2):101-108.

Langran G. 1989. A review of temporal database research and its use in GIS applications. International Journal of Geographical Information System,3(3):215-232.

Liu L,Andris C,Biderman A,et al. 2009a. Revealing taxi driver's mobility intelligence through his trace//Movement-Aware Applications for Sustainable Mobility:Technoloies and Approaches. Hershey:Information Science Reference,105-120.

Liu L,Biderman A,Ratti C. 2009b. Urban mobility landscape:Real time monitoring of urban mobility patterns//Proceedings of the 11th International Conference on Computers in Urban Planning and Urban Management. [S. l. :s. n.].

Mason D C,O'conaill M A,Bell S B M. 1994. Handling four-dimensional geo-referenced data in environmental GIS. International Journal of Geographical Information Science,8(2):191-215.

Szell M,Groß B. 2013. Hubcab:Taxi-Fahrgemeinschaften,digital erkundet[2016-04-06]http://michael. szell. net/downloads/szell2013htf. pdf.

Openshaw S. 1999. Geographical data mining:key design issues//Proceedings of GeoComputation. 99. [S. 1.]:GeoComputation CD-ROM.

Peuquet D J,Duan N. 1995. An event-based spatiotemporal data model (ESTDM) for temporal analysis of geographical data. International Journal of Geographical Information Systems,9(1):7-24.

Shen Y,Zhao L,Fan J. 2015. Analysis and visualization for hot spot based route recommendation using short-dated taxi GPS traces. Information,6(2):134-151.

Turner A. 2007. From axial to road-center lines:a new representation for space syntax and a new model of route choice for transport network analysis. Environment and Planning B:Planning and Design,34(3):539-555.

Turner A. 2009. The role of angularity in route choice:an analysis of motorcycle courier GPS traces. Lecture Notes in Computer Science:489-504.

Willems N,van de Wetering H,van Wijk J J. 2009. Visualization of vessel movements. Computer Graphics Forum,28(3):959-966.

Wu H,You L,Gui Z,et al. 2015. GeoSquare:collaborative geoprocessing models' building,execution and sharing on Azure Cloud. Annals of GIS,21(4):287-300.

Yuan J,Zheng Y,Zhang C,et al. 2010. T-drive:Driving directions based on taxi trajectories//Proceedings of the 18th SIGSPATIAL International Conference on Advances in Geographic Information Systems. New York:ACM:99-108.